高等职业教育改革与创新新形态教材

流体力学与流体机械

主　编　王　亮
参　编　杜瑞成　赵长义

机械工业出版社

本书共分为9个模块，模块一～模块六为流体力学部分，主要介绍了流体静力学和流体动力学的基本理论及应用。模块七～模块九为流体机械部分，主要介绍了排水设备、通风设备和空气压缩设备的基本结构、工作原理、运行规律、性能测定、选型计算以及操作维护、故障分析与处理等内容。全书内容图文并茂，理论学习和技能掌握并重，同时反映了该领域中新成果、新产品及新技术的发展趋势。

本书可作为高等职业教育机械、材料、化工、采矿等专业的教学用书，也可作为其他相关专业的教学参考书或培训机构的培训教材，并可供有关工程技术人员参考。

图书在版编目（CIP）数据

流体力学与流体机械/王亮主编 . —北京：机械工业出版社，2023.7
高等职业教育改革与创新新形态教材
ISBN 978-7-111-72904-4

Ⅰ.①流…　Ⅱ.①王…　Ⅲ.①流体力学-高等职业教育-教材　②流体机械-高等职业教育-教材　Ⅳ.①O35　②TH3

中国国家版本馆 CIP 数据核字（2023）第 054966 号

机械工业出版社（北京市百万庄大街22号　邮政编码100037）
策划编辑：刘良超　　　　　　责任编辑：刘良超
责任校对：薄萌钰　张　薇　　封面设计：严娅萍
责任印制：常天培
固安县铭成印刷有限公司印刷
2023 年 7 月第 1 版第 1 次印刷
184mm×260mm·15.75 印张·385 千字
标准书号：ISBN 978-7-111-72904-4
定价：49.80 元

电话服务　　　　　　　　　网络服务
客服电话：010-88361066　　机　工　官　网：www.cmpbook.com
　　　　　010-88379833　　机　工　官　博：weibo.com/cmp1952
　　　　　010-68326294　　金　书　网：www.golden-book.com
封底无防伪标均为盗版　机工教育服务网：www.cmpedu.com

前言

　　为贯彻落实《国家职业教育改革实施方案》《甘肃省人民政府关于贯彻落实国务院加快发展现代职业教育决定的实施意见》及《教育部 甘肃省人民政府关于整省推进职业教育发展打造"技能甘肃"的意见》精神，树立新发展理念，完善职业教育体系，优化学校、专业布局，深化办学体制改革和育人机制改革，打造"技能甘肃"，树立西部职业教育发展示范，兰州石化职业技术大学（原甘肃能源化工职业学院）组织开发建设了一系列教材，以教材为抓手，以立德树人为根本，推动相应教学资源库建设，促进教学资源信息化，推动"三教"改革。

　　在此关键时期，恰逢世行贷款甘肃省职业教育发展项目实施。项目针对甘肃省经济产业发展战略中技能型人才不足的实际，引进国际先进的职业教育发展理念，通过课程建设、教学方法及评价体系改革，进一步推动职业教育校企合作，产教融合，进一步强化职业院校内涵建设，提升教育教学质量。兰州石化职业技术大学作为世行贷款甘肃省职业教育发展项目学校，积极招贤引资，改善办学条件，改革人才培养模式，推进课程体系和教材建设，组织编写团队编写了本书。

　　机械、化工、采矿等行业的生产都离不开泵、风机和空压机等流体机械，这些设备能否正常、高效、安全地运转，直接影响到企业的生产安全和经济效益；而这些机械的设计制造及工作原理又是以流体力学为基础。此外，材料成形及加工、液压传动和通风安全等都需要流体力学和流体机械的知识。因此，"流体力学和流体机械"是培养材料工程、化学工程、动力工程、采矿工程和通风安全等专业高级人才不可缺少的专业课程。

　　本书是根据教育部颁布的专业教学标准要求，对流体力学和流体机械的知识及技能进行整合，从教学改革的需要出发而编写的。本书强调知识的应用与能力的培养，通过合理选取和安排内容，使流体力学与流体机械的相关知识有机地贯通、相互交叉，并处理好理论与实际应用的关系，在强调基本理论的同时，培养学生分析和解决实际问题的能力。本书系统性强，可作为高等职业教育机械、材料、化工、采矿等专业的教学用书，也可作为其他相关专业的教学参考书或培训机构的培训教材，并可供有关工程技术人员参考。

　　本书由长期在一线从事教学工作、富有教学和教材编写经验的教师，采用项目教学法及模块化的体例进行编写。不同专业可根据实际要求，选取相关模块或相关项目进行教学。

　　本书共分为9个模块，模块一～模块六为流体力学部分，主要介绍了流体静力学和流体动力学的基本理论及应用。模块七～模块九为流体机械部分，主要介绍了排水设备、通风设备和空气压缩设备的基本结构、工作原理、运行规律、性能测定、选型计算以及操作维护、故障分析与处理等方法。每个项目设有"学习目标"，重难点突出，并且在每个项目后设有"习题与思考题"，便于学生对所学知识进行实践和巩固。全书内容图文并茂，理论学习和技能掌握并重，同时反映了该领域中新成果、新产品及新技术的发展趋势。

　　本书由兰州石化职业技术大学王亮任主编并统稿，兰州石化职业技术大学杜瑞成和赵长义参与编写。王亮编写模块一、模块三、模块七和模块九；杜瑞成编写模块二、模块四、模块五和模块八；赵长义编写模块六并提供了相关参考资料。本书由兰州石化职业技术大学教材审定委员会审定，委员会专家在审稿过程中提出了许多宝贵意见和建议，在此表示衷心的感谢！

　　由于编者水平有限，书中难免有疏漏和不妥之处，敬请广大读者批评指正。

编　者

目录

模块一
流体的性质

在研究流体运动之前，必须先了解流体的物理性质、力学性质、流体上的作用力及其影响因素。本模块的主要内容包括流体力学的研究方法及主要任务，表征流体惯性的密度和重度，反映流体物理性质的压缩性、膨胀性及影响流体流动和阻力特性的黏性，作用在流体上的力的分类及其特性等。

项目一　流体力学及其任务

学习目标

了解流体力学的研究对象、研究方法、主要任务及发展现状；掌握流体的特征和对微观流体的处理方法——连续介质假说。

一、连续介质模型

1. 基本概念

流体力学是研究流体的机械运动规律及其应用的科学，是力学的分支学科，主要研究流体在平衡和运动时的压力分布、速度分布、与固体之间的相互作用以及流动过程中的能量损失等。流体力学的内容包括三个基本部分：流体静力学、流体运动学和流体动力学。目前流体力学已经发展出许多分支，如："环境流体力学""化学流体力学""高温气体力学""非牛顿流体力学""工业流体力学""流体动力学""空气动力学""实验流体力学"等。在公路与桥梁工程、地下建筑、岩土工程、水工建筑、矿井建筑等土木工程的各个分支学科中，也只有掌握好流体的各种力学性质和运动规律，才能有效、正确地解决工程实际中所遇到的各种流体力学问题。

2. 连续介质假说

在流体力学中假设流体是一种由密集质点（大小与流动空间相比微不足道，又含有大量分子、具有一定质量的流体微元）组成、内部无空隙的连续体。

流体力学研究流体宏观机械运动的规律，也就是大量分子随机平均的规律性。1755 年瑞士数学家和力学家欧拉首先提出，把流体当作是由密集质点构成的、内部无间隙的连续流体来研究，这就是连续介质假说。提出连续介质假说，是为了摆脱分子运动的复杂性，对流体物质结构的简化。按连续介质假说，流体运动物理量都可视为空间坐标的时间变量的连续函数，这样就能用数学分析方法来研究流体运动连续介质。假说用于一般流动是合理有效的，但是对于某些特殊问题，如研究在高空稀薄气体中的物体运动，分子平均自由度很大，与物体特征长度尺度相比为同量级，则不能认为稀薄气体属于连续介质。

3. 连续介质模型

连续介质模型就是利用连续介质假说所建立的模型。在这个模型中，不关注分子的存在和分子的运动，所关心的只是连续分布的质点，这些质点固然是由分子组成，但它不反映个别分子的运动，而是反映并代表整体分子运动的统计平均特性。当引用这样的模型——连续介质来代替所研究的流体时，则流体中的一切力学特性，如速度、压力、密度等，都可视为空间位置坐标的连续函数，这样在解决流体力学问题时，就能够利用数学工具来处理了。

二、流体力学的研究方法

同一切的科学研究方法一样，流体力学的研究方法也是从实践到理论再到实践的研究方法，要经过不断而反复的过程，才能使流体力学得以不断地发展和提高。流体力学的研究方法主要分为理论分析法、科学实验法和数值计算法三种。

1. 理论分析法

通过对流体物理性质和流动特征的科学抽象，提出合理的理论模型。对这样的理论模型，根据物质机械运动的普遍规律，建立控制流体运动的闭合方程组，将实际的流动问题转化为数学问题，在相应的边界条件和初始条件下求解。理论研究方法的关键在于提出理论模型，并能运用数学方法求出理论结果，达到揭示运动规律的目的。但由于数学上的困难，许多实际流动问题还难以精确求解。

2. 科学实验法

科学实验法借助于科学实验，对流体进行观测，并将观察的现象和测量的一系列数据进行分析和处理，探明本质，找出规律，从而得出计算公式和解决问题的方法（原形观测法、模型实验法、系统实验法）。其优点是：能直接解决生产中的复杂问题，能发现流动中的新现象，它的结果可以作为检验其他方法是否正确的依据。其不足之处在于：对不同情况，需做不同实验，即所得结果的普适性较差，且有些实验的费用较高。

3. 数值计算法

数值计算法是在计算机应用基础上，采用各种离散化方法（有限差分法、有限元法等），建立各种数学模型，通过计算机进行数值计算和数值实验，得到在时间上和空间上许多数字组成的集合体，最终获得定量描述流场的数值解。近几十年来，这一方法得到很大发展，已形成一个专门学科——计算流体力学。

上述三种方法互相结合，为发展流体力学理论，解决复杂的工程技术问题奠定了基础，现代流体力学的研究方法是理论计算与实验并重。实验需要理论指导，才能从分散的、表面上无联系的现象和实验数据中得出规律性的结论；反之，理论分析和数值计算也要依靠实验数据，以建立流体运动的数学模型。最后还须依靠实验来检验这些模型的完善程度。

三、流体力学的主要任务

流体力学是力学的一个分支。其任务是从力学的观点出发，研究流体的平衡和机械运动规律。随着人类社会的发展，流体力学越来越广泛地渗透到人们生产和生活的各个方面，各行各业中与流体力学有关的问题也越来越多。特别是在诸如水利、电力、土木、水资源利用、石油、交通、造船、建筑、机械、动力、环保、冶金、化工、核能、航空航天、采矿、生物医学等工程技术领域中，涉及大量的流体力学问题，如建筑工程中风对高层建筑的荷载和风振；建筑物基础施工时的基坑排水、基坑抗渗处理等；桥梁工程中渡桥的设计、各种水工建筑物的设计、道路边沟排水等；建筑工程中建筑内部的给水、排水、供热、通风、空调等的设计和设备选用等。

流体力学主要解决工程中的以下问题：流力荷载（研究流体作用于建筑物上的作用力问题等）、过水能力（研究过流建筑物的过流能力、进行其断面形式选择和尺寸确定问题等）、水流流态（研究流体通过建筑物的流动状态问题等）、能量损失（研究水流通过各种固体边界的能量损失问题，从而找出减少有害损失和增大有利损失的途径等）、能势线（研究流经各种过流建筑物的能势线问题，为淹没、征地和移民、管道线路选择提供所必需资料等）、水工模型（通过实验进行分析和研究建设项目或个别建筑物在运行中可能或已经出现的各种问题等）、渗流（研究水流通过水工建筑物及其底部、两肩的渗透以及井和井群的涌水量问题等）、水击（研究水力机械、管道和部分水工建筑物运行中水击的类型、发展过程及消除措施等）、汽蚀（研究水力机械内低压侧局部位置发生水击的产生原因、危害和防止措施等）、高速水流（研究高速流动的流体的流动特征、冲刷、掺气、附带效应和附壁效应等）等问题。

 习题与思考题

1. 什么是流体，其特征是什么？流体与固体有何区别？
2. 什么是连续介质？为什么提出连续介质的概念？
3. 流体力学的研究方法主要有哪几种？这些方法是如何进行研究的？

项目二　流体的物理性质

学习目标

了解不可压缩流体、理想流体及牛顿流体的意义及在解决实际问题中的应用；掌握流体主要物理力学性质的概念、物理意义及表征方法；着重掌握牛顿内摩擦定律的概念、意义及实际应用。

流体的主要物理力学性质包括惯性、流动性、压缩性与膨胀性、黏性、表面张力。

一、惯性

惯性是物体所具有的保持原有运动状态的物理性质，凡改变物体的运动状态，就必须克服惯性的作用。惯性大小主要与质量和加速度的大小有关。

1. 密度

由于各种不同流体，同体积内的质量一般是不同的，为了表明某种流体的惯性，通常采用单位体积的质量来表示，称为密度，以符号 ρ 表示。若流体是均匀的，流体的体积为 V，质量为 m，则流体中任意点的密度为

$$\rho = \frac{m}{V} \tag{1-1}$$

式中　m——流体的质量（kg）；

　　　V——流体的体积（m^3）。

若流体是非均匀的，在流体中任意点取一包围该点的流体微团，其质量为 Δm，体积为 ΔV，则该点的密度为

$$\rho = \lim_{\Delta V \to 0} \frac{\Delta m}{\Delta V} = \frac{dm}{dV} \tag{1-2}$$

几种常见流体的密度见表 1-1。

表 1-1　标准大气压和 20℃时流体的密度和动力黏度

液　体			气　体		
名称	密度 ρ/kg·m^{-3}	动力黏度 μ/Pa·s	名称	密度 ρ/kg·m^{-3}	动力黏度 μ/Pa·s
水	998	101	空气	1.205	1.81
原油	856	720	水蒸气	0.747	1.01
汽油	678	29	氢气	0.084	0.90
甘油	1258	149000	氧气	1.303	2.00
水银	13550	156	一氧化碳	1.160	1.82
酒精	795	105	二氧化碳	1.84	1.84
煤油	808	192	甲烷	0.668	1.34

2. 重度

地球表面上的一切流体都处在地心引力作用下，因此，具有质量的流体也必然具有重力。由于重力易于称量，在流体力学中又多引用单位体积流体的重力，即重度来表示上述特征。以 γ 表示，则

$$\gamma = \frac{G}{V} \tag{1-3}$$

式中　γ——流体的重度（N/m^3）；

　　　G——流体的重力（N）；

　　　V——流体的体积（m^3）。

因 $G = \gamma V$，由式（1-1）和式（1-3）得

$$\gamma = \rho g \tag{1-4}$$

式中　g——重力加速度（m/s^2），常取 $g = 9.806 m/s^2$。

二、 流体的压缩性与膨胀性

压缩性是流体受压时，体积缩小，密度增大，除去外力后能恢复原状的性质。压缩性实

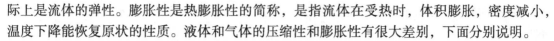

际上是流体的弹性。膨胀性是热膨胀性的简称，是指流体在受热时，体积膨胀，密度减小，温度下降能恢复原状的性质。液体和气体的压缩性和膨胀性有很大差别，下面分别说明。

1. 压缩性

如果温度不变，流体体积随所受压力增大而减小的性质称为流体的压缩性。

压缩性的大小一般用压缩系数和体积弹性系数来度量。温度不变时，单位压力的变化引起流体体积的相对变化量称为压缩系数，用 β_p 表示，即

$$\beta_p = -\frac{1}{V}\frac{\mathrm{d}V}{\mathrm{d}p} \qquad (1-5)$$

式中　β_p——压缩系数（m^2/N）；

　　　$\mathrm{d}V$——体积增量（m^3）；

　　　$\mathrm{d}p$——压力增量（Pa）。

$\mathrm{d}V$ 是压力变化 $\mathrm{d}p$ 时引起的体积变化量，V 是流体被压缩前的体积。负号则表示体积与压力的变化方向相反，即压力增大（$\mathrm{d}p>0$）时，体积减小（$\mathrm{d}V<0$），以使得 β_p 总为正。

若体积为 V 的流体具有的质量为 m，因 $m=\rho V=$定值，两边微分后得 $\mathrm{d}\rho/\rho=-\mathrm{d}V/V$，代入式（1-5）得 β_p 的另一表达式为

$$\beta_p = -\frac{1}{V}\frac{\mathrm{d}V}{\mathrm{d}p} = \frac{1}{\rho}\frac{\mathrm{d}\rho}{\mathrm{d}p} \qquad (1-6)$$

压缩系数的倒数称为弹性模量（或弹性系数），用 E 表示，即

$$E = \frac{1}{\beta_p} = \rho\frac{\mathrm{d}p}{\mathrm{d}\rho} \qquad (1-7)$$

弹性模量 E 表示流体反抗压缩变形的能力，E 越大表示流体越难压缩。表 1-2 列出了 20℃时水的弹性模量，可以看出 20℃时水的弹性模量很大，压缩系数很小，液体受压变形很小。其他液体也是如此。因此，除特殊流动问题（如水击）外，一般实际工程中常把液体看成是密度为常量的不可压缩的流体。

表 1-2　20℃时水的弹性模量

压力 $p/10^5\mathrm{Pa}$	4.90	9.81	19.61	39.23	78.45
弹性模量 $E/10^9\mathrm{Pa}$	1.94	1.98	2.02	2.08	2.17

2. 膨胀性

如果压力不变，流体的体积随温度的提高而增大的性质称为流体的膨胀性。膨胀性的大小一般用膨胀系数来度量。

压力不变时，温度的变化引起的流体体积相对变化量称为膨胀系数，用 β_t 表示，即

$$\beta_t = \frac{1}{V}\frac{\mathrm{d}V}{\mathrm{d}T} \qquad (1-8)$$

式中　β_t——膨胀系数（K^{-1}）；

　　$\mathrm{d}T$——温度的增量。

$\mathrm{d}V$ 是温度变化 $\mathrm{d}T$ 时引起的体积变化量，V 是流体温度变化前的体积。

与压缩性一样，液体的膨胀性也很小。除温度变化很大的场合外，在一般工程问题中不必考虑液体的膨胀性。

液体的膨胀系数随压强和温度的变化而变化，水在标准大气压下，不同温度时的膨胀系数见表1-3。

表1-3 标准大气压下水的膨胀系数

温度/℃	1~10	20~30	40~50	60~70	90~100
$\beta_t/(10^4/℃)$	0.14	0.15	0.42	0.55	0.72

在液压封闭系统或热水采暖系统中，当工作温度变化较大时，需考虑液体体积膨胀对系统造成的影响。

通常情况下，气体的密度随压力和温度的变化很明显。对实际气体（如空气、氮、氧、二氧化碳等），当压力不大于10MPa时，它们之间的关系遵守理想气体状态方程

$$p = \rho RT \tag{1-9}$$

式中 ρ——绝对压力（N/m^2 或 Pa）；

T——热力学温度（K），且 $T=273K+t$，其中，t 为摄氏温度；

R——气体常数，对空气 $R=287.1 N \cdot m/(kg \cdot K)$。

由式（1-9）可知，当温度或压力变化时，气体的密度也将发生变化。所以气体的密度不可视为常数，因而气体属于可压缩流体。但是，当气体的速度小于70m/s且压力和温度变化不大时（如空气在通风机或通风网路中的流动），也可近似地将气体当作不可压缩流体处理。这样不仅可以使问题大为简化，由此引起的误差（小于2%）在一般过程中也是可以接受的。

例1-1 输水管 $l=200m$，直径 $d=400mm$，做水压试验。使管中压强达到 $p_1=55at$（$1at=9.806\times10^4Pa$）后停止加压，经历1h，管中压强降到 $p_2=50at$。如不计管道变形，问在上述情况下，经管道漏缝流出的水量平均每秒是多少？水的体积压缩系数 $\beta_p=4.38\times10^{-10}m^2/N$。

解：水经管道漏缝泄出后，管中压强下降，于是水体膨胀，其膨胀的水体积

$$dV = -\beta_p V dp = -4.38 \times 10^{-10} \times \left(\frac{\pi}{4} \times 0.4^2 \times 200\right) \times (50-55) \times 9.806 \times 10^4 \, m^3$$

$$= 5.95 \times 10^{-3} m^3 = 5.95L$$

水体膨胀量5.95L即为经管道漏缝流出的水量，这是在1h内流出的。

设经管道漏缝平均每秒流出的水体积以 V 表示，则 $V = \dfrac{5.95\times10^3}{3600} cm^3 = 1.65 cm^3$

例1-2 厚壁容器中盛有 $0.5m^3$ 的水，初始压力为 2×10^6Pa。当压力增至 6×10^6Pa 时，水的体积减少了多少？

解：取水的弹性系数 $E=2\times10^9Pa$，由式（1-5）得

$$\beta_p = -\frac{1}{V}\frac{dV}{dp} = -\frac{V_2-V_1}{V(p_2-p_1)} = \frac{V_1-V_2}{V\Delta p} = \frac{1}{E}$$

体积减少量为

$$V_1-V_2 = \frac{V\Delta p}{E} = \frac{0.5\times(6-2)\times10^6}{2\times10^9} m^3 = 10^{-3}m^3 = 1L$$

三、 流体的黏性

1. 黏性及其表象

流体具有抵抗剪切变形的性质。如图 1-1 所示，两个平行平板，其间充满静止流体，两平板间距离为 h，以 Y 方向为法线方向。保持下平板固定不动，使上平板沿所在平面以速度 U 运动，于是黏附于上平板表面的一层流体，随平板以速度 u 运动，并逐层向内影响，各层相继流动，直至黏附于下平面的流层速度为零。在 U 和 h 都较小的情况下，各流层的速度沿法线方向呈线性分布。

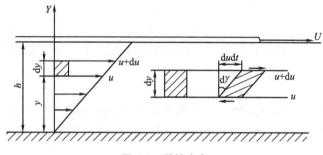

图 1-1　黏性表象

上平板带动黏附在板上的流层运动，而能影响到内部各流层运动，说明内部各流层间存在着剪切力，即内摩擦力。这种内摩擦力反抗各流体层与层之间的相对运动的性质，即为流体的黏性。这就是黏性的宏观表象。由此得出，黏性是流体的内摩擦特性。

2. 牛顿内摩擦定律

著名的英国科学家牛顿在对流体的黏性进行了大量实验后，于 1686 年提出了确定流体做层流运动时的内摩擦力关系式——牛顿内摩擦定律。其实验过程如图 1-2 所示。

相距为 h 的上、下两平行平板之间充满了均质的黏性流体。两平行平板的面积相等，均为 A。

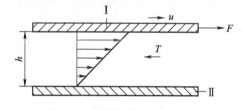

图 1-2　流体内摩擦力实验示意

将下板 Ⅱ 固定不动，上板 Ⅰ 在力 F 的拖动下以匀速 u 做直线运动，拖动力 F 是为了克服流体对上板的摩擦阻力 T 而施加的。

实验证明，流体的内部各层间存在着由黏性引起的内摩擦力（剪切力）T，它与垂直于流体运动方向的流速梯度 $\dfrac{U}{h} = \dfrac{\mathrm{d}u}{\mathrm{d}y}$ 成正比，与接触面积 A 成正比，即 $T \propto A \dfrac{\mathrm{d}u}{\mathrm{d}y}$，乘以比例系数 μ，则

$$T = \mu A \frac{\mathrm{d}u}{\mathrm{d}y} \tag{1-10}$$

式中　T——内摩擦力（N）；

　　　μ——比例系数，又称动力黏度（Pa·s）。

流体单位面积上的内摩擦力为

$$\tau = \frac{T}{A} = \mu \frac{\mathrm{d}u}{\mathrm{d}y} \tag{1-11}$$

式中 τ——流体的内摩擦应力（Pa）。

式（1-11）称为牛顿内摩擦定律。式中 $\mathrm{d}u/\mathrm{d}y$ 为流速在法线方向的变化率，称为速度梯度。为进一步说明该项的物理意义，在厚度为 $\mathrm{d}y$ 的上、下两流层间取矩形流体质点，只是在考虑尺度效应（旋转、变形）时，习惯上称为微团（图 1-1）。因上、下层的流速相差 $\mathrm{d}u$，经 $\mathrm{d}t$ 时间，微团除位移外，还发生剪切变形 $\mathrm{d}\gamma$。

$$\mathrm{d}\gamma \approx \tan(\mathrm{d}\gamma) = \frac{\mathrm{d}u\mathrm{d}t}{\mathrm{d}y}$$

$$\frac{\mathrm{d}u}{\mathrm{d}y} = \frac{\mathrm{d}\gamma}{\mathrm{d}t}$$

可知速度梯度 $\mathrm{d}u/\mathrm{d}y$ 实为流体微团的剪切变形速度，故牛顿内摩擦定律也可表示为

$$\tau = \mu \frac{\mathrm{d}\gamma}{\mathrm{d}t} \tag{1-12}$$

式（1-12）表明，流体因黏性产生的内摩擦力与微团的剪切变形速度（或剪切变形速率）成正比，所以黏性又可看作是流体阻抗剪切变形速度的特性。

3. 黏性的度量

度量黏性大小的物理量有三个：动力黏度、运动黏度和恩氏黏度。

1）动力黏度。表征流体动力特性的黏度称为动力黏度，用 μ 表示。由式（1-11）得

$$\mu = \frac{\tau}{\mathrm{d}u/\mathrm{d}y} \tag{1-13}$$

式（1-13）的物理意义为：动力黏度在数值上等于速度梯度 $\mathrm{d}u/\mathrm{d}y = 1$ 时的内摩擦应力。μ 值越大，流体流动时的阻力越大。

2）运动黏度。表征流体运动特性的黏度称为运动黏度，用 ν 表示。即

$$\nu = \frac{\mu}{\rho} \tag{1-14}$$

从单位上看，运动黏度（单位为 $\mathrm{m^2/s}$）只包含运动要素，不含动力要素。它反映了流体的运动特性。运动黏度越小的流体，其流动性越好。

实验还表明，流体的动力黏度 μ 主要与温度有关，而与压力的关系不大。通常只考虑温度的影响。一般液体的黏度随温度的升高而减小，而气体的黏性随温度的升高反而增大。不同温度下水和空气的动力黏度 μ 和运动黏度 ν 见表 1-4 和表 1-5。

表 1-4 标准大气压下水的物理性质

温度 $t/℃$	密度 $\rho/\mathrm{kg \cdot m^{-3}}$	重度 $\gamma/\mathrm{N \cdot m^{-3}}$	动力黏度 $\mu/10^{-3}\mathrm{Pa \cdot s}$	运动黏度 $\nu/10^{-6}\mathrm{m^2 \cdot s^{-1}}$	弹性模量 $E/10^9\mathrm{Pa}$
0	999.8	9805	1.781	1.785	2.02
5	1000.0	9807	1.518	1.519	2.06
10	999.7	9804	1.307	1.306	2.10
15	999.1	9798	1.139	1.139	2.15
20	998.2	9789	1.002	1.003	2.18

（续）

温度 $t/℃$	密度 $\rho/kg \cdot m^{-3}$	重度 $\gamma/N \cdot m^{-3}$	动力黏度 $\mu/10^{-3}Pa \cdot s$	运动黏度 $\nu/10^{-6}m^2 \cdot s^{-1}$	弹性模量 $E/10^9Pa$
25	997.0	9777	0.890	0.893	2.22
30	995.7	9764	0.798	0.800	2.25
40	992.2	9730	0.653	0.658	2.28
50	988.0	9689	0.547	0.553	2.29
60	983.2	9642	0.466	0.474	2.28
70	977.8	9589	0.404	0.413	2.25
80	971.8	9530	0.354	0.364	2.20
90	955.3	9468	0.315	0.326	2.14
100	958.4	9399	0.282	0.294	2.07

表 1-5　标准大气压下空气的物理性质

温度 $t/℃$	密度 $\rho/kg \cdot m^{-3}$	重度 $\gamma/N \cdot m^{-3}$	动力黏度 $\mu/10^{-3}Pa \cdot s$	运动黏度 $\nu/10^{-6}m^2 \cdot s^{-1}$
-50	1.583	15.52	1.461	0.923
-20	1.395	13.68	1.628	1.167
0	1.293	12.68	1.716	1.327
5	1.270	12.45	1.746	1.375
10	1.247	12.24	1.775	1.423
15	1.225	12.01	1.800	1.469
20	1.205	11.82	1.824	1.513
25	1.184	11.61	1.849	1.561
30	1.165	11.43	1.873	1.608
40	1.128	11.06	1.942	1.716
60	1.060	10.40	2.010	1.896
80	1.000	9.810	2.099	2.099
100	0.946	9.28	2.177	2.310
200	0.747	7.33	2.589	3.466

　　3）恩氏黏度。工程中还常用恩氏黏度°E 来表示液体的运动黏度。恩氏黏度是一个实验值。测定恩氏黏度的装置称为恩氏黏度仪。测量时，将 $200cm^3$ 的被测液体装入容器中，加热至某一温度（通常是50℃）并保持恒温。然后让其靠自重流出直径为 2.8mm 的小孔，记下所需的时间 t_1，再测出温度为20℃的 $200cm^3$ 蒸馏水流出同一小孔的时间 t_2。则该液体的恩氏黏度为

$$°E = \frac{t_1}{t_2} \tag{1-15}$$

恩氏黏度是一个无量纲数，它与运动黏度的换算关系为

$$\nu = \left(0.0732°E - \frac{0.0631}{°E} \right) \times 10^{-4} \tag{1-16}$$

实际的流体都是有黏性的。黏性的存在，往往给流体运动规律的研究带来极大困难。为了简化理论分析，特引入理想流体的概念。所谓理想流体，是指无黏性（$\mu = 0$）的流体。理想流体实际上是不存在的，它只是一种对物性简化的力学模型。但是，如果流体的黏度很小，可以忽略不计时，就可视为理想流体。

由于理想流体不考虑黏性，使对流动的分析大为简化，从而能得出理论分析的结果。所得结果对某些黏性影响很小的流动，能够较好地符合实际；对黏性影响不能忽略的流动，则可通过实验加以修正，从而能比较容易地解决许多实际流动问题。这是处理黏性流体运动的一种很有效的方法。

凡内摩擦应力 τ 符合牛顿内摩擦定律的流体称为牛顿流体，如水、气体、机油等均为牛顿流体；不符合式（1-11）的则称为非牛顿流体，如泥浆、熔融蜡烛等，本书只研究牛顿流体。

例 1-3 图 1-3 中相距为 $h = 10\text{mm}$ 的两固定平板间充满动力黏度 $\mu = 1.49\text{Pa} \cdot \text{s}$ 的甘油，若两板间甘油的速度分布为 $u = 4000y(h - y)$，则

1）若上板的面积 $A = 0.2\text{m}^2$，求使上板固定不动所需的水平作用力 F；

2）求 $y = h/3$ 和 $2h/3$ 处的内摩擦应力，并说明正负号的意义。

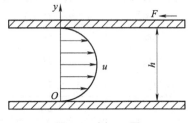

图 1-3 例 1-3 图

解：1）先求内摩擦应力的分布。由牛顿内摩擦定律式（1-12）得

$$\tau = \mu \frac{\mathrm{d}\gamma}{\mathrm{d}t} = 4000\mu(h - 2y)$$

设上板处流体所受的内摩擦应力为 τ_0，则上板所受的内摩擦应力 $\tau_0' = -\tau_0$，将 $y = 0.01\text{m}$ 代入上式得上板所受的摩擦力

$$F = - A\tau_0$$
$$= - 0.2 \times 4000 \times 1.49 \times (0.01 - 2 \times 0.01)\text{N}$$
$$= 11.92\text{N}$$

固定上板所需的作用力与上板所受的摩擦力大小相等，方向相反。

2）$y = \dfrac{h}{3}$ 时，

$$\tau = 4000 \times 1.49 \times (0.01 - 2 \times 0.01/3)\text{N/m}^2$$
$$= 19.9\text{N/m}^2$$

$y = \dfrac{2}{3}h$ 时，

$$\tau = 4000 \times 1.49 \times (0.01 - 4 \times 0.01/3)\text{N/m}^2$$
$$= - 19.9\text{N/m}^2$$

$y = h/3$ 时，$\tau = 19.9\text{N/m}^2 > 0$。这说明若用平面在 $y = h/3$ 处截开，下一层流体（靠坐标

原点一侧的流体）受到上层的拖动，τ 与 u 同向。

$y = 2h/3$ 时，$\tau = -19.9\text{N/m}^2 < 0$，这表明该处以下（靠坐标原点）的流层受阻于上层流体，τ 与 u 反向。

例1-4 如图1-4所示，把面积 $A = 0.5\text{m}^2$ 的平板放在厚度为 $h = 10\text{mm}$ 的油膜上。用 $F = 4.8\text{N}$ 的水平拉力以 $u = 0.8\text{m/s}$ 的速度移动。密度 $\rho = 856\text{kg/m}^3$。求油的动力黏度和运动黏度。

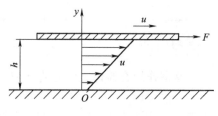

图1-4 例1-4图

解：根据式(1-10)有

$$T = \mu A \frac{\mathrm{d}u}{\mathrm{d}y}$$

得

$$\mu = \frac{T\mathrm{d}y}{A\mathrm{d}u}$$

式中，$T = F = 4.8\text{N}$；$\mathrm{d}u = u = 0.8\text{m/s}$；$\mathrm{d}y = h = 0.01\text{m}$；$A = 0.5\text{m}^2$，则

$$\mu = \frac{T\mathrm{d}y}{A\mathrm{d}u} = \frac{4.8 \times 0.01}{0.5 \times 0.8}\text{Pa} \cdot \text{s} = 0.12\text{Pa} \cdot \text{s}$$

$$v = \frac{\mu}{\rho} = \frac{0.12}{856}\text{m}^2/\text{s} = 1.4 \times 10^{-4}\text{m}^2/\text{s}$$

 习题与思考题

1. 什么是流体的密度、重度、压缩性与膨胀性？它们之间有什么关系和不同？

2. 什么是流体的黏性？造成液体和气体黏性的主要原因是什么？随温度的变化规律有何区别？

3. 什么是可压缩流体、不可压缩流体、理想流体和牛顿流体？

4. 20℃的 2.5m^3 水，当温度升至 80℃ 时，其体积增加多少？

5. 体积为 1.5m^3 的某液体。当压力增加 49000Pa 时，体积减小了 $3.6 \times 10^{-5}\text{m}^3$。求该液体的弹性模量 E 和压缩系数 β_p。

6. 1.5m^3 的容器中装满了油。已知油的重量为 12591N。求油的重度 γ 和密度 ρ。

7. 一底面积为 $40 \times 45\text{cm}^2$，高为 1cm 的木块，质量为 5kg，沿着涂有润滑油的斜面下做等速运动，如图1-5所示，已知木块运动速度 $v = 1\text{m/s}$，油层厚度 $\delta = 1\text{mm}$，由木块所带动的油层的运动速度呈直线分布，求油的动力黏度。

8. 重量 $G = 20\text{N}$、面积 $A = 0.12\text{m}^2$ 的平板置于斜面上。其间充满黏度 $\mu = 0.65\text{Pa} \cdot \text{s}$ 的油液（图1-6）。当油液厚度 $h = 8\text{mm}$ 时，求匀速下滑时平板的速度。

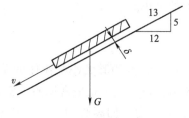

图1-5 习题7图

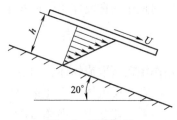

图1-6 习题8图

<table>
</table>

项目三　作用在流体上的力

学习目标

　　掌握作用在流体上的力的分类、概念、意义及实际应用；掌握表面张力的产生、意义及实际应用。

　　力是造成物体机械运动的原因，因此研究流体机械运动的规律，要从分析作用在流体上的力入手。作用在流体上的力，按作用方式的不同，分为表面力和质量力两类。

一、表面力

　　表面力是通过直接接触，施加于流层间或不同流体间以及流体与固体之间接触表面的力。

　　在运动流体中取隔离体为研究对象（图1-7），周围流体对隔离体的作用以分布的表面力代替。表面力在隔离体表面某一点的大小用应力来表示。

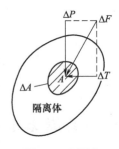

图1-7　表面力

　　设 A 为隔离体表面上的一点，包含 A 点取微小面积 ΔA，若作用在 ΔA 上的总表面力为 ΔF，将其分解为法向分力（压力）ΔP 和切向分力 ΔT，则

　　ΔA 上的平均压应力

$$\overline{P} = \frac{\Delta P}{\Delta A}$$

　　ΔA 上的平均切应力

$$\overline{\tau} = \frac{\Delta T}{\Delta A}$$

　　A 点的法向应力

$$p_A = \lim_{\Delta A \to 0} \frac{\Delta P}{\Delta A}$$

　　A 点的切向应力

$$\tau_A = \lim_{\Delta A \to 0} \frac{\Delta T}{\Delta A}$$

　　习惯上把流体的内法向应力称为流体压应力，用 p 表示，其单位为 Pa（$1Pa = 1N/m^2$）。流体压力表征的是作用在流体单位面积上的法向力的大小。

二、质量力

　　质量力是作用在所取流体体积内每一个质点上的力，因为其大小与流体的质量成正比，故称为质量力。在均质流体中，质量力与体积之比为常量。重力是最常见的质量力；若所取坐标系为非惯性系，建立力的平衡方程时，其中的惯性力，如离心力、科里奥利力（科氏惯性力）也属于质量力。

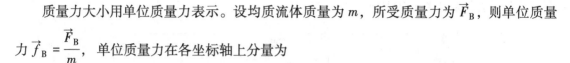

质量力大小用单位质量力表示。设均质流体质量为 m，所受质量力为 $\vec{F}_B$，则单位质量力 $\vec{f}_B = \dfrac{\vec{F}_B}{m}$，单位质量力在各坐标轴上分量为

$$X = \frac{F_{Bx}}{m}, Y = \frac{F_{By}}{m}, Z = \frac{F_{Bz}}{m}$$

$$\vec{f}_B = X\vec{i} + Y\vec{j} + Z\vec{k}$$

若作用在流体上的质量力只有重力（图 1-8），则

$$F_{Bx} = 0, F_{By} = 0, F_{Bz} = -mg$$

单位质量力　$X = 0$，$Y = 0$，$Z = \dfrac{-mg}{m} = -g$

单位质量力的单位为 m/s^2，与加速度单位相同。

在地球表面静止流体所受的单位质量力为 $-g$，而自由落体所受的单位质量力为 0。

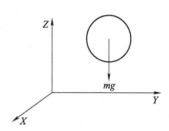

图 1-8　重力

三、表面张力特性

由于分子间凝聚力的作用，液体自由面都呈现出收缩的趋势。因为凝聚力只有在半径 r 很小（约 10^{-7}cm）的作用范围内，才可以显现出来。若分子与分界面的距离大于或等于 r，其所受周围分子的引力互相抵消，分界面不受影响；但若分子到分界面的距离小于 r，如图 1-9 所示，分子 m 距自由面 NN 距离为 a，自由面的对称面为 $N'N'$，在 NN 与 $N'N'$ 间的全部液体分子对 m 的作用，互相抵消，而在凝聚力作用范围内处于 $N'N'$ 面以下的液体分子，则对分子 m 施

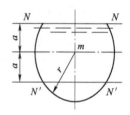

图 1-9　表面张力的产生

以向下的拉力；在液面处的分子受此拉力作用，又有向液体内部收缩的趋势。因此，可以想象液体分界面是一层弹性薄膜，由于向内拉力在分界面上的分力作用，而使薄膜处于紧张状态。这个张力，称为表面张力。表面张力的大小以表面张力系数 σ 表示。表面张力系数是指作用在单位长度上的力，单位为 N/m。

气体与液体间，或互不掺混的液体间，在分界面附近的分子，都受到两种介质的分子力作用，这两种相邻介质的特性，决定着分界面张力的大小及分界面的不同形状，如空气中的露珠，水中的气泡，水银表面的水银膜。温度对水的表面张力有影响。当温度由 20℃ 变化到 100℃ 时，水的表面张力由 0.073N/m 变为 0.05N/m。

液体与固体壁接触时，液体沿壁上升或下降的现象，称为毛细现象。液体能在细管中上升，是因为液体分子间的凝聚力小于其与壁管间的附着力，如水、油等，能打湿管壁，液面向上弯曲，表面张力拉液体上升。若液体分子间的凝聚力大于其与管壁间的附着力，如水银，不能打湿管壁，液面向下弯曲，表面张力拉液体下降。

温度升高时，液体的表面张力减小。水或水银在圆形断面的细玻璃管中下降或上升的高

度与管内径的关系如图 1-10 所示。

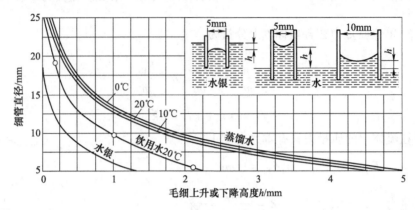

图 1-10 在细圆管中的毛细现象

 习题与思考题

1. 简述作用于流体上的力的分类、概念及表示方法。
2. 什么是表面张力？它是如何产生的？
3. 什么是毛细现象？它是如何产生的？

模块二
流体静力学

流体静力学主要研究流体处于静止和相对静止状态下的基本规律及其在工程中的应用。具体地说，它是研究流体平衡时，其内部的压力分布以及流体与固体壁面的相互作用力。由于流体处于静止或相对静止状态时，各流体质点之间没有相对运动，速度梯度等于零，这样流体的黏性就显现不出来。因此，流体静力学的理论不论对理想流体，还是黏性流体都是适用的。

项目一　**流体静压力及其平衡微分方程**

学习目标

　　掌握流体静压力的定义及其特性；掌握流体平衡微分方程的建立、意义及其重要特性。

一、流体的静压力及其特性

1. 基本概念

当流体处于静止或相对静止时，流体的表面力称为流体静压力。

2. 流体静压力特性

特性一　流体静压力的作用方向总是沿其作用面的内法线方向。

　　这一特性可以用反证法来加以证明。从静止的流体中取一分离体，如图 2-1 所示。在静止流体分离体 AB 面上任取一点 a，假如作用在 a 点的应力 p' 的方向向外且不垂直于 AB 面上 a 点的切线方向，则 p' 可分解成 AB 面上 a 点的法向应力 σ 和切向应力 τ。有了切向应力 τ，由流体的基本特性可知，流体在切向应力的作用下势必要产生连续不断的变形

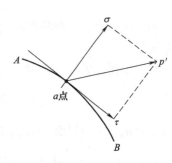

图 2-1　静压力方向的推证

而流动起来，则流体的静止必将遭到破坏，显然这与流体静止的前提不吻合。因此，τ 只能等于零，即 p' 必定与 a 点的切线方向垂直。又由于流体分子间引力较小，不能承受拉应力。因此，p' 的作用方向只能为沿其作用面的内法线方向。

由此可推知，静止流体对容器的作用力的方向必垂直于容器壁面且指向壁面，如图 2-2 所示。

特性二　在静止流体中任意一点的压力与作用的方位无关，其值均相等。

为了证明这一特性，在静止流体中取出一个微小四面体 $OABC$，该四面体与坐标轴的关系如图 2-3 所示，其三个相互垂直的边长分别为 $\mathrm{d}x$、$\mathrm{d}y$、$\mathrm{d}z$。由于四面体可以取得足够小，可以认为 OBC、OAC、OAB、ABC 四个微小面上的压力是均布的，且为 p_x、p_y、p_z 和 p_n，则在相应各面上作用的表面力为压力乘该作用面的面积。即

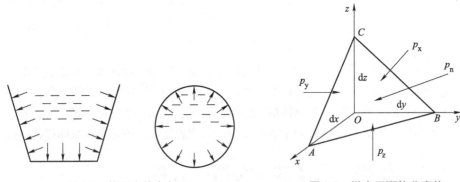

图 2-2　静压力的方向　　　　图 2-3　微小四面体分离体

$$p_x \frac{1}{2}\mathrm{d}y\mathrm{d}z \qquad p_y \frac{1}{2}\mathrm{d}z\mathrm{d}x$$

$$p_z \frac{1}{2}\mathrm{d}x\mathrm{d}y \qquad p_n A_n$$

其中，A_n 为斜面 ABC 的面积。

除这些力外，还作用有质量力。将单位质量力在 x、y、z 轴上的投影用 X、Y、Z 来表示。用 ρ 表示四面体的密度，又因微小四面体的体积 $\mathrm{d}V = \dfrac{1}{6}\mathrm{d}x\mathrm{d}y\mathrm{d}z$，则质量力在各坐标方向上的分力分别为

$$X\rho \frac{1}{6}\mathrm{d}x\mathrm{d}y\mathrm{d}z \qquad Y\rho \frac{1}{6}\mathrm{d}x\mathrm{d}y\mathrm{d}z \qquad Z\rho \frac{1}{6}\mathrm{d}x\mathrm{d}y\mathrm{d}z$$

因四面体处于平衡状态，所以作用在四面体上的表面力和质量力在各坐标轴上的投影总和等于零。

对于 x 轴，$\sum F_x = 0$，则

$$p_x \frac{1}{2}\mathrm{d}y\mathrm{d}z - p_n A_n \cos(n, x) + X\rho \frac{1}{6}\mathrm{d}x\mathrm{d}y\mathrm{d}z = 0$$

式中 $\cos(n, x)$ 为斜面 ABC 的法线与 x 轴之间夹角的余弦，由几何关系得

$A_n \cos(n, x) = \dfrac{1}{2}\mathrm{d}y\mathrm{d}z$，　则上式变为

$$(p_x - p_n)\frac{1}{2}dydz + X\rho\frac{1}{6}dxdydz = 0$$

简化后得
$$p_x - p_n + X\rho\frac{1}{3}dx = 0$$

当 $dx \to 0$ 时
$$p_x = p_n$$

同理，由 $\sum F_y = 0$ 及 $\sum F_z = 0$，可得 $p_y = p_n$，$p_z = p_n$，由此可得出

$$p_x = p_y = p_z = p_n$$

因为四面体斜面的法线方向是任意选定的，所以就证明了作用在静止流体中某点的静压力与作用方位无关，其值均相等。根据这个特性，流体中某点的静压力不是矢量，而是一个标量。但是不同点处的静压力是不同的，它取决于空间点的位置，是空间坐标 (x, y, z) 的单值函数，即 $p = p(x, y, z)$。

据此，当需要测量流体中某一点的静压力时，可以不必选择方向，只要在该点确定的位置上进行测量即可。

二、 流体平衡微分方程

为了研究流体平衡（静止或相对静止）时的压力分布规律，首先必须根据力的平衡关系求得平衡微分方程式。为此，在平衡流体中取一微元正交六面体，如图 2-4 所示。该六面体的各边与相应的坐标轴 x、y、z 平行，长度分别为 dx、dy、dz。设微元体的密度为 ρ，则它在表面力和质量力作用下处于平衡状态。下面以 y 方向的受力平衡进行分析。

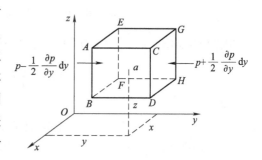

图 2-4　微小六面体分离体

1. 表面力

设六面体中心点 a 处的坐标为 (x, y, z)，则该点的压力 $p = p(x, y, z)$。若以 b、c 分别表示 $ABFE$ 面和 $CDHG$ 面的中心点，由于静压力 $p = p(x, y, z)$ 是坐标的连续函数，所以在 a 点将其按泰勒级数展开，并略去二阶以上的无穷小项，则 b、c 点的静压力写成 $p - \frac{1}{2}\frac{\partial p}{\partial y}dy$ 和 $p + \frac{1}{2}\frac{\partial p}{\partial y}dy$。

由于微小六面体的面可以取得足够小，所以可将其中心点压力看作整个面上的平均压力，因此，$ABFE$ 和 $CDHG$ 面上的表面力分别为 $\left(p - \frac{1}{2}\frac{\partial p}{\partial y}dy\right)dxdz$ 和 $\left(p + \frac{1}{2}\frac{\partial p}{\partial y}dy\right)dxdz$。

2. 质量力

设作用在微小六面体上单位质量的质量力在三个坐标轴上的分力为 X、Y、Z。流体密度为 ρ，微小六面体的体积为 $dV = dxdydz$，则在 y 方向的质量力为 $Y\rho dxdydz$

因微小六面体处于平衡状态，所以作用在其上的表面力和质量力在任一坐标轴上的投影总和等于零。对于 y 轴，由于 $\sum F_y = 0$，得

$$\left(p - \frac{1}{2}\frac{\partial p}{\partial y}dy\right)dxdz - \left(p + \frac{1}{2}\frac{\partial p}{\partial y}dy\right)dxdz + Y\rho dxdydz = 0$$

化简得
$$Y\rho dxdydz - \frac{\partial p}{\partial y}dxdydz = 0$$

若以六面体的质量 $\rho dxdydz$ 除上式各项，则得在 y 轴方向单位质量的平衡微分方程

同理可得

$$\left.\begin{array}{l} Y - \dfrac{1}{\rho}\dfrac{\partial p}{\partial y} = 0 \\[2mm] X - \dfrac{1}{\rho}\dfrac{\partial p}{\partial x} = 0 \\[2mm] Z - \dfrac{1}{\rho}\dfrac{\partial p}{\partial z} = 0 \end{array}\right\}\qquad(2\text{-}1)$$

上式就是流体的平衡微分方程式。它是欧拉在 1755 年首先提出来的，所以又称为欧拉平衡方程式。它表示流体在质量力和表面力作用下的平衡条件。

将式（2-1）中各方程分别对应乘以 dx、dy、dz，然后相加得

$$\rho(Xdx + Ydy + Zdz) = \frac{\partial p}{\partial x}dx + \frac{\partial p}{\partial y}dy + \frac{\partial p}{\partial z}dz \qquad(2\text{-}2)$$

因为 $p = p(x, y, z)$，所以上式等号右边是压力 p 的全微分，即

$$dp = \frac{\partial p}{\partial x}dx + \frac{\partial p}{\partial y}dy + \frac{\partial p}{\partial z}dz$$

因此

$$dp = \rho(Xdx + Ydy + Zdz) \qquad(2\text{-}3)$$

这也是流体的平衡微分方程式，又称为压力差公式。它既适用于绝对平衡的流体，又适用于相对平衡的流体。

三、 等压面

在平衡流体中，压力相等的各点所组成的面称为等压面。在等压面上 $dp = 0$。因流体密度 $\rho \neq 0$，则由式（2-3）可得等压面微分方程

$$Xdx + Ydy + Zdz = 0 \qquad(2\text{-}4)$$

等压面具有以下两个重要特性。

特性一　在平衡的流体中，通过任意一点的等压面必与该点所受的质量力互相垂直。

证明如下：在等压面上任意一点处，沿任意方向取一位于等压面上微小线段 dl，在坐标轴上的投影分别为 dx、dy、dz，设该点上的单位质量力 f 在坐标轴的投影分别为 X、Y、Z。

因为两矢量 f 和 dl 的点积 $f \cdot dl = Xdx + Ydy + Zdz = 0$，但是 $f \neq 0$，$dl \neq 0$，所以只有 f 和 dl 正交才能满足。又因 dl 的方向是任意的，所以质量力与等压面垂直。

根据这一特性，已知质量力的方向可以确定等压面的形状；反之也可根据等压面的形状确定质量力的方向。例如，当质量力仅仅是重力时，因重力的方向总是铅直的，所以其等压面必是水平面。

特性二　互不相混的液体处于平衡时，它们的分界面必为等压面。

证明如下：在两种互不相混液体的分界面上任取两点，设这两点的静压差为 $\mathrm{d}p$，若一种液体的密度为 ρ_1，另一种液体密度为 ρ_2，由于分界面同属两种液体，因此必须同时满足式（2-3），即

$$\left.\begin{array}{l} \mathrm{d}p = \rho_1(X\mathrm{d}x + Y\mathrm{d}y + Z\mathrm{d}z) \\ \mathrm{d}p = \rho_2(X\mathrm{d}x + Y\mathrm{d}y + Z\mathrm{d}z) \end{array}\right\}$$

因为 $\rho_1 \neq \rho_2$，所以只有当 $\mathrm{d}p$ 和 $X\mathrm{d}x + Y\mathrm{d}y + Z\mathrm{d}z$ 同时为零时，方程式才能成立。即有 $(X\mathrm{d}x + Y\mathrm{d}y + Z\mathrm{d}z) = 0$，由此可得出分界面必为等压面。

习题与思考题

1. 什么是流体的静压力？它的大小、方向与哪些因素有关？
2. 流体的静压力具有哪些特性？
3. 什么是等压面？等压面具有什么特性？
4. 什么是流体的平衡微分方程式？

项目二　重力场中流体静力学基本方程

学习目标

了解重力场中流体静力学基本方程式的建立、表达形式及其含义；掌握重力场中流体静力学基本方程式的能量意义和几何意义。

在重力场中，作用在静止流体上的质量力只有重力。若取铅直向上方向为 z 坐标轴，则单位质量的重力在各坐标轴的投影为

$$X = 0 \quad Y = 0 \quad Z = -g$$

将上式代入式（2-3）得

$$\mathrm{d}p = -\rho g = -\gamma \mathrm{d}z$$

移项得
$$\mathrm{d}z + \frac{\mathrm{d}p}{\gamma} = 0 \tag{2-5}$$

对于不可压缩液体，$\gamma =$ 常数。积分上式得

$$z + \frac{p}{\gamma} = c \tag{2-6}$$

其中，c 为积分常数，其大小由边界条件确定。

在图 2-5 中，液体中任意两点 1 和 2 的坐标分别为 z_1、z_2，压力分别为 p_1、p_2，则式（2-6）又可写成

$$z_1 + \frac{p_1}{\gamma} = z_2 + \frac{p_2}{\gamma} = c \qquad (2\text{-}7)$$

式（2-6）与式（2-7）称为流体静力学基本方程式，它只适用在重力作用下处于平衡状态的不可压缩流体。

流体静力学基本方程式虽然简单，但却有重要的实用价值。为了深刻理解方程式的含义，下面分析方程式的能量意义和几何意义。

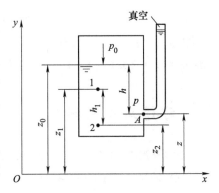

图 2-5　静力学方程的推证

如图 2-5 所示，质量为 m 的流体质点 A 相对于某一水平基准面的高度为 z，则其位能为 mgz，对于单位质量流体，其位能为 $mgz/mg = z$，因此，式（2-6）第一项 z 表示单位重量流体相对于某一水平基准面的位能。从几何上看，z 就是流体质点 A 距某一水平基准面的高度，称为位置水头。

在图 2-5 中，A 点处连接一个顶部抽成完全真空的玻璃闭口测压管，由于 A 点具有一定的压力，故测压管中的液体会上升一定高度，在液柱上升的过程中，压差克服液柱的重力做功，从而增加液柱的位能，因此，式（2-6）中的第二项 p/γ 的能量意义表示单位重量流体的压力能。从几何上看，它是由于压力 p 的作用而产生的液柱高度，故称它为压力水头。

单位重量流体的位能与压力能之和，即 $z+p/\gamma$ 称为单位重量流体的总势能。而从几何上说，位置水头与压力水头之和称为静水头。

流体静力学基本方程式（2-6）中的积分常数 c 可以用平衡液体自由表面上的边界条件来求得，当 $z=z_0$ 时，$p=p_0$，将此边界条件代入式（2-6），得 $c=z_0+p_0/\gamma$，于是

$$z + \frac{p}{\gamma} = z_0 + \frac{p_0}{\gamma}$$

移项得
$$p = p_0 + \gamma(z_0 - z)$$

或
$$p = p_0 + \gamma h \qquad (2\text{-}8)$$

这是流体静力学基本方程式的又一表达形式。它反映了不可压缩流体的静压力分布规律。从方程式可以看出，液体内任一点的静压力由两部分组成，即自由液面（自由液面是指液体与大气接触的面）上的压力 p_0 和液柱的自重引起的静压力 γh。当自由液面压力 p_0 一定时，流体内部的压力只是 h 的函数，压力随深度 h 的增大而增大。深度相等的各点压力都相等，因此等压面为水平面。压力分布只与位置坐标有关，而与容器形状无关，因此，当两个容器用同一种流体相连通时，同一种流体在同一高度上的压力相等。

从式（2-8）中还可以看出，由于流体内任一点的压力都包含液面的压力 p_0，因此，液面压力 p_0 有任何变化都会引起流体内部所有流体质点压力的同样变化。这种液面压力等值地在流体内部传递的原理，称为帕斯卡原理。

必须指出，液体内一点的压力有时不用液面压力为基础，而是用另一点比较方便，其规律相同。例如图 2-5 中，若已知 1 点的压力 p_1 和 h_1，则 2 点的压力 $p_2=p_1+\gamma h_1$。

例 2-1　有一未盛满水的封闭容器，如图 2-6 所示。当水面压力 $p_0 = 1.2 \times 10^5 \mathrm{N/m^2}$ 时，求水面下深度 $h = 0.8\mathrm{m}$ 处的 B 点的压力。

解：由式（2-8）可得

$$p_B = p_0 + \gamma h = 1.2 \times 10^5 \mathrm{N/m^2} + 9.8 \times 10^3 \times 0.8 \mathrm{N/m^2} = 1.2784 \times 10^5 \mathrm{N/m^2}$$

例 2-2　如图 2-7 所示，在盛有油和水的圆柱形容器底部加荷重 $F = 5788\mathrm{N}$ 的活塞，已知 $h_1 = 50\mathrm{cm}$，$h_2 = 30\mathrm{cm}$，大气压力 $p_a = 10^5 \mathrm{N/m^2}$，活塞直径 $d = 0.4\mathrm{m}$，$\gamma_{油} = 7840\mathrm{N/m^3}$，求 B 点的压力。

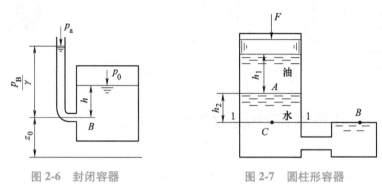

图 2-6　封闭容器　　　　　图 2-7　圆柱形容器

解：按题意，活塞底面上的压力可按静力平衡条件来确定

$$p = p_a + \frac{4F}{\pi d^2}$$

通过 B 点作一水平面 1-1，由等压面特性知，水平面 1-1 是等压面。由式（2-8）知，$p_A = p + \gamma_{油} h_1$，$p_B = p_C + \gamma_{水} h_2$，三式联立可求得

$$p_B = p_a + \gamma_{油} h_1 + \gamma_{水} h_2 + \frac{4F}{\pi d^2}$$

$$= \left(10^5 + 7840 \times 0.5 + 9800 \times 0.3 + \frac{5788 \times 4}{\pi \times 0.4^2} \right) \mathrm{N/m^2}$$

$$= 1.53 \times 10^5 \mathrm{N/m^2}$$

 习题与思考题

1. 什么是流体静力学基本方程式？

2. 试求潜水员在海面以下 50m 处受到的压力。海面上为标准大气压，海水重度 $\gamma = 9990\mathrm{N/m^3}$。

3. 开敞容器，盛装 $\gamma_2 > \gamma_1$ 的两种液体，如图 2-8 所示，求：①在下层液体中任一点的压力；②1 和 2 两测压管中的液面哪个高些？哪个与容器内的液面同高？为什么？

4. 如图 2-9 所示的双 U 形管，用来测定重度比水小的液体的密度。试用液柱高差来确定未知液体的密度 ρ（管中的水是在标准大气压下，4℃的纯水）。

5. 一直立的煤气管，在下部测压管中测得水柱差 $h_1 = 100\mathrm{mm}$，在 $H = 20\mathrm{m}$ 处测得 $h_2 = 115\mathrm{mm}$，如图 2-10 所示。煤气管外面的空气重度 $\gamma = 12.64\mathrm{N/m^3}$，试求管内煤气的重度（不计 U 形测压管内的煤气压差）。

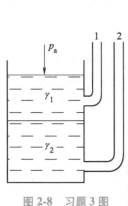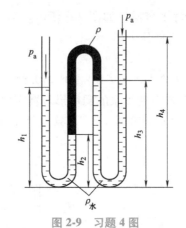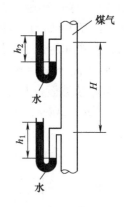

图 2-8 习题 3 图   图 2-9 习题 4 图   图 2-10 习题 5 图

项目三　压力的单位和压力的测量方法

学习目标

了解压力的单位及各种压力单位的换算关系，掌握静压力的常见测量方法。

一、 压力的单位

1. 压力单位

压力用单位面积上的作用力来表示。其国际单位为 Pa。在液压传动中常用 MPa 表示，$1MPa = 10^6 Pa$，在工程中也常采用 kgf/cm^2。

2. 液柱高度

由静力学基本方程式可知，液体内任一点的压力 $p = p_0 + \gamma h$，若用一根上部抽成完全真空的闭口玻璃管接到压力为 p 的这一点，则液柱将在压力 p 的作用下在管内上升到一定高度 h_p，且 $h_p = p/\gamma = p_0/\gamma + h$。可见对于确定的流体（$\gamma$ = 常数），压力 p 与液柱高度 h_p 就有一种确定的关系。常用的液柱高度单位有米水柱（mH_2O）、毫米汞柱（mmHg）等。不同液柱高度的换算关系可由 $p = \gamma_1 h_1 = \gamma_2 h_2$ 求得，即 $h_2 = (\rho_1/\rho_2)h_1$。

3. 大气压单位

标准大气压（atm）是在北纬 45°海平面上、温度为 15℃时测定的大气压数值。

1 标准大气压（atm）= 760mmHg = $1.013 \times 10^5 Pa$

各种压力单位的换算关系见表 2-1。

表 2-1　各种压力单位的换算关系

标准大气压	帕（Pa）	巴（bar）	米水柱	毫米汞柱	工程大气压
atm	N/m²	$10^5 N/m^2$	mH_2O	mmHg	kgf/cm^2
1	101325	1.01325	10.332	760	1.0332
0.9869	100000	1	10.197	750.06	1.0197
0.9679	98066.5	0.9807	10	735.58	1

流体静压力有两种表示方法：绝对压力 p 和相对压力 p_g。绝对压力是以绝对真空为零点算起的压力。它反映流体分子运动的物理本质。因此，物理学、热力学等多采用绝对压力为计算标准。

但是工程上测压仪表在当地大气压力下的读数为零，仪表上的读数只表示流体压力比当地大气压力高或者低的数值，这种以大气压为零点算起的压力，称为相对压力，也称为表压力。

绝对压力、相对压力、大气压力三者之间的关系为

$$p = p_a + p_g \text{ 或 } p_g = p - p_a$$

绝对压力总是正的，相对压力则有正有负，若 $p > p_a$，则 p_g 为正，若 $p < p_a$，则 p_g 为负，若 $p = p_a$，则 $p_g = 0$。负的相对压力的绝对值称为真空度，用 p_v 表示，即 $p_v = p_a - p$。这里应当指出，流体的绝对压力为零在理论分析时是可以达到的，但实际上把容器抽成完全真空是很难办到的。特别是当容器中盛有液体时，只要压力降低到液体的饱和蒸汽压，液体便要开始汽化，压力便不会再往下降。所以实际液体的最大真空度不能超过当地大气压减去饱和蒸汽压。绝对压力、大气压力、相对压力、真空度的相互关系如图 2-11 所示。

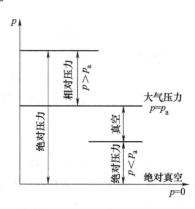

图 2-11　两种表示法图示

二、 静压力的测量

流体压力的测量仪表有许多种，主要可归纳为液柱式、电测式和机械式三类。这里仅介绍常用的几种压力表的基本原理。

1. 测压管

测压管是测量液体压力最简单的一种液柱式测压计，如图 2-12 所示。

它由一根管子构成，将管的下端与被测液体连接，管的上端与大气相通，管内的液体受容器内流体静压作用，使测压管内的液体上升至某一高度 h_A。这个 h_A 液体高就表示容器中 A 点处的相对压力。

为了减少毛细管现象的影响，测压管的内径以不小于 5mm 为宜。

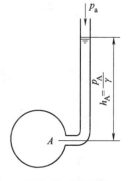

图 2-12　测压管

2. U 形管测压计

在 U 形管内测压用的是与被测流体不同的液体（称为工作液体），这种液体不能与被测流体相混合，一般采用水银、油、酒精和水。其装置如图 2-13 所示。测量时，将 U 形管的一端与被测点相连，另一端开口通大气。图 2-13a 所示为被测点的压力大于大气压力的情况。设被测流体与 U 形管中液体交界面为 1，过 1 引水平线与右支管交于 2，设 1、2 两点的压力分别为 p_1、p_2。根据相连通的同一种液体在同一水平面上压力相等的原理，由于 1、2 两点在同一等压面上，故 $p_1 = p_2$。

根据式（2-8）有

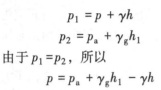

$$p_1 = p + \gamma h$$
$$p_2 = p_a + \gamma_g h_1$$

由于 $p_1 = p_2$，所以

$$p = p_a + \gamma_g h_1 - \gamma h \qquad (2\text{-}9)$$

其相对压力为

$$p_g = p - p_a = \gamma_g h_1 - \gamma h \qquad (2\text{-}10)$$

图 2-13b 所示为被测流体的压力小于大气压的情况。用同样方法求得的绝对压力为

$$p = p_a - \gamma_g h_1 - \gamma h \qquad (2\text{-}11)$$

真空度为

$$p_v = p_a - p = \gamma_g h_1 + \gamma h \qquad (2\text{-}12)$$

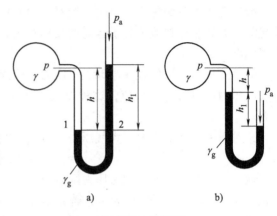

图 2-13　U 形管

当被测流体是气体时，由于气体的重度比测压计工作液体的重度小得多，γh 这一项可以略去不计。

3. 差压计

当要测量两点间的压差时，可采用如图 2-14 所示的 U 形管差压计。U 形管中盛以工作液体，设 A、B 中的压力分别为 p_A、p_B，流体重度均为 γ，则有

$$p_A = p_1 + \gamma h_A$$
$$p_B = p_3 + \gamma h_B$$

根据等压面的特性知，1-1'-2 为等压面，3-3'也是等压面。

故

$$p_1 = p_2 = p_3 + \gamma_g h_1$$

把以上三式联立求得

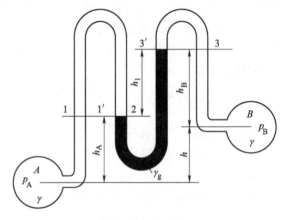

图 2-14　差压计

$$p_A = p_B + \gamma h_A - \gamma h_B + \gamma_g h_1$$

于是
$$p_A - p_B = \gamma_g h_1 + \gamma(h_A - h_B) = \gamma_g h_1 + \gamma(h - h_1) \qquad (2\text{-}13)$$
$$= (\gamma_g - \gamma)h_1 + \gamma h$$

4. 微压计

当测量的压力与大气压力接近时，为了提高测量精度，减少读数的相对误差，往往采用斜管式微压计，如图 2-15 所示。

它的测管与水平面成倾角 α，并且 α 可调。测管及与之相连通的容器的横截面积分别为 A_1、A_2，仪器中液体重度为 γ_g，仪器在没有接压力源前，液面为 0-0。当待测的流体

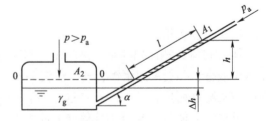

图 2-15　斜管式微压计

压力 $p(p > p_a)$ 引入容器后，可使容器中液面下降 Δh，测管中液面上升 h，达到平衡，这样

作用在 A_2 面上的压力为

$$p = p_a + \gamma_g(\Delta h + h)$$

移项得

$$p - p_a = \gamma_g(\Delta h + h)$$

由于 $A_1 l = A_2 l$，则 $\Delta h = A_1 l / A_2$，又因 $h = l\sin\alpha$，代入上式

$$p - p_a = \gamma_g\left(\sin\alpha + \frac{A_1}{A_2}\right)l$$

当 $A_2 \gg A_1$ 时，可以认为 $A_1/A_2 \approx 0$，则

$$p - p_a = \gamma_g l\sin\alpha \qquad\qquad (2\text{-}14)$$

或

$$p = p_a + \gamma_g l\sin\alpha \qquad\qquad (2\text{-}15)$$

可见，通过简单地倾斜测管就能把垂直的测量高度 h 变成放大 $1/\sin\alpha$ 倍的读数 l。但 α 也不能过小，否则斜管中液面读数不易读准确。值得一提的是，这种测压计的工作液体一般采用如酒精等重度比较小的液体。

5. 金属压力表

金属压力表可用于测量真空度或 $1\sim1000\text{MPa}$ 的压力。它的主要感应元件是由一根扁圆形或椭圆形截面的弹性管子弯成圆弧形而成的。管子一端封闭，另一端固定在仪表基座上，如图 2-16 所示。当固定端通入被测压力流体时，弹簧管承受内压，当测量大于大气压力的流体时，截面形状趋于变成圆形，刚度增大，弯曲的弹簧管伸展，中心角 γ_0 变小，封闭的自由端外移。当测量小于大气压力（即真空度）的流体时，由于流体的压力小于外壁所受的大气压力，金属管弯缩，中心角 γ_0 变大，封闭的自由端内移，然后通过传动机构带动压力表指针转动，指示被测压力。

金属压力表中最常用的传动机构是杠杆-扇形齿轮机构，如图 2-17 所示。弹簧管的自由端通过主动拉杆 3 带动扇形齿轮 4 回转，4 又带动固定有仪表指针的中心小齿轮 8 转动。游丝 5 用来消除齿隙对指示的影响。这种机构可使指针转动 $270°\sim280°$。

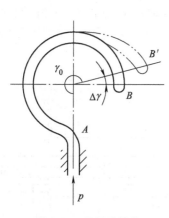

图 2-16　单圈弹簧管

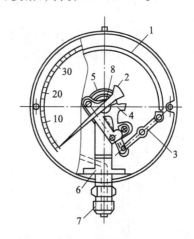

图 2-17　弹簧管压力计

1—弹簧管　2—指针　3—主动拉杆　4—扇形齿轮

5—游丝　6—基座　7—表接头　8—中心小齿轮

习题与思考题

1. 什么是绝对压力？什么是相对压力？二者有什么关系？真空度又是什么含义？

2. 某地大气压为 101325N/m^2。求：①绝对压力为 202650N/m^2 时的相对压力及水柱高度；②相对压力为 8m 水柱时的绝对压力；③绝对压力为 78066N/m^2 时的真空度。

3. 用两个 U 形管串联在一起去测量一个气罐中的气体压力，如图 2-18 所示。已知 $h_1 = 80\text{cm}$，$h_2 = 70\text{cm}$，$h_3 = 80\text{cm}$，大气压为 101325N/m^2，$\gamma_{汞} = 1.3332 \times 10^5\text{N/m}^3$，气柱重量可略去，求气罐内气体的压力。

4. 两根水银测压管与盛有水的封闭容器连接，如图 2-19 所示。已知 $h_1 = 60\text{cm}$，$h_2 = 25\text{cm}$，$h_3 = 30\text{cm}$，试求下面测压管水银距自由液面的深度 h_4。

5. 封闭容器内盛有油和水，如图 2-20 所示。油层厚度 $h_1 = 30\text{cm}$，油的重度 $\gamma_{油} = 8730\text{N/m}^3$，另已知 $h_2 = 50\text{cm}$，$h = 40\text{cm}$，试求油面上的表压力。

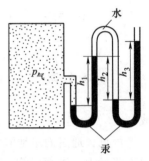

图 2-18　习题 3 图

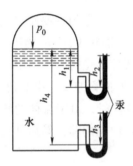

图 2-19　习题 4 图

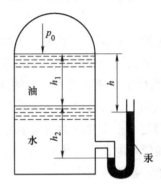

图 2-20　习题 5 图

6. 图 2-21 所示为双压式微压计，A、B 两杯子的直径 $d_1 = 50\text{mm}$，U 形管的直径 $d_2 = 5\text{mm}$，乙醇的重度 $\gamma_1 = 8535\text{N/m}^3$，煤油的重度 $\gamma_2 = 8142\text{N/m}^3$。当 $\Delta p = p_1 - p_2 = 0$ 时，乙醇与煤油的分界面在 0-0 线上，试求当 $h = 280\text{mm}$ 时的 Δp。

7. 如图 2-22 所示，欲使活塞产生 $F = 7848\text{N}$ 的推力，活塞左侧需引入多高压力的油？已知活塞直径 $d_1 = 10\text{cm}$，活塞杆直径 $d_2 = 3\text{cm}$，活塞和活塞杆的总摩擦力等于活塞总推力的 10%，活塞右侧的表压力 $p_2 = 9.81 \times 10^4\text{N/m}^2$。

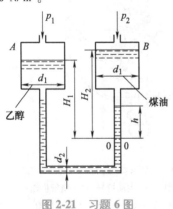

图 2-21　习题 6 图

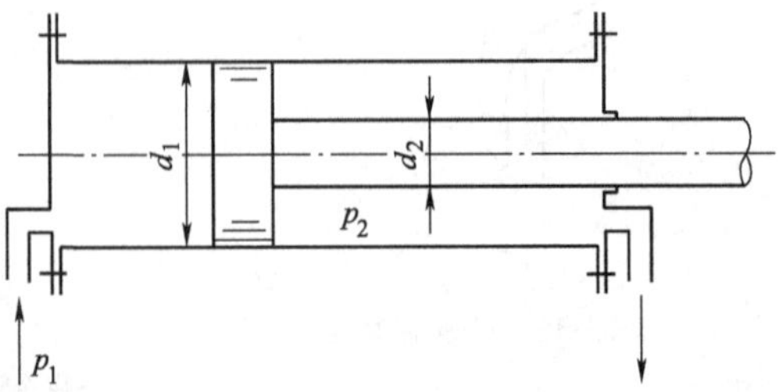

图 2-22　习题 7 图

项目四　静止液体对壁面的作用力

学习目标

了解静止液体对固体壁面的作用力；掌握作用在平面上和作用在曲面上的总压力的计算方法。

在工程实践中常常需要知道液体作用于整个结构物表面上的力，这种静止液体对固体壁面的作用力称为总压力。总压力是进行诸如闸、水箱、水池、防水墙等设计时必须考虑的主要载荷。容纳液体的固体壁面包括平面和曲面两种。下面仅就液体作用在两种壁面上的总压力分别加以分析。

一、作用在平面上的总压力

图 2-23 所示为一任意形状的平面壁 A。该平面垂直于图纸平面并与水平面成夹角 α。为了便于分析，将平面 A 绕 Oy 轴转动 $90°$，得 A 平面的正视图，已知液面的相对压力为 p_0。

1. 总压力的大小

为了计算平面壁的总压力，在受压平面上取一微小面积 dA，其中心点在液面下深度为 h。作用在 dA 上的微小作用力为

$$dP = pdA = (p_0 + \gamma h)dA$$

因为 $h = y\sin\alpha$，所以

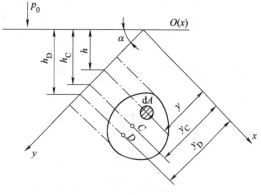

图 2-23　平面上的液体总压力

$$dP = (p_0 + \gamma y\sin\alpha)dA$$

积分上式得液体作用在面积 A 上的总压力为

$$P = p_0 A + \gamma\sin\alpha \int_A y dA$$

其中，$\int_A y dA$ 是面积 A 对 Ox 轴的静面矩，它等于总面积 A 与面积形心坐标 y_C 的乘积，即 $\int_A y dA = y_C A$。因 $y_C\sin\alpha = h_C$，所以总压力为

$$P = p_0 A + \gamma h_C A = (p_0 + \gamma h_C)A \tag{2-16}$$

式中　h_C——平面形心离液面的深度。

由上式可知，作用在平面壁液侧的总压力等于平面壁形心处的相对压力与平面壁面积之积。

若作用在液体自由表面上的压力只是大气压力，即 $p_0 = 0$，在这种情况下，仅由液体产生的作用在平面上的总压力为

$$P = \gamma h_{\mathrm{C}} A \qquad (2\text{-}17)$$

2. 总压力的作用点

通常把仅由液体产生的总压力的作用点称为压力中心。设图 2-23 中的 D 点为压力中心，其位置坐标 y_{D} 可按合力矩定理来求。总压力 P 对 Ox 轴的力矩应该等于各微元面积上的总压力 $\mathrm{d}P$ 对 Ox 轴的力矩之和，即

$$P y_{\mathrm{D}} = \int_A y\,\mathrm{d}P = \int_A y(\gamma y \sin\alpha)\,\mathrm{d}A$$

或

$$A(\gamma y_{\mathrm{C}} \sin\alpha) y_{\mathrm{D}} = \gamma \sin\alpha \int_A y^2\,\mathrm{d}A$$

其中，$\int_A y^2\,\mathrm{d}A$ 为面积 A 对 Ox 轴的惯性矩 J_{x}，因此，由上式可得

$$\left. \begin{array}{l} y_{\mathrm{D}} = \dfrac{J_{\mathrm{x}}}{y_{\mathrm{C}} A} \\[3mm] y_{\mathrm{D}} = \dfrac{J_{\mathrm{x}}}{h_{\mathrm{C}} A} \sin\alpha \end{array} \right\} \qquad (2\text{-}18)$$

根据惯性矩的平移定理：$J_{\mathrm{x}} = J_{\mathrm{Cx}} + A y_{\mathrm{C}}^2$，其中，$J_{\mathrm{Cx}}$ 是平面 A 对通过其形心且平行 Ox 轴的惯性矩，于是上式可写成

$$y_{\mathrm{D}} = \frac{J_{\mathrm{Cx}} + A y_{\mathrm{C}}^2}{y_{\mathrm{C}} A} = y_{\mathrm{C}} + \frac{J_{\mathrm{Cx}}}{y_{\mathrm{C}} A} \qquad (2\text{-}19)$$

从上式可看出，因为 $\dfrac{J_{\mathrm{Cx}}}{y_{\mathrm{C}} A}$ 为正值，所以 $y_{\mathrm{D}} > y_{\mathrm{C}}$，即压力中心 D 点永远低于平面形心 C 点。

用同样的方法可得到压力中心 D 到 y 轴的距离 x_{D}。工程中碰到的许多平面多是对称的，压力中心总是位于铅直对称轴上，因而可不计算 x_{D}。

常见的几种规则图形的面积、形心位置、惯性矩计算公式列于表 2-2。

表 2-2　常见的几种规则图形的面积、形心位置、惯性矩计算公式

名称	矩形	三角形	梯形	圆形	半圆形
图形					
面积	hb	$\dfrac{1}{2}h$	$\dfrac{1}{2}h(a+b)$	$\dfrac{\pi d^2}{4}$	$\dfrac{\pi d^4}{8}$
形心位置	$y_{\mathrm{C}} = \dfrac{h}{2}$	$y_{\mathrm{C}} = \dfrac{2}{3}h$	$y_{\mathrm{C}} = \dfrac{1}{3}h\left(\dfrac{a+2b}{a+b}\right)$	$y_{\mathrm{C}} = \dfrac{d}{2}$	$y_{\mathrm{C}} = \dfrac{4r}{3\pi}$
惯性矩	$J_{\mathrm{C}} = \dfrac{bh^3}{12}$	$J_{\mathrm{C}} = \dfrac{1}{36}bh^3$	$y_{\mathrm{C}} = \dfrac{h^3(a^2+4ab+b^2)}{36(a+b)}$	$J_{\mathrm{C}} = \dfrac{\pi d^4}{64}$	$J_{\mathrm{C}} = \dfrac{d^4}{16}\left(\dfrac{\pi}{8} - \dfrac{8}{9\pi}\right)$

　　例 2-3　图 2-24 所示为一矩形挡水闸，长 $a = 2\mathrm{m}$，宽 $b = 1.5\mathrm{m}$，它的中心到水面高度 $h = 6\mathrm{m}$。求挡水闸受到的总压力和墙在 A 处受到闸的作用力 F。

　　解：1）求总压力 P。因为闸外面和水表面均受大气压，故可略去其影响。于是根据式（2-17）有

$$P = \gamma h_C A = \gamma h b a = 9800 \times 6 \times 1.5 \times 2 \mathrm{N} = 176400 \mathrm{N}$$

2）求作用力 F。根据式（2-19），并考虑 $\alpha = 90°$，闸的压力中心到 O 点的距离为

$$l = h + \frac{a}{2} - h_D = h + \frac{a}{2} - \left(h + \frac{J_{Cx}}{hA} \right) = \frac{a}{2} - \frac{J_{Cx}}{hA}$$

其中

$$J_{C1} = \frac{ba^3}{12} = \frac{1.5 \times 2^3}{12} \mathrm{m}^4 = 1\mathrm{m}^4$$

$$A = ba = 1.5 \times 2 \mathrm{m}^2 = 3\mathrm{m}^2$$

代入上式得

$$l = \frac{2}{2}\mathrm{m} - \frac{1}{6 \times 3}\mathrm{m} = \frac{17}{18}\mathrm{m} = 0.944\mathrm{m}$$

由 $\sum M_0 = 0$ 得

$$Pl - Fa = 0$$

于是有

$$F = \frac{Pl}{a} = \frac{176400 \times 0.944}{2}\mathrm{N} = 83300\mathrm{N}$$

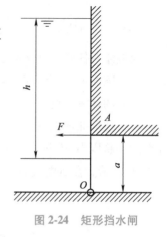

图 2-24 矩形挡水闸

例 2-4 如图 2-25 所示，一矩形闸门两面受到水的压力，左边水深 $H_1 = 4.5\mathrm{m}$，右边水深 $H_2 = 2.5\mathrm{m}$，闸门与水平面成 $\alpha = 45°$ 倾斜角，假设闸门的宽度 $b = 1\mathrm{m}$，试求作用在闸门上的总压力及其作用点。

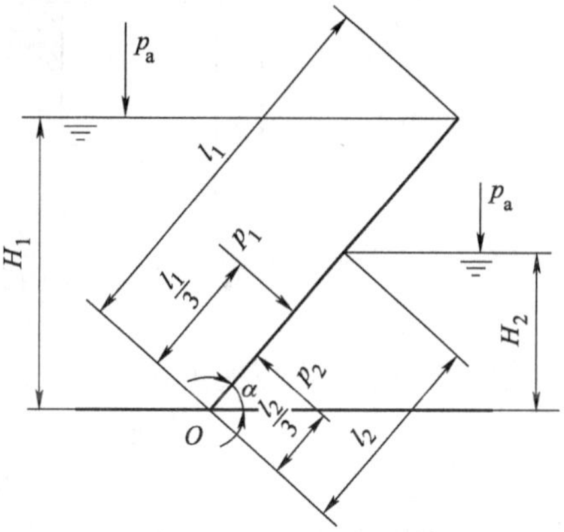

解： 作用在闸门左边的总压力为

$$P_1 = \gamma h_{C1} A_1 = \frac{\gamma b H_1^2}{2\sin\alpha} = \frac{9800 \times 1 \times 4.5^2}{2 \times 0.707}\mathrm{N} = 140346\mathrm{N}$$

作用在闸门右边的总压力为

$$P_2 = \gamma h_{C2} A_2 = \frac{\gamma b H_2^2}{2\sin\alpha} = \frac{9800 \times 1 \times 2.5^2}{2 \times 0.707}\mathrm{N} = 43317\mathrm{N}$$

则总压力为

$$P = P_1 - P_2 = (140346 - 43317)\mathrm{N} = 97029\mathrm{N}$$

图 2-25 斜置矩形闸

矩形平面的压力中心坐标为

$$y_D = y_C + \frac{J_{Cx}}{y_C A} = \frac{l}{2} + \frac{bl^3/12}{0.5lbl} = \frac{2}{3}l$$

根据合力矩定理，所有外力对一点取矩等于合力对同一点取矩，得 $P_1 l_1/3 - P_2 l_2/3 = Pl$，所以

$$l = \frac{P_1 l_1 - P_2 l_2}{3P} = \frac{P_1 H_1 - P_2 H_2}{3P\sin\alpha}$$

$$= \frac{140346 \times 4.5 - 43317 \times 2.5}{3 \times 0.707 \times 97029}\mathrm{m} = 2.543\mathrm{m}$$

即压力中心距 O 点的距离为 2.543m。

二、 作用在曲面上的总压力

因液体对任意曲面不同点上的作用力都各自垂直于其对应的微元曲面壁，故各点作用力的方向因壁面形状不同而不同。这里仅讨论工程技术中常见的二向曲面，即柱形曲面所受液体总压力的计算问题。

由于柱形曲面上各点作用力的方向不同，直接在曲面上积分求总压力是行不通的，常将各点微小总压力 $\mathrm{d}P$ 进行分解，然后再总加起来。设面积为 A 的曲面 ab 受到液体作用，如图 2-26 所示。在自由表面下深度为 h 处取一微小面积 $\mathrm{d}A$，则作用在 $\mathrm{d}A$ 上的总压力为

$$\mathrm{d}P = \gamma h \mathrm{d}A$$

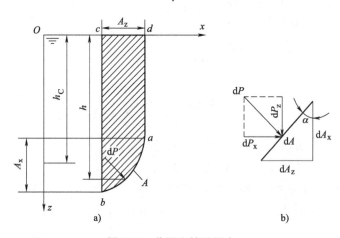

图 2-26　曲面上的总压力

设 $\mathrm{d}P$ 与水平面成夹角 α，则它的水平分力和垂直分力 $\mathrm{d}P_x$、$\mathrm{d}P_z$ 分别为

$$\mathrm{d}P_x = \mathrm{d}P\cos\alpha = \gamma h \mathrm{d}A\cos\alpha = \gamma h \mathrm{d}A_x$$

$$\mathrm{d}P_z = \mathrm{d}P\sin\alpha = \gamma h \mathrm{d}A\sin\alpha = \gamma h \mathrm{d}A_z$$

分别将以上两式对整个曲面 A 积分，可得总压力的水平分力和垂直分力。

1. 总压力的水平分力

$$P_x = \int_A \mathrm{d}P_x = \gamma \int_A h \mathrm{d}A_x$$

其中，$\int_A h \mathrm{d}A_x = h_C A_x$ 为曲面 A 在 yOz 坐标面上的投影面积 A_x 对 Oy 轴的静面矩，于是

$$P_x = \gamma h_C A_x \tag{2-20}$$

其作用线通过平面 A_x 的压力中心。

2. 总压力的垂直分力

$$P_z = \int_A \mathrm{d}P_z = \gamma \int_A h \mathrm{d}A_z$$

其中，$\int_A h \mathrm{d}A_z$ 为曲面 ab 上方的液体体积 V，即体积 $abcd$。通常称这个体积为压力体。于是

$$P_z = \gamma V \tag{2-21}$$

P_z 的作用线通过压力体 $abcd$ 的重心。

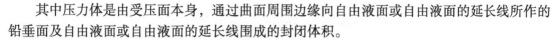

其中压力体是由受压面本身，通过曲面周围边缘向自由液面或自由液面的延长线所作的铅垂面及自由液面或自由液面的延长线围成的封闭体积。

作用在曲面上的总压力的大小和方向分别为

$$P = \sqrt{P_x^2 + P_z^2} \tag{2-22}$$

$$\tan\theta = \frac{P_z}{P_x} \tag{2-23}$$

其中，θ 为总压力 P 与水平面的夹角。同时总压力的作用线必定通过垂直分力和水平分力的交点。

还需要说明的是，压力体是由积分式 $\int_A h\mathrm{d}A_z$ 所确定的纯几何体积，不管这个体积内是否充满液体，垂直分力的大小都是按式（2-21）进行计算。不过垂直分力的方向随压力体在受压面的同侧或异侧而不同。如图 2-27a 所示的两个柱面 A、B，设它们本身尺寸完全相同，而且柱面在液面下的距离也完全相同。根据以上所述，这两个柱面上的垂直分力大小完全相等，只是方向不同。图 2-27b 的压力体可分解为两部分，其垂直分力的合力为 $P_z = P_{z1} - P_{z2}$，方向向上。

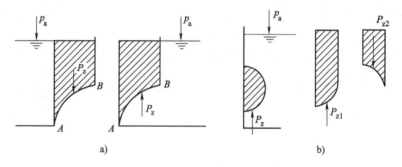

图 2-27 压力体

例 2-5 求作用在直径 $D = 2.4\mathrm{m}$、长 $L = 1\mathrm{m}$ 的圆柱上的水的总压力在水平及垂直方向的分力和在圆柱上的作用点坐标（图 2-28）。

解：1）水平分力。

$$P_x = \gamma \frac{1}{2}DDL = 9800 \times \frac{1}{2} \times 2.4^2 \times 1\mathrm{N} = 28224\mathrm{N}$$

2）垂直分力。

$$P_z = \gamma\left(\frac{1}{2}V_{柱}\right) = \frac{\pi}{8}\gamma D^2 L = \frac{\pi}{8} \times 9800 \times 2.4^2 \times 1\mathrm{N}$$
$$= 22156\mathrm{N}$$

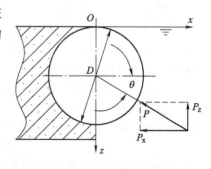

图 2-28 圆柱面总压力

3）压力中心坐标。因曲面上每一点的作用力都通过圆心，因而总压力的作用线也通过圆心，于是

$$\theta = \arctan \frac{P_z}{P_x} = \arctan \frac{22156}{28224} = 38.15°$$

$$x_D = \frac{D}{2}\cos\theta = \frac{2.4}{2} \times \cos38.15°\ \text{m} = 0.94\text{m}$$

$$z_D = \frac{D}{2}(1 + \sin\theta) = \frac{2.4}{2}(1 + \sin38.15°)\text{m} = 1.94\text{m}$$

例 2-6　一个外径为 D_o，内径为 D_i 的空心球，由重度为 $\gamma_{球}$ 的材料制成，若要求把球完全淹没在水里时，它能在任意位置停留，求它的内外径之比（图 2-29）。

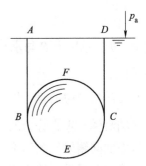

解：要使空心球能停在任意位置，液体对空心球外表面向上的作用力减去向下的作用力（称为浮力）应等于空心球的自重。即浮力等于重力时才能达到平衡。

由式（2-21）知，液体对空心球的总作用力为

$$F = \gamma_{水}(V_{ABECD} - V_{ABFCD}) = \gamma_{水}V_{球} = \gamma_{水}\frac{1}{6}\pi D_o^3$$

图 2-29　淹没在水的空心球

此式同时也证明了阿基米德定律：流体作用在物体上的浮力等于该物体排开相同体积流体的重量。

球的重量为

$$G = \gamma_{球}\left(\frac{\pi}{6}D_o^3 - \frac{\pi}{6}D_i^3\right)$$

由题意得 $F = G$，即

$$\gamma_{水}\frac{\pi}{6}D_o^3 = \gamma_{球}\frac{\pi}{6}(D_o^3 - D_i^3)$$

化简得

$$\frac{D_i}{D_o} = \sqrt[3]{\left(1 - \frac{\gamma_1}{\gamma_2}\right)} \quad (\gamma_1 = \gamma_{水},\ \gamma_2 = \gamma_{球})$$

 习题与思考题

1. 图 2-30 表示可绕铰轴 O 转动的水闸，当上游水位 H 超过 2m 时，要求闸门自动开启，试求铰链轴的位置 x。闸门另一侧的水位高 $h = 0.4$m，$\alpha = 60°$。

2. 一闸门宽 5m，高 10m，在图 2-31 所示位置，求所有液体对门的作用力。空气的压力为 5×10^5Pa，油的密度为 830kg/m³。

3. 已知闸门宽 1.5m，其位置如图 2-32 所示，求闸门关闭时，在 A 处必须施加的力 F。

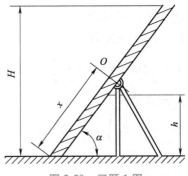

图 2-30　习题 1 图

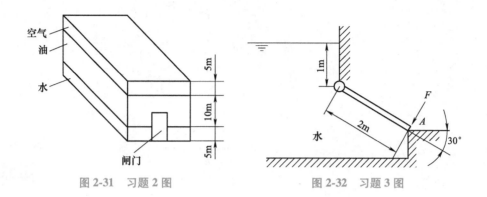

图 2-31　习题 2 图　　　　　　　　　　图 2-32　习题 3 图

流体动力学

在流体静力学中，我们主要讨论了流体处于平衡状态下的一些力学规律，如压力分布及流体对固体壁面的作用力等。本模块的流体动力学将讨论引起流体运动的原因和确定作用力、力矩和动量矩的方法。

项目一　基本概念

学习目标

了解研究流体运动情况的常用方法；掌握流体运动的基本概念。

研究流体的运动情况时，常用的方法是拉格朗日法和欧拉法。拉格朗日法主要针对流体质点，先跟踪个别流体质点，研究其位移、速度、加速度等随时间的变化，然后将流场中所有质点的运动情况综合起来，就得到流场的运动。欧拉法主要针对流场中的空间点，研究流体质点经过这些空间点时，运动参数随时间的变化，并且用同一时刻所有点的运动情况来描述流场的运动。

然而，在绝大多数实际问题中，人们并不关心哪一个质点的运动情况如何，并且在许许多多流体质点组成的流场中识别并跟踪某个质点，这在工程实际中几乎是做不到的。这样，在实际问题的研究过程中更值得注意的是流体经过某空间点时，运动参数随时间的变化情况，即整个流场的运动图像，所以流体力学中常采用欧拉法研究问题。在用欧拉法研究流体运动时，有许多基本概念需要掌握，下面分别加以介绍。

一、定常流动和非定常流动

1. 定常流动

若流场中各空间点上的一切运动要素都不随时间变化，这种流动称为定常流动。定常流

动中，速度、压力等只是空间坐标的函数，即

$$u = u(x,y,z) \quad p = p(x,y,z)$$

这表明在定常流动时，流场的运动图像是不变的。如图 3-1a 所示的定水龙头孔口出流就是定常流动。这时，自孔口射出的流股形状是不变的。但 A 点的速度 u_A 并不等于 B 点的速度 u_B，即速度随位置变化。

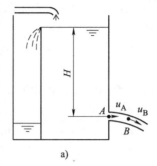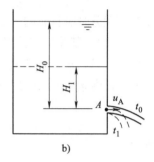

2. 非定常流动

若流场中各空间点的运动要素随时间变化，这种流动称为非定常流动。非定常流动中，速度、压力等是空间坐标和时间的函数，即

图 3-1 定常流动和非定常流动

$$u = u(x,y,z,t) \quad p = p(x,y,z,t)$$

这种情况下，流场的运动图像随时间而变。如图 3-1b 所示的变水龙头孔口出流就是典型的非定常流动。当水头从 t_0 时刻的 H_0 变到 t_1 时刻的 H_1 时，流股从实线位置变为虚线位置，A 点的速度也将变小。

二、 迹线与流线

1. 迹线

迹线就是流体质点的运动轨迹。迹线只与流体质点有关，不同的质点，迹线的形状可能不同。但对一确定的质点而言，其迹线的形状不随时间变化。

2. 流线

在给流线下定义之前，我们先从流场中作一条曲线：于 t_0 时刻在流场中任取一点 1，设该点的速度为 u_1；沿 u_1 方向在距 1 点为 Δl_1 处取另一点 2，同一时刻，2 点的速度为 u_2；再沿 u_2 方向在距 2 点为 Δl_2 处取一点 3，同一时刻，该点的速度为 u_3；如此下去，可得 4，5，…各点。将各点依序连接起来便得到一条折线，如图 3-2 所示。当各点之间的距离都趋近于零时，这线就变成一条光滑的曲线。这条曲线就称为流线。所以，流线是同一时刻流场中连续各点的速度方向线。

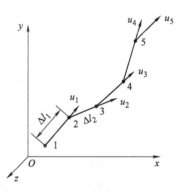

图 3-2 流线

流线具有以下两个特点：

1）非定常流动时，流线的形状随时间改变；定常流动时，其形状不随时间改变。此时，流线与迹线重合，流体质点沿流线运动。

2）流线是一条光滑曲线。流线之间不能相交。如果相交，交点的速度必为零或无穷大。否则，同一时刻在交点上将出现两个速度，这显然是不可能的。

根据流线上各点的速度都与之相切的特点，在流线上截取一微小长度 dl，它在各坐标方向的分量分别为 dx、dy 和 dz。因 dl 的方向与速度矢量 u 的方向相同，各分量应成比例，所以有

$$\frac{\mathrm{d}x}{u_x} = \frac{\mathrm{d}y}{u_y} = \frac{\mathrm{d}z}{u_z} \tag{3-1}$$

式（3-1）称为流线微分方程。如果已知速度表达式，代入上式积分就可得到流线方程。注意：积分时应将时间 t 看作不变量。

例 3-1　某流场的速度分布为 $u_x = 2x+t$，$u_y = -2y$，$u_z = 0$。求时间 t 分别为 0，1 时，通过点（1，1）的流线方程。

解： 因 $u_z = 0$，流体只在 Oxy 平面内流动。将速度 u_x 和 u_y 代入式（3-1）中得

$$\frac{\mathrm{d}x}{u_x} = \frac{\mathrm{d}x}{2x+t} = \frac{\mathrm{d}y}{-2y} = \frac{\mathrm{d}y}{u_y}$$

或
$$2(y\mathrm{d}x + x\mathrm{d}y) + t\mathrm{d}y = 0$$

积分得
$$2xy + ty = c$$

c 是积分常数，由流线通过某点的坐标来确定。于是

$t=0$ 时，通过（1，1）点的（$c=2$）的流线方程为：$xy=1$；

$t=1$ 时，通过（1，1）点的（$c=3$）的流线方程为：$2xy+y=3$。

由此可见，非定常流动时，流线的形状是随时间变化的。

流线还是表现流场的有力工具。通过作流线可使流场中的流动情形跃然纸上。如图 3-3 所示，不仅可以表示出各点的速度方向，对不可压缩流体，还能定性反映出速度的大小：流线密集处的速度大，稀疏处速度小。

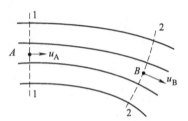

图 3-3　流线与过流断面

三、流管、流束及总流

1. 流管

在流场中取一段很小的闭合曲线，通过这条封闭曲线上所有点作流线族，这些流线族所围成的管称为流管。因为流体质点只能沿流线运动，所以流管就像固体管道一样，不能穿过管面。

2. 流束

充满在流管内部的全部流体称为流束。断面无穷小的流束称为微小流束；微小流束的极限为流线。如图 3-4 所示，微小流束的同一断面上各点的运动要素可近似认为是相等的，这样就便于理论分析。

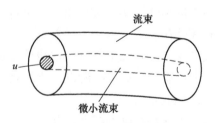

图 3-4　流束

3. 总流

在流动边界内的全部流体称为总流，即流动边界内所有流束的总和。总流按其边界性质不同可分为有压流、无压流和射流三类。边界全部是固体的称为有压流，其特点为流体主要是依靠压力推动的，如供水管路、通风巷道和液压管路中的流动均属于有压流。总流边界部分是固体，另一部分是气体时称为无压流，其特点是靠重力实现的，如明渠流、河流等。总流边界不与固体接触时称为射流，如水从水枪射入大气时的流动。

四、 过流断面的水力直径

1. 过流断面

与总流或流束中的流线处处垂直的断面称为过流断面（或过流截面）。过流断面可能是平面，也可能是曲面。如图 3-3 中的 1-1 和 2-2 断面。

2. 水力直径

总流的过流断面上，流体与固体接触的长度称为湿周，用 χ 表示，如图 3-5 所示。

总流过流断面的面积 A 与湿周 χ 之比称为水力半径 R，水力半径的 4 倍称为水力直径，用 d_i 表示。所以

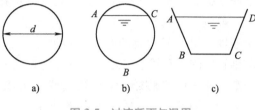

图 3-5　过流断面与湿周

$$d_i = 4\frac{A}{\chi} = 4R \qquad (3\text{-}2)$$

对圆形管道，水力直径在数值上等于管道的直径，即

$$d_i = \frac{4A}{\chi} = \frac{\dfrac{4\pi d^2}{4}}{\pi d} = d$$

水力直径和水力半径的概念在非圆管道和明渠流计算中经常用到。

五、 流量及平均速度

1. 流量

单位时间内通过过流断面的流体量称为流量。由于流体量可以用体积、质量来度量，故流量又可相应地分为体积流量 $Q(\text{m}^3/\text{s}$ 或 $\text{L/s})$ 和质量流量 $Q_m(\text{kg/s})$，其中体积流量使用得最广。本书后文中提到"流量"，不加说明概指体积流量。

根据流量的定义，通过流束过流断面的体积流量为

$$Q = \int_A u\,\mathrm{d}A \qquad (3\text{-}3)$$

式中　$\mathrm{d}A$——微元面积；

$\quad\quad u$——过流断面上的速度。

计算流经任意曲面的流量时，由于速度不与断面垂直，所以必须将速度 u 在断面的法线方向上的投影 u_n 乘以微元面积后再积分。

通过流束过流断面的质量流量为

$$Q_m = \int_A \rho u\,\mathrm{d}A \qquad (3\text{-}4)$$

2. 平均速度

如果已知过流断面上的速度分布，则可利用式（3-3）计算流经过流断面的流量。但是，一般情况下断面速度分布不易确定。在工程计算中，为了简化问题，通常引入断面平均速度的概念。所谓断面平均速度是指流经过流断面的体积流量 Q 除以过流断面面积 A，利用式（3-3），得

$$v = \frac{Q}{A} = \frac{1}{A} \int_A u \mathrm{d}A \qquad (3-5)$$

六、 一元流动、 二元流动和三元流动

若流动参数与三个空间坐标 x、y、z 有关，这样的流动称为三元流动。当只与两个或一个空间坐标有关时，便称为二元流动或一元流动。

一般地，一元流动只有一个速度分量；二元流动有两个速度分量；三元流动有三个速度分量。图 3-6 所示的圆锥管内的流动属于二元流动。流动参数是坐标 r 和 x 的函数，任一点的速度也有 u_r 和 u_x 两个分量。若简化为一元流动，即各断面上的速度用平均速度 v 来代替，$v = v(x)$ 只是流程 x 的函数。

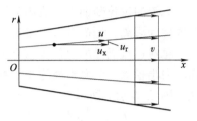

图 3-6　圆锥管内的流动

七、 系统和控制体

众多流体质点的集合称为系统。系统一经确定，它所包含的流体质点都将确定。无论这些质点运动到哪里，它们都属于这一确定的系统。由此可知，系统的位置和形状是可以变化的。如图 3-7 中的虚线所示。

控制体是指流场中某一确定的空间，常用 R 表示。这一空间的边界称为控制面，常用 A 表示。与系统不同，控制体一经选定，它在某坐标系中的位置和形状都不再变化。如图 3-7 中的实线。如果这个坐标系是固定的，就称为固定控制体，如果坐标系本身也在运动，则称为运动控制体。

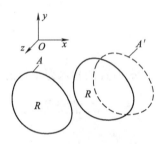

图 3-7　系统和控制体

利用控制体可以推导出流体系统所具有的某种物理量（如质量、动量、动量矩等）随时间的变化率，由此可以得出流体力学中若干重要方程，如总流连续性方程、动量方程和动量矩方程。

 习题与思考题

1. 流体流动的分类有哪些？

2. 研究流体运动时有哪些基本概念？

3. 何谓流线，它有何特点？

4. 已知平面流动速度分布为 $u_x = -\dfrac{Cy}{x^2 + y^2}$，$u_y = \dfrac{Cx}{x^2 + y^2}$，其中 C 为常数，求流线方程，并画出若干条流线。

5. 已知流场的速度分布为 $u_x = 4x^3 + xy + 2y$，$u_y = 3x - y^3 + z$，试判断该流场是几元流动？是定常流动还是非定常流动？

6. 二元流动的速度分布为 $u_x = tx$，$u_y = -ty$，请分别列出当 $t = 1$ 和 $t = 0$ 时，通过点（1，1）的流线方程。

项目二　流体连续性方程

学习目标

　　理解并掌握总流连续性方程和直角坐标系中的连续性方程；理解总流连续性方程和直角坐标系中连续性方程的推导过程。

　　流体运动必须遵循物质不灭定律——质量守恒定律。即流体流动时，其质量既不能产生，也不会消失，也就是说，流体在流场中的流动是连续不断进行的。反映这种流动连续性的方程就称为连续性方程。

一、总流连续性方程

　　因为总流是一元流动，所以也称为一元流动连续性方程。下面只讨论定常流动的情况。

　　设在稳定流动的流场中于 t 时刻，在总流中取一控制体 R，如图3-8所示，其边界包括过流断面1-1、2-2 和它们之间的总流边界，因为流动是定常的，控制体 R 内各点的密度不随时间变化，所以控制体内的流体质量也不随时间变化。

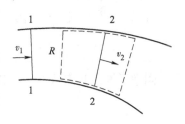

图3-8　总流控制体

　　由此必有：在 Δt 内从外部经 1-1 断面流进 R 的流体质量为 $\Delta m_1 = \rho_1 v_1 A_1 \Delta t$，在 Δt 内从 2-2 断面流出 R 的流体质量为 $\Delta m_2 = \rho_2 v_2 A_2 \Delta t$。$\Delta m_1 = \Delta m_2$，即

$$\rho_1 v_1 A_1 = \rho_2 v_2 A_2 \tag{3-6}$$

式中　ρ_1、ρ_2——断面1-1、2-2上的平均密度；

　　　　v_1、v_2——断面1-1、2-2上的平均速度；

　　　　A_1、A_2——断面1-1、2-2上的过流面积。

　　式（3-6）就是可压缩流体定常流动的总流连续方程。其物理意义是：流过任意两个总流过流断面上的质量流量相等。

　　对于不可压缩流体，$\rho_1 = \rho_2 = \rho =$ 常数，式（3-6）变为

$$v_1 A_1 = v_2 A_2 \text{ 或 } Q_1 = Q_2 = Q = \text{常数} \tag{3-7}$$

二、直角坐标系中的连续性方程

　　下面在直角坐标系中来推导这一约束关系，即直角坐标系中的连续性方程。

　　在流场中任取一以点 $c(x, y, z)$ 为中心的微小六面体为控制体，如图3-9所示。控制体的边长为 dx，dy，dz，且分别与直角坐标轴平行。设某时刻 c 点的流体质点的速度为 u，其分量为 u_x，u_y 和 u_z，密度为 ρ。

　　因为流动参数是连续的，可将它们在 c 点展开成泰勒级数。略去二阶以上的高阶微量后可分别得到1-2面和3-4面中心处的 m 点和 n 点的速度和密度，如图3-9所示。

经时间 dt 后，根据质量守恒定律，控制体 R 内流体质量的变化关系应满足
R 内质量的增量 = 从外界净流入 R 的质量

（A）

下面先分析从 x 方向净流入 R 的流体质量。dt 内，从 1-2 面流入 R 的质量为

$$dm_{x1} = \left(\rho - \frac{\partial \rho}{\partial x}\frac{dx}{2}\right)\left(u_x - \frac{\partial u_x}{\partial x}\frac{dx}{2}\right)dydzdt$$

（B）

dt 内，从 3-4 面流出 R 的质量为

$$dm_{x2} = \left(\rho + \frac{\partial \rho}{\partial x}\frac{dx}{2}\right)\left(u_x + \frac{\partial u_x}{\partial x}\frac{dx}{2}\right)dydzdt$$

（C）

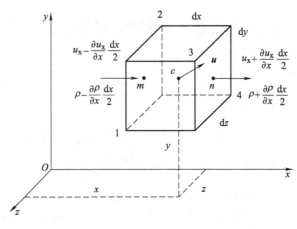

图 3-9　微小六面体

所以，dt 内从 x 方向净流入 R 的流体质量为 $dm_x = dm_{x1} - dm_{x2}$。
将式（B）与式（C）代入，展开并略去高阶微量，经整理得

$$dm_x = -\frac{\partial(\rho u_x)}{\partial x}dxdydzdt$$

同理可得，dt 内从 y 方向和 z 方向净流入 R 的流体质量为

y 方向
$$dm_y = -\frac{\partial(\rho u_y)}{\partial y}dxdydzdt$$

z 方向
$$dm_z = -\frac{\partial(\rho u_z)}{\partial z}dxdydzdt$$

于是，在 dt 内从外界净流入 R 的质量为 $dm_1 = dm_x + dm_y + dm_z$。将以上三式代入，并令 $dV = dxdydz$，则

$$dm_1 = -\left[\frac{\partial(\rho u_x)}{\partial x} + \frac{\partial(\rho u_y)}{\partial y} + \frac{\partial(\rho u_z)}{\partial z}\right]dVdt$$

（D）

从另一角度看，因外界有流体流入，必然引起控制体 R 内的质量增加。设增量为 dm_2，则

$$dm_2 = \frac{\partial(\rho dV)}{\partial t}dt = \frac{\partial \rho}{\partial t}dVdt$$

（E）

将式（D）与式（E）代入式（A），经整理可得

$$\frac{\partial \rho}{\partial t} + \frac{\partial(\rho u_x)}{\partial x} + \frac{\partial(\rho u_y)}{\partial y} + \frac{\partial(\rho u_z)}{\partial z} = 0$$

（3-8）

这就是流体在直角坐标系中的连续性方程。它表达了流场中任一点的速度、密度在各方向上变化率之间的约束关系。

为了便于记忆，引入一个矢量微分算子（称为那勃勒算子或算符）

$$\nabla = \boldsymbol{i}\frac{\partial}{\partial x} + \boldsymbol{j}\frac{\partial}{\partial y} + \boldsymbol{k}\frac{\partial}{\partial z}$$

则式（3-8）可写成

$$\frac{\partial \rho}{\partial t} + \nabla \cdot (\rho \boldsymbol{u}) = 0 \qquad (3\text{-}9a)$$

定常流动时，因 $\partial \rho / \partial t = 0$，上式变为

$$\nabla \cdot (\rho \boldsymbol{u}) = 0 \qquad (3\text{-}9b)$$

对不可压缩流体，不论是定常流动还是非定常流动。因 $\rho =$ 常数，其连续性方程为

$$\frac{\partial u_x}{\partial x} + \frac{\partial u_y}{\partial y} + \frac{\partial u_z}{\partial z} = 0 \text{ 或} \nabla \cdot \boldsymbol{u} = 0 \qquad (3\text{-}10)$$

由此式可更明显地看出速度变化率之间的约束关系。该式的另一物理意义是：不可压缩流体微团在流动中形状可能有变，但体积不变。

对二元流动，式（3-9b）和式（3-10）变成

$$\frac{\partial (\rho u_x)}{\partial x} + \frac{\partial (\rho u_y)}{\partial y} = 0 \qquad (3\text{-}11)$$

$$\frac{\partial u_x}{\partial x} + \frac{\partial u_y}{\partial y} = 0 \qquad (3\text{-}12)$$

 ## 习题与思考题

1. 什么是流体的连续性方程？
2. 连续性方程 $\rho_1 v_1 A_1 = \rho_2 v_2 A_2$ 和 $\nabla \cdot (\rho \boldsymbol{u}) = 0$ 有何异同？
3. 判断下列流动是否满足不可压缩流动的连续性条件。

1）$u_x = ax + b$；$u_y = -ay + c(a, b, c$ 均为常数$)$；

2）$u_x = xy$；$u_y = -xy$；

3）$u_x = y^2 + 2x$；$u_y = x^2 - 2y$；

4）$u_x = -\dfrac{ay}{x^2 + y^2}$；$u_y = \dfrac{ax}{x^2 + y^2}$。

4. 已知某不可压缩平面流动中，$u_x = 3x + 4y$。u_y 应满足什么条件才能使流动连续？

项目三　流体的运动方程式

学习目标

理解并掌握理想流体运动方程和黏性流体运动方程建立的意义及表达形式；理解流体运动方程式的推导过程。

一、理想流体的运动方程式

理想流体是没有黏性的流体，作用在流体上的表面力与平衡流体一样，只有法向压力。工程实际中，任何流体都具有黏性，但在某些场合，流体的黏性力和其他力比起来作用很小，在这种情况下，可以把它当作理想流体来处理。

在理想流体的流场中，取出一微小六面体微团，中心点为 a，坐标为 (x, y, z)。微团各边长为 dx，dy，dz，并分别与三坐标轴平行。微团的平均密度为 ρ，中心 a 点的压力为 p，速度为 u_x，u_y，u_z，微团所受的表面力如图 3-10 所示。

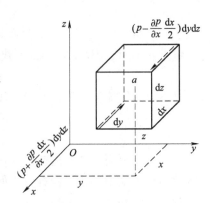

图 3-10 微小正六面体

设单位质量力为 X，Y，Z，则 x 轴方向微团所受的力为

$$X\rho dx dy dz + \left(p - \frac{\partial p}{\partial x}\frac{dx}{2}\right)dydz - \left(p + \frac{\partial p}{\partial x}\frac{dx}{2}\right)dydz$$

$$= \left(\rho X - \frac{\partial p}{\partial x}\right)dx dy dz$$

在 x 轴方向微团的加速度为

$$a_x = du_x / dt$$

根据牛顿第二定律（$\sum F_x = ma_x$），则有

$$\left(\rho X - \frac{\partial p}{\partial x}\right)dx dy dz = \frac{du_x}{dt}\rho dx dy dz$$

两边同除以 $\rho dx dy dz$ 得

$$X - \frac{1}{\rho}\frac{\partial p}{\partial x} = \frac{du_x}{dt}$$

同理可推得 y 轴、z 轴方向的平衡方程。于是得到

$$\left.\begin{array}{l} X - \dfrac{1}{\rho}\dfrac{\partial p}{\partial x} = \dfrac{du_x}{dt} \\[2mm] Y - \dfrac{1}{\rho}\dfrac{\partial p}{\partial y} = \dfrac{du_y}{dt} \\[2mm] Z - \dfrac{1}{\rho}\dfrac{\partial p}{\partial z} = \dfrac{du_z}{dt} \end{array}\right\} \qquad (3\text{-}13)$$

这就是理想流体的运动微分方程，又称欧拉运动方程式。当流体做匀速运动或静止时，等式右边为零，就成了流体平衡微分方程，所以，流体的平衡是流体运动的一个特例。

在式（3-13）推导过程中，没有限定必须是惯性坐标系，所以式（3-13）既适用于绝对运动也适用于相对运动。但用于相对运动时，质量力中应包括惯性力，二流体的速度应采用相对速度。得到相对运动方程式

$$\left.\begin{array}{l} X - \dfrac{1}{\rho}\dfrac{\partial p}{\partial x} = \dfrac{\partial u_x}{\partial t} + u_x\dfrac{\partial u_x}{\partial x} + u_y\dfrac{\partial u_x}{\partial y} + u_z\dfrac{\partial u_x}{\partial z} \\[2mm] Y - \dfrac{1}{\rho}\dfrac{\partial p}{\partial y} = \dfrac{\partial u_y}{\partial t} + u_x\dfrac{\partial u_y}{\partial x} + u_y\dfrac{\partial u_y}{\partial y} + u_z\dfrac{\partial u_y}{\partial z} \\[2mm] Z - \dfrac{1}{\rho}\dfrac{\partial p}{\partial z} = \dfrac{\partial u_z}{\partial t} + u_x\dfrac{\partial u_z}{\partial x} + u_y\dfrac{\partial u_z}{\partial y} + u_z\dfrac{\partial u_z}{\partial z} \end{array}\right\} \qquad (3\text{-}14)$$

二、黏性流体的运动方程式

在流场中建立直角坐标系，取一微小六面体进行分析，微小六面体的中心为 a，坐标

为（x，y，z），微小六面体的边长为 dx，dy，dz，如图 3-11 所示。

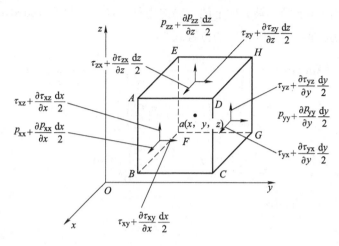

图 3-11　黏性流体微小六面体

由于流体具有黏性，作用在六面体每个面上的力除了法向力外，还有切向力，而法向力也和理想流体情况不同，包含着由于线变形引起的附加法向力。

为了表示六面体表面应力的作用面和方向，采用双下标表示法，第一个下标表示作用面的法线方向，第二个下标表示应力作用方向。

设 a 点的应力为 p、τ，则 $EFGH$ 面（后面）上的应力为

法向应力 $\qquad p_{xx} - \dfrac{\partial p_{xx}}{\partial x}\dfrac{\mathrm{d}x}{2}$　（$-x$ 方向）

切向应力 $\qquad \tau_{xy} - \dfrac{\partial \tau_{xy}}{\partial x}\dfrac{\mathrm{d}x}{2}$　（$-y$ 方向）

$\qquad\qquad \tau_{xz} - \dfrac{\partial \tau_{xz}}{\partial x}\dfrac{\mathrm{d}x}{2}$　（$-z$ 方向）

$ABFE$ 面（左面）上的应力为

法向应力 $\qquad p_{yy} - \dfrac{\partial p_{yy}}{\partial y}\dfrac{\mathrm{d}y}{2}$　（$-y$ 方向）

切向应力 $\qquad \tau_{yz} - \dfrac{\partial \tau_{yz}}{\partial y}\dfrac{\mathrm{d}y}{2}$　（$-z$ 方向）

$\qquad\qquad \tau_{yx} - \dfrac{\partial \tau_{yx}}{\partial y}\dfrac{\mathrm{d}y}{2}$　（$-x$ 方向）

$BCGF$ 面（下面）上的应力为

法向应力 $\qquad p_{zz} - \dfrac{\partial p_{zz}}{\partial z}\dfrac{\mathrm{d}z}{2}$　（$-z$ 方向）

切向应力 $\qquad \tau_{zx} - \dfrac{\partial \tau_{zx}}{\partial z}\dfrac{\mathrm{d}z}{2}$　（$-x$ 方向）

$\qquad\qquad \tau_{zy} - \dfrac{\partial \tau_{zy}}{\partial z}\dfrac{\mathrm{d}z}{2}$　（$-y$ 方向）

其余各面 *ABCD*、*CGHD* 和 *ADHE* 面上的应力如图 3-11 所示。

作用在微小六面体上沿 x 轴方向上的力除应力外，还有质量力 $X\rho dxdydz$。

根据牛顿运动定律可得 x 轴方向的方程式为

$$X\rho dxdydz + \left[\left(p_{xx} + \frac{\partial p_{xx}}{\partial x}\frac{dx}{2}\right) - \left(p_{xx} - \frac{\partial p_{xx}}{\partial x}\frac{dx}{2}\right)\right]dydz +$$

$$\left[\left(\tau_{yx} + \frac{\partial \tau_{yx}}{\partial y}\frac{dy}{2}\right) - \left(\tau_{yx} - \frac{\partial \tau_{yx}}{\partial y}\frac{dy}{2}\right)\right]dxdz +$$

$$\left[\left(\tau_{zx} + \frac{\partial \tau_{zx}}{\partial z}\frac{dz}{2}\right) - \left(\tau_{zx} - \frac{\partial \tau_{zx}}{\partial z}\frac{dz}{2}\right)\right]dxdy$$

$$= \rho \frac{du_x}{dt}dxdydz$$

化简上式后得

$$X + \frac{1}{\rho}\left(\frac{\partial p_{xx}}{\partial x} + \frac{\partial \tau_{yx}}{\partial y} + \frac{\partial \tau_{zx}}{\partial z}\right) = \frac{du_x}{dt}$$

同理可推得 y 轴、z 轴方向的方程式。于是，微团的运动微分方程式可表示为

$$\left.\begin{array}{l} X + \dfrac{1}{\rho}\left(\dfrac{\partial p_{xx}}{\partial x} + \dfrac{\partial \tau_{yx}}{\partial y} + \dfrac{\partial \tau_{zx}}{\partial z}\right) = \dfrac{du_x}{dt} \\[2mm] Y + \dfrac{1}{\rho}\left(\dfrac{\partial p_{yy}}{\partial y} + \dfrac{\partial \tau_{zy}}{\partial z} + \dfrac{\partial \tau_{xy}}{\partial x}\right) = \dfrac{du_y}{dt} \\[2mm] Z + \dfrac{1}{\rho}\left(\dfrac{\partial p_{zz}}{\partial z} + \dfrac{\partial \tau_{xz}}{\partial x} + \dfrac{\partial \tau_{yz}}{\partial y}\right) = \dfrac{du_z}{dt} \end{array}\right\} \tag{3-15}$$

因为未知数的数目远远多于方程的数目，不能对此微分方程组求解。下面对该方程组进一步简化。

以通过微团中心，并分别平行于 Ox、Oy 和 Oz 轴的直线建立力矩平衡方程，可导出

$$\tau_{yz} = \tau_{zy}, \tau_{zx} = \tau_{xz}, \tau_{xy} = \tau_{yx} \tag{3-16}$$

牛顿内摩擦定律指出，切应力与角变形速度有关，即 $\tau = 2\mu\varepsilon$。应用此关系，可写出

$$\left.\begin{array}{l} \tau_{xy} = \tau_{yx} = 2\mu\varepsilon_z = \mu\left(\dfrac{\partial u_y}{\partial x} + \dfrac{\partial u_x}{\partial y}\right) \\[2mm] \tau_{yz} = \tau_{zy} = 2\mu\varepsilon_x = \mu\left(\dfrac{\partial u_z}{\partial y} + \dfrac{\partial u_y}{\partial z}\right) \\[2mm] \tau_{xz} = \tau_{zx} = 2\mu\varepsilon_y = \mu\left(\dfrac{\partial u_x}{\partial z} + \dfrac{\partial u_z}{\partial x}\right) \end{array}\right\} \tag{3-17}$$

另外，在黏性流体中，由于在微团的法线方向上有线变形速度 $\frac{\partial u_x}{\partial x}$、$\frac{\partial u_y}{\partial y}$、$\frac{\partial u_z}{\partial z}$。因而产生了附加法向应力，其大小可推广应用牛顿摩擦定律表示为动力黏度与先行变形速度乘积的两倍，于是

$$
\left.\begin{array}{l}
p_{xx} = -p + 2\mu\dfrac{\partial u_x}{\partial x} \\[2mm]
p_{yy} = -p + 2\mu\dfrac{\partial u_y}{\partial y} \\[2mm]
p_{zz} = -p + 2\mu\dfrac{\partial u_z}{\partial z}
\end{array}\right\} \tag{3-18}
$$

将式（3-16）、式（3-17）和式（3-18）代入式（3-15），整理得

$$
\left.\begin{array}{l}
X - \dfrac{1}{\rho}\dfrac{\partial p}{\partial x} + \dfrac{\mu}{\rho}\left(\dfrac{\partial^2 u_x}{\partial x^2} + \dfrac{\partial^2 u_x}{\partial y^2} + \dfrac{\partial^2 u_x}{\partial z^2}\right) + \dfrac{\mu}{\rho}\dfrac{\partial}{\partial x}(\nabla \cdot \boldsymbol{u}) = \dfrac{\mathrm{d}u_x}{\mathrm{d}t} \\[3mm]
Y - \dfrac{1}{\rho}\dfrac{\partial p}{\partial y} + \dfrac{\mu}{\rho}\left(\dfrac{\partial^2 u_y}{\partial x^2} + \dfrac{\partial^2 u_y}{\partial y^2} + \dfrac{\partial^2 u_y}{\partial z^2}\right) + \dfrac{\mu}{\rho}\dfrac{\partial}{\partial y}(\nabla \cdot \boldsymbol{u}) = \dfrac{\mathrm{d}u_y}{\mathrm{d}t} \\[3mm]
Z - \dfrac{1}{\rho}\dfrac{\partial p}{\partial z} + \dfrac{\mu}{\rho}\left(\dfrac{\partial^2 u_z}{\partial x^2} + \dfrac{\partial^2 u_z}{\partial y^2} + \dfrac{\partial^2 u_z}{\partial z^2}\right) + \dfrac{\mu}{\rho}\dfrac{\partial}{\partial z}(\nabla \cdot \boldsymbol{u}) = \dfrac{\mathrm{d}u_z}{\mathrm{d}t}
\end{array}\right\} \tag{3-19}
$$

对于不可压缩流体，应用连续方程 $\nabla \cdot \boldsymbol{u} = 0$，上式可写成

$$
\left.\begin{array}{l}
X - \dfrac{1}{\rho}\dfrac{\partial p}{\partial x} + \nu\left(\dfrac{\partial^2 u_x}{\partial x^2} + \dfrac{\partial^2 u_x}{\partial y^2} + \dfrac{\partial^2 u_x}{\partial z^2}\right) = \dfrac{\mathrm{d}u_x}{\mathrm{d}t} \\[3mm]
Y - \dfrac{1}{\rho}\dfrac{\partial p}{\partial y} + \nu\left(\dfrac{\partial^2 u_y}{\partial x^2} + \dfrac{\partial^2 u_y}{\partial y^2} + \dfrac{\partial^2 u_y}{\partial z^2}\right) = \dfrac{\mathrm{d}u_y}{\mathrm{d}t} \\[3mm]
Z - \dfrac{1}{\rho}\dfrac{\partial p}{\partial z} + \nu\left(\dfrac{\partial^2 u_z}{\partial x^2} + \dfrac{\partial^2 u_z}{\partial y^2} + \dfrac{\partial^2 u_z}{\partial z^2}\right) = \dfrac{\mathrm{d}u_z}{\mathrm{d}t}
\end{array}\right\} \tag{3-20}
$$

这就是不可压缩黏性流体的运动微分方程，通常称为纳维尔—斯托克斯方程式，简称 N-S 方程式。当黏性 $\nu = 0$ 时，就变为欧拉方程。

 习题与思考题

简述理想流体的运动方程式和黏性流体的运动方程建立的意义及推导过程。

项目四　伯努利方程及意义

学习目标

理解理想流体伯努利方程和实际总流伯努利方程的意义和区别；理解伯努利方程的推导过程，学会利用伯努利方程解释一般现象；掌握伯努利方程的物理意义和几何意义。

一、理想流体的伯努利方程

理想流体的运动方程式可描述理想流体的流动情况，而对于不可压缩黏性流体，则用纳维尔-斯托克斯方程式来描述。从理论上说这些基本方程式和连续性方程一起，可以求得运

动要素，但是由于流体运动的复杂性，数学处理十分困难，只有对个别流体运动情况才能等到解析解，现在讨论最常见的可解的流体运动情况——理想流体沿流线的定常流动。

将式（3-13）中三个方程式两边分别乘以 dx，dy，dz，然后相加得

$$(Xdx + Ydy + Zdz) - \frac{1}{\rho}\left(\frac{\partial p}{\partial x}dx + \frac{\partial p}{\partial y}dy + \frac{\partial p}{\partial z}dz\right) = \frac{du_x}{dt}dx + \frac{du_y}{dt}dy + \frac{du_z}{dt}dz \quad (3\text{-}21)$$

在定常流动中，$\frac{\partial p}{\partial t} = 0$，上式第二个括号中的三项即为压力 $p = p(x, y, z)$ 的全微分。即

$$\frac{\partial p}{\partial x}dx + \frac{\partial p}{\partial y}dy + \frac{\partial p}{\partial z}dz = dp \quad (3\text{-}22)$$

在定常流中，流线与迹线互相重合，此时

$$\frac{dx}{dt} = u_x, \frac{dy}{dt} = u_y, \frac{dz}{dt} = u_z \quad (3\text{-}23)$$

将式（3-22）及式（3-23）代入式（3-21）中得

$$(Xdx + Ydy + Zdz) - \frac{1}{\rho}dp = u_xdu_x + u_ydu_y + u_zdu_z = \frac{1}{2}d(u_x^2 + u_y^2 + u_z^2)$$

或

$$(Xdx + Ydy + Zdz) - \frac{1}{\rho}dp = \frac{1}{2}du^2 \quad (3\text{-}24)$$

如果作用在流体上的质量力只有重力，则有 $X = 0$，$Y = 0$，$Z = -g$，上式便可写为

$$gdz + \frac{dp}{\rho} + \frac{1}{2}du^2 = 0 \quad (3\text{-}25)$$

对于不可压缩流体，密度 ρ 为常数，所以上式可写为

$$d\left(gz + \frac{p}{\rho} + \frac{1}{2}u^2\right) = 0 \quad (3\text{-}26)$$

积分上式可得

$$gz + \frac{p}{\rho} + \frac{1}{2}u^2 = c_1 \quad (3\text{-}27)$$

以 g 除各项有

$$z + \frac{p}{\gamma} + \frac{u^2}{2g} = c \quad (3\text{-}28)$$

式（3-28）就是在重力场中理想不可压缩流体在定常流条件下，沿流线的伯努利方程。式中 c 为积分常数，对于不同的流线，则有不同的积分常数 c，对于同一条流线上的任意两点有

$$z_1 + \frac{p_1}{\gamma} + \frac{u_1^2}{2g} = z_2 + \frac{p_2}{\gamma} + \frac{u_2^2}{2g} \quad (3\text{-}29)$$

伯努利方程是流体力学中最常用的公式之一，但在使用时。应注意其限制条件：①理想不可压缩流体；②做定常流动；③作用于流体上的质量力只有重力；④沿同一条流线（或微小流束）。

二、 实际总流的伯努利方程

经过前面的讨论，我们得到了不可压缩理想流体的伯努利方程式。为了能更好地把理论

应用到解决工程的实际问题中去，必须把方程的适用范围从理想流体过渡到黏性流体，从微小流束扩大到总流。

1. 黏性流体的伯努利方程

根据能量守恒定律，可以将理想流体的伯努利方程推广到黏性流体。黏性流体在流动中，由于黏性的作用产生流动阻力，为了克服这部分阻力，需要消耗一部分机械能，机械能将在流动中逐渐减少并转化为热能，这种能量转换是不可逆的。

设单位重量黏性流体从截面 1 至截面 2 损失的机械能为 h'_ω，对 1、2 点应用能量守恒定律有

$$z_1 + \frac{p_1}{\gamma} + \frac{u_1^2}{2g} = z_2 + \frac{p_2}{\gamma} + \frac{u_2^2}{2g} + h'_\omega \tag{3-30}$$

从上式可见，黏性流体在没有能量输入的情况下，流体所具有的机械能沿流动方向将不断减少。

2. 总流伯努利方程

前面推导的定常不可压缩理想流体绝对运动的伯努利方程，在没有确定流动是有旋还是无旋的情况下，只能适用于流线或微元流束，但是，在工程实际中要求我们解决的往往是总流流动问题，如流体在管道、渠道中的流动问题，因此还需要通过在过流断面上积分把它推广到总流上去。

总流是由许多微小流束组成的，每一条微小流束单位重量流体的能量关系可用式（3-30）来表示。用单位时间内通过该微小流束截面的流体重量 $\gamma \mathrm{d}Q$ 乘式（3-30）各项，然后对截面 1、2 进行积分，得到单位时间流过截面 1 与截面 2 的总流能量关系式为

$$\int_Q \left(z_1 + \frac{p_1}{\gamma} + \frac{u_1^2}{2g} \right) \gamma \mathrm{d}Q = \int_Q \left(z_2 + \frac{p_2}{\gamma} + \frac{u_2^2}{2g} + h'_\omega \right) \gamma \mathrm{d}Q$$

在总流上每条流束的流动参数都有差异，而对于总流，希望用平均参数来描述其流动特性。用总流的重量流量 γQ 除上式各项，得到总流平均单位重量流体的能量关系式为

$$\frac{1}{\gamma Q}\int_Q \left(z_1 + \frac{p_1}{\gamma} + \frac{u_1^2}{2g} \right) \gamma \mathrm{d}Q = \frac{1}{\gamma Q}\int_Q \left(z_2 + \frac{p_2}{\gamma} + \frac{u_2^2}{2g} + h'_\omega \right) \gamma \mathrm{d}Q \tag{3-31}$$

设截面 1、2 在缓变流区，则

$$\frac{1}{\gamma Q}\int_Q \left(z_1 + \frac{p_1}{\gamma} \right) \gamma \mathrm{d}Q = \left(z_1 + \frac{p_1}{\gamma} \right) \frac{1}{\gamma Q}\int_Q \mathrm{d}Q = z_1 + \frac{p_1}{\gamma}$$

同理有

$$\frac{1}{\gamma Q}\int_Q \left(z_2 + \frac{p_2}{\gamma} \right) \gamma \mathrm{d}Q = \left(z_2 + \frac{p_2}{\gamma} \right) \frac{1}{\gamma Q}\int_Q \mathrm{d}Q = z_2 + \frac{p_2}{\gamma}$$

对于 $\int_Q \dfrac{u^2}{2g}\gamma \mathrm{d}Q$ 项，令 $\alpha = \dfrac{\displaystyle\int_Q u^2 \mathrm{d}Q}{v^2 Q}$

则

$$\frac{1}{\gamma Q}\int_Q \frac{u_1^2}{2g}\gamma \mathrm{d}Q = \frac{1}{\gamma Q}\frac{\alpha_1 v_1^2}{2g}\gamma Q = \frac{\alpha_1 v_1^2}{2g}$$

同理

$$\frac{1}{\gamma Q}\int_Q \frac{u_2^2}{2g}\gamma \mathrm{d}Q = \frac{1}{\gamma Q}\frac{\alpha_2 v_2^2}{2g}\gamma Q = \frac{\alpha_2 v_2^2}{2g}$$

v 为平均速度；α 称为动能修正系数，它表示截面上实际的平均单位重量流体的动能与以平均流速表示的单位重量流体动能之比。可以证明 α_1、α_2 均大于 1，但流道中的流速越

均匀，α 值越趋近于 1。在一般工程管道中，很多情况流速都比较均匀，α 在 $1.05 \sim 1.10$ 之间，所以在工程计算中 α 可近似取 1，在圆管层流中 $\alpha = 2$。

对于 $\int_Q h'_\omega \gamma \mathrm{d}Q$ 项，以 h_ω 表示截面 1 与 2 之间总流的单位重量流体的平均机械能损失，称为总流的水头损失，于是有

$$\frac{1}{\gamma Q}\int_Q h'_\omega \gamma \mathrm{d}Q = h_\omega$$

将以上各积分结果分别代入式（3-31），并注意到工程中绝大多数总流都属于紊流，即取 $\alpha = 1$ 时，就得到常用的总流伯努利方程为

$$z_1 + \frac{p_1}{\gamma} + \frac{u_1^2}{2g} = z_2 + \frac{p_2}{\gamma} + \frac{u_2^2}{2g} + h_\omega \tag{3-32}$$

上式表明总流截面 1 平均单位重量流体的总机械能等于截面 2 平均单位重量流体的机械能与截面 1-2 间的平均单位重量流体的机械能损失之和，它反映了能量守恒原理。

由于推导总流伯努利方程时采用了一些限制条件，因此应用时也必须符合这些条件，否则将不能得到符合实际的正确结果。这些限制条件可归纳如下：

1）液体是理想、不可压缩的；流动是定常的；质量力仅有重力。

2）过流断面取在渐变流区段上，但两过流断面之间可以是急变流。

3）两过流断面间没有能量的输入或输出。当总流在两过流断面间通过水泵、风机或水轮机等流体机械时，流体额外地获得或失去了能量，则总流的伯努利方程应作如下修正：

$$z_1 + \frac{p_1}{\gamma} + \frac{u_1^2}{2g} \pm H = z_2 + \frac{p_2}{\gamma} + \frac{u_2^2}{2g} + h_\omega \tag{3-33}$$

其中 H 为单位重量流体通过水泵、风机等获得的能量，$-H$ 为单位重量流体通过水轮机失去的能量。

如图 3-12 所示，设水泵的流量为 Q，把水自截面 1-1 处输送至 2-2 处。在截面 1-1 与 2-2 处均为大气压 p_a，吸水高度为 H_s，排水高度为 H_d，吸、排水管总阻力损失为 h_ω，吸、排水管内径分别为 d_1、d_2，试求水泵扬程 H。

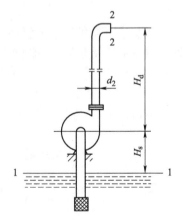

图 3-12 水泵排水

因截面 1-2 间有能量输入，取截面 1 为基准，由式（3-33）可得

$$0 + \frac{p_a}{\gamma} + \frac{u_1^2}{2g} + H = (H_s + H_d) + \frac{p_a}{\gamma} + \frac{u_2^2}{2g} + h_\omega$$

由于 $v_1 \approx 0$，故上式可写成

$$H = H_s + H_d + \frac{u_2^2}{2g} + h_\omega \tag{3-34}$$

由此可知，水泵扬程包括输水高度 $H_s + H_d$、出口速度水头 $\frac{u_2^2}{2g}$ 和总水头损失 h_ω。

例 3-2 某矿井输水高度 $H_s + H_d = 300\mathrm{m}$，排水管直径 $d_2 = 200\mathrm{mm}$，流量 $Q = 200\mathrm{m^3/h}$，总水头损失 $h_\omega = 0.1H$，试求水泵扬程 H。

解：根据式（3-34），并利用 $u_2 = \dfrac{4Q}{\pi d_2^2}$，得水泵的扬程

$$H = H_s + H_d + \frac{1}{2g}\left(\frac{4Q}{\pi}\right)^2 \frac{1}{d_2^4} + h_\omega$$

$$= 300\text{m} + \frac{1}{2 \times 9.8} \times \left(\frac{4 \times 200}{3600 \times 3.14}\right)^2 \text{m} \times \frac{1}{0.2^4} + 0.1H$$

求解得 $H = 337\text{m}$。

例 3-3 图 3-13 所示为一轴流风机。已测得进口相对压力 $p_1 = -10^3\text{N/m}^2$，出口相对压力 $p_2 = 150\text{N/m}^2$。设截面 1-2 间压力损失 $\gamma h_\omega = 100\text{N/m}^2$，求风机的全压 p（为风机输送给单位体积气体的能量）。

解：截面 1-2 间有能量输入，应用式（3-33）可写成

$$z_1 + \frac{p_1}{\gamma} + \frac{u_1^2}{2g} \pm H = z_2 + \frac{p_2}{\gamma} + \frac{u_2^2}{2g} + h_\omega$$

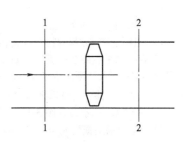

图 3-13 轴流风机示意

因 $z_1 = z_2$，$d_1 = d_2$，由连续性方程知 $u_1 = u_2$，代入上式，并在方程中同乘 γ 得风机全压为

$$p = \gamma H = (p_2 - p_1) + \gamma h_\omega$$
$$= (150 + 10^3 + 100)\text{N/m}^2 = 1250\text{N/m}^2$$

三、 伯努利方程的物理意义和几何意义

1. 物理意义

伯努利方程是能量守恒表达式，左边各项代表单位重量流体的动能、势能和压力能，右边积分常数 c 表示总能量（动能、势能和压力能的总和）在流线上守恒。现分别对式（3-28）中的各项进行讨论。方程中的第一项代表单位重量流体的位能；第二项代表单位重量流体的压力能；第三项表示单位重量流体的动能。

所以伯努利方程的物理意义为：在符合推导伯努利方程中的限制条件下，沿流线（或微小流束）单位重量流体的机械能（位能、压力能和动能）可以互相转化，但总和不变。这里需要提醒注意的是：上述结论仅适用于热能和功没有从外界输入流体或从流体传给外界的情况。

2. 几何意义

方程中的第一项代表流体质点在流线上所在的位置即几何高度，称为位势头；第二项代表流体质点在真空中以初速铅直向上运动能达到的位置高度，称为速度头；第三项相当于液柱底面上压力为 p 时的液柱压力高度，称为压力头。它们都是长度量纲，所以在流线上（或微小流束上）各点具有的这三项都可以用铅垂线段的长度来表示，如图 3-14 所示。

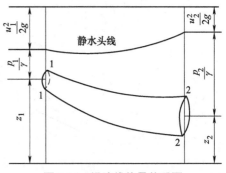

图 3-14 沿流线能量关系图

如把表示同一流线上各点总水头的铅垂线的上端连成一线，就是总水头线。根据伯努利方程式，速度头、位势头和压力头三者之和沿流线不变，说明总水头线（总能线）是一条水平线。

所以伯努利方程的几何意义是：在符合推导伯努利方程中的限制条件下，沿流线（或微小流束）的总水头是一个常数。

 习题与思考题

1. 伯努利方程的实质是什么？
2. 简述伯努利方程的物理意义和几何意义。
3. 有一水平收缩扩张管道，如图 3-15 所示，其左端接风机，右端出口 2-2 断面通大气。已知 1-1 断面管径 $d_1 = 10$cm，2-2 断面管径 $d_2 = 24$cm，通过流量 $Q = 330$L/s。若在 1-1 断面管壁上安装一细玻璃管，管的下端插入盛水容器中，试求细管内水上升的高度 h。假定空气的密度 $\rho = 1.29$kg/m^3。
4. 一台离心式水泵（图 3-16）的抽水量 $Q = 20$m^3/h，安装高度 $H_s = 5.5$m，吸水管直径 $d = 100$mm。若吸水管段总的水头损失 $h_\omega = 0.25$mH$_2$O，试求水泵进口处的真空值 p_{v2}。

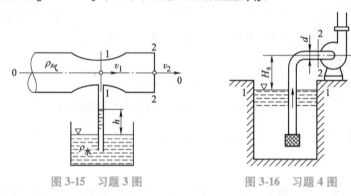

图 3-15　习题 3 图　　　　　图 3-16　习题 4 图

5. 有一管路，由两根直径不同的管子与一渐变连接管组成，如图 3-17 所示，已知 $d_1 = 200$mm，$d_2 = 400$mm，1 点的相对压强 $p_{e1} = 0.7$ 个工程大气压（1 工程大气压 ≈ 0.098MPa），2 点处的相对压强 $p_{e1} = 0.4$ 个工程大气压，断面平均速度 $v_2 = 1$m/s，1、2 点高度差 $\Delta z = 1$m，试判别管流流动方向，并计算两断面间的能量损失 h_ω。

6. 如图 3-18 所示，水沿渐缩管道垂直向上流动，已知 $d_1 = 30$cm，$d_2 = 20$cm，表压力 $p_1 = 19.6$N/cm^2，$p_2 = 9.81$N/cm^2，$h = 2$m。若不计摩擦损失，试计算其流量。

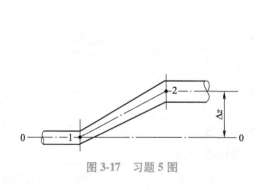 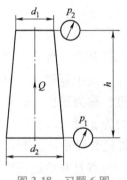

图 3-17　习题 5 图　　　　　图 3-18　习题 6 图

项目五　伯努利方程的应用

实际流体总流的伯努利方程式是流体力学中应用最广的一个基本关系式，它和连续性方程式一起，是解决实际流体流动问题的两个最主要的方程。因此，为了加深对它的认识，下面举一些它的应用实例。

一、孔口出流

盛满水的大容器器壁开有一小孔，如图 3-19 所示。水从小孔排出流入大气，求小孔射流的流速。

设水箱中水位保持不变，且 $H>10d_0$（d_0 为孔径或高度）时，称为小孔定常出流，此时可把孔口过流截面上各点的流速看成是均匀的。不考虑阻力，按式（3-32）在水箱水面 0-0 和流线近似平行直线的孔口断面 1-1 之间列伯努利方程式，可得

$$\frac{p_0}{\gamma} + \frac{v_0^2}{2g} + H = \frac{p_1}{\gamma} + \frac{v_1^2}{2g}$$

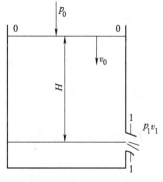

图 3-19　定常孔口出流

设水箱截面积为 A_0，截面 1 处的面积为 A_1，则由连续性方程可得 $v_0 = v_1 A_1/A_0$。而 $p_0 = p_1$ 都为大气压。把以上结果代入上式得

$$\left(\frac{A_1}{A_0}\right)^2 \frac{v_1^2}{2g} + H = \frac{v_1^2}{2g}$$

则
$$v_1 = \frac{\sqrt{2gH}}{\sqrt{1 - \left(\frac{A_1}{A_0}\right)^2}} \tag{3-35}$$

当 $A_0 \gg A_1$ 时，则上式可进一步简化为

$$v_1 = \sqrt{2gH} \tag{3-36}$$

若考虑损失，孔口实际流速要比按式（3-35）或式（3-36）计算值小。为考虑这一因素，通常在推导公式中乘一个系数加以修正，即

$$v = C_u \sqrt{2gH} \tag{3-37}$$

式中　C_u——流速系数，通常为 $0.96\sim0.99$。

另外，水流自水箱流出孔口时，由于惯性，过流截面在离开孔口后，会有一定的收缩。应用伯努利方程时，1-1 截面应选择在最小收缩截面上。最小截面与孔口截面之比，称为收

缩系数 C_a，即 $C_a = A_1/A_0$，所以孔口出流的流量应为

$$Q = AC_aC_u\sqrt{2gH} = CA\sqrt{2gH} \tag{3-38}$$

式中　　A——孔口面积；

C——$C = C_aC_u$，称为流量系数，两种孔口的收缩系数如图 3-20 所示。

如果水箱没有水源补充，则水箱中水位随水的流出而逐渐下降，其流动为非定常流。在此情况下，一般应考虑液面高度变化对孔口出流速度的影响。然而当孔口的面积远小于容器的横截面积时，容器内液面的下降速度很小，从而其影响可以忽略，可以按照定常流动处理。因此，可以按式（3-37）计算当时的孔口流速。

现在来分析水箱液面高度从 H_1 降到 H_2 所需的时间（图 3-21）。

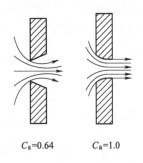
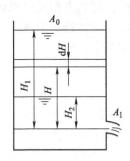

图 3-20　孔口的收缩系数　　　图 3-21　非定常孔口出流

设某时刻，液面比孔口中心高 H，且 $A_0 \gg A_1$。孔口出流的瞬时流量由式（3-38）得

$$Q = CA_1\sqrt{2gH}$$

在 $\mathrm{d}t$ 时间内，从孔口流出的体积为

$$V_1 = Q\mathrm{d}t = CA_1\sqrt{2gH}\,\mathrm{d}t$$

与此同时，设水箱内的液面下降 $-\mathrm{d}H$（负号是因随着时间的增长，H 是减小的），则水箱内的液体体积变化为

$$V_2 = -A_0\mathrm{d}H$$

由连续性条件知，$V_1 = V_2$，故有

$$-A_0\mathrm{d}H = CA_1\sqrt{2gH}\,\mathrm{d}t$$

由此可得

$$\mathrm{d}t = \frac{-A_0\mathrm{d}H}{CA_1\sqrt{2gH}}$$

对上式进行积分

$$\int_0^T \mathrm{d}t = \int_{H_1}^{H_2} \frac{-A_0\mathrm{d}H}{CA_1\sqrt{2gH}}$$

得

$$T = \frac{2A_0}{CA_1\sqrt{2g}}\left(\sqrt{H_1} - \sqrt{H_2}\right) \tag{3-39}$$

例 3-4　有一水箱，如图 3-22 所示，已知 $A_1 = 100\mathrm{mm}^2$，$H = 2\mathrm{m}$，$A_0 = 10^4\mathrm{mm}^2$。设流速系数 $C_u = 0.97$，流量系数 $C = 0.6$。1）若水位 H 不变，求孔口出流速度；2）若水箱没有水源补充，求液面降至孔口所需时间。

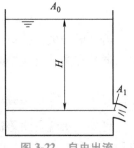

图 3-22　自由出流

解：1）孔口出流速度。

由于 $A_0 \gg A_1$，由式（3-37）得

$$v = C_u\sqrt{2gH} = 0.97 \times \sqrt{2 \times 9.8 \times 2}\,\mathrm{m/s} = 6.07\,\mathrm{m/s}$$

2）液面降至孔口所需时间。

由式（3-39）得

$$T = \frac{2A_0}{CA_1\sqrt{2g}}(\sqrt{H_1} - \sqrt{H_2})$$

$$= \frac{2 \times 10000}{0.6 \times 100\sqrt{2 \times 9.8}} \times (\sqrt{2} - 0)\,\mathrm{s} = 106.5\,\mathrm{s}$$

二、文德里流量计

文德里管是装在管路中用来测量流量的常用仪器，如图3-23所示。

它是由一段渐缩管、一段渐扩管以及它们之间的喉管组成的。1-1为收缩前过流截面，2-2为收缩后最小过流截面，称为喉部截面。这两处的流动都属于缓变流，并分别开测压孔并用U形管连接起来。设基准面为0-0平面，先忽略阻力损失，列1-1到2-2间的伯努利方程，得

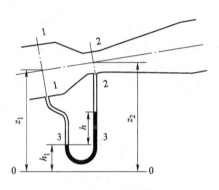

图3-23 文德里管

$$z_1 + \frac{p_1}{\gamma} + \frac{v_1^2}{2g} = z_2 + \frac{p_2}{\gamma} + \frac{v_2^2}{2g}$$

移项得

$$\left(z_1 + \frac{p_1}{\gamma}\right) - \left(z_2 + \frac{p_2}{\gamma}\right) = \frac{v_2^2}{2g} - \frac{v_1^2}{2g} \tag{A}$$

因截面1、2为缓变流，所以式中 $\left(z_1 + \frac{p_1}{\gamma}\right)$ 和 $\left(z_2 + \frac{p_2}{\gamma}\right)$ 可分别取截面上任一点来写，一般在管流中多取管中心处。因缓变流同一截面上各点水头相同，所以式中1、2截面间的测管水头差就是两截面处管壁上两测点间的测管水头差。显然，3-3平面为U形管中工作液体的等压面，从而有

$$p_1 + \gamma(z_1 - h_1) = p_2 + \gamma(z_2 - h_1 - h) + \gamma_g h$$

移项整理得

$$\left(z_1 + \frac{p_1}{\gamma}\right) - \left(z_2 + \frac{p_2}{\gamma}\right) = \frac{\gamma_g - \gamma}{\gamma}h \tag{B}$$

对照式（A）、式（B）得

$$\frac{v_2^2}{2g} - \frac{v_1^2}{2g} = \frac{\gamma_g - \gamma}{\gamma}h$$

由连续性方程，$A_1 v_1 = A_2 v_2$ 或 $v_1 = v_2 A_2/A_1$ 代入上式得

$$v_2 = \frac{\sqrt{2g(\gamma_g - \gamma)h}}{\sqrt{\gamma\left[1 - \left(\frac{A_2}{A_1}\right)^2\right]}} \tag{3-40}$$

通过的流量为

$$Q = A_2 v_2 = \frac{A_2}{\sqrt{1 - \left(\dfrac{A_2}{A_1}\right)^2}} \sqrt{\frac{2g(\gamma_g - \gamma)h}{\gamma}} \qquad (3\text{-}41)$$

考虑到阻力损失等因素的影响，式（3-41）应乘以流量系数 C，则

$$Q = \frac{CA_2}{\sqrt{1 - \left(\dfrac{A_2}{A_1}\right)^2}} \sqrt{\frac{2g(\gamma_g - \gamma)h}{\gamma}} \qquad (3\text{-}42)$$

例 3-5 如图 3-24 所示，为了测量供水管中的流量，在管道上装置了一个孔口断面 $A_2 = 31400\text{mm}^2$ 的孔板，并配置了水银压差计。若此压差计所能显示的最大读数 $h = 500\text{mm}$，当供水管直径 $d = 600\text{mm}$，孔板的流量系数 $C = 0.7$ 时，试求此孔板可测量的最大流量。

解： 此孔板可测量的最大流量即为压差达到压差计能显示的读数最大值时的流量。由式（3-42）知

$$Q = \frac{CA_2}{\sqrt{1 - \left(\dfrac{A_2}{A_1}\right)^2}} \sqrt{\frac{2g(\gamma_g - \gamma)h}{\gamma}}$$

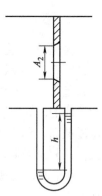

图 3-24 孔板流量计

$$= \frac{0.7 \times 0.0314}{\sqrt{1 - \left(\dfrac{0.0314}{\dfrac{\pi}{4} \times 0.6^2}\right)^2}} \times \sqrt{2 \times 9.8 \times (13.6 - 1) \times 0.5}\ \text{m}^3/\text{s}$$

$$= 0.246\text{m}^3/\text{s}$$

三、皮托管

皮托管用于测量流体的速度。在同一流线上两点各放一个管子，和 U 形压力计相连，如图 3-25 所示。

Ⅰ管的管口截面与流线平行，对流动没有影响。设 A 点的流体速度为 u，压力为 p_A，则与Ⅰ管相连的 U 形管液面压力为 p_A。Ⅱ管的管口截面垂直于流线，故 B 点的速度为零，压力为 p_0。则流线伯努利方程为

$$z + \frac{p_A}{\gamma} + \frac{u^2}{2g} = z + \frac{p_0}{\gamma} + 0$$

或

$$p_A + \frac{\rho}{2}u^2 = p_0$$

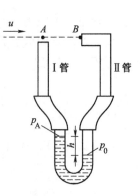

图 3-25 皮托管

若测出该点的总压 p_0 和静压 p，则速度为

$$u = \sqrt{\frac{2}{\rho}(p_0 - p)} = \sqrt{2gh} \qquad (3\text{-}43)$$

四、虹吸管

液体由管道从较高液位的一端经过高出液面的管段自动流向较低液位的另一端的这种作用称为虹吸作用，这样的管道称为虹吸管。

如图 3-26 所示的虹吸装置中，水箱液面保持不变，虹吸水流为理想流体。现用伯努利方程分析管中的流速、流量及 3-3 截面的真空度。

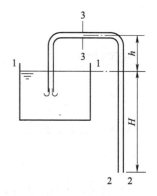

取 2-2 截面为基准，对 1-1、2-2 截面列伯努利方程式，由于 1-1 截面的面积较管子的截面面积大很多，故流速很小，可忽略，因此有

$$H + \frac{p_a}{\gamma} = \frac{p_a}{\gamma} + \frac{v_2^2}{2g} + h_{\omega_{1-2}}$$

则流速为

$$v_2 = \sqrt{2g(H - h_{\omega_{1-2}})} \qquad (3\text{-}44)$$

流量为

$$Q = A_2\sqrt{2g(H - h_{\omega_{1-2}})} \qquad (3\text{-}45)$$

图 3-26　虹吸管

以 1-1 截面为基准，列 1-1 和 3-3 截面的伯努利方程

$$\frac{p_a}{\gamma} = h + \frac{p_3}{\gamma} + \frac{v_3^2}{2g} + h_{\omega_{1-3}} \qquad (3\text{-}46)$$

或

$$\frac{p_3}{\gamma} - \frac{p_a}{\gamma} = -\left(h + \frac{v_3^2}{2g} + h_{\omega_{1-3}}\right) \qquad (3\text{-}47)$$

从式（3-47）可见，$p_3 < p_a$，因此将在 3-3 截面处产生的真空度为

$$p_v = p_a - p_3 = \gamma(h + H - h_{\omega_{1-2}} + h_{\omega_{1-3}}) = \gamma(h + H - h_{\omega_{3-2}}) \qquad (3\text{-}48)$$

五、集流器

集流器是风机实验中常用的流量测量装置，如图 3-27 所示。该装置前面为一圆弧形或圆锥形入口，在直管段上沿四周等分地安置四个静压测孔，并把它们连在一起接到 U 形管压差计上，测出这一压差，就可计算出流量。

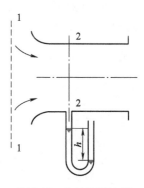

例 3-6　已知集流器直径 $D = 200\text{mm}$，$h = 250\text{mm}$。设 U 形管中的工作液体为水，密度 $\rho_g = 1000\text{kg/m}^3$，空气密度 $\rho = 1.29\text{kg/m}^3$，试求吸风量。

解：以集流器中心线为基准，对 1-1 和 2-2 截面列伯努利方程。忽略损失 h_ω。

图 3-27　集流器测流量

$$\frac{p_a}{\rho g} + \frac{v_1^2}{2g} = \frac{p_2}{\rho g} + \frac{v_2^2}{2g}$$

因 $A_1 \rightarrow \infty$，所以 $v_1 \rightarrow 0$，又 $p_2 = p_a - \rho_g gh$。把它们代入上式可得

$$v_2 = \sqrt{\frac{2\rho_g gh}{\rho}}$$

$$= \sqrt{\frac{2 \times 1000 \times 9.8 \times 0.25}{1.29}} \text{m/s}$$

$$= 61.6 \text{m/s}$$

吸风量为

$$Q = v_2 \frac{\pi}{4} D^2$$

$$= \frac{61.6 \times 3.14 \times 0.2^2 \text{m}^3/\text{s}}{4} = 1.93 \text{m}^3/\text{s}$$

若考虑损失，按上式计算的速度应乘以一个系数 φ，称为集流器系数，且 $\varphi = 0.98 \sim$ 0.99。

 习题与思考题

1. 一盛水大容器旁边有一小孔，水从此孔流出，如图 3-28 所示。求水从孔口出流的速度 v。

2. 一虹吸管直径为 100mm，各管段垂直距离如图 3-29 所示。不计水头损失，求流量和 A、B 点压力。

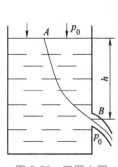

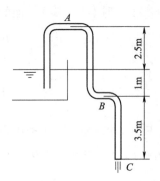

图 3-28 习题 1 图   图 3-29 习题 2 图

3. 如图 3-30 所示，水从井 A 利用虹吸管引到井 B 中。已知体积流量 $Q = 100 \text{m}^3/\text{h}$，$H_1 = 3 \text{m}$，$z = 6 \text{m}$。不计虹吸管中的水头损失，试求虹吸管的管径 d 及上端管中的负压值 p。

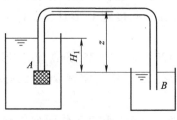

图 3-30 习题 3 图

模块四
黏性流体流动及阻力

实际流体都是有黏性的。黏性流体运动中不可避免地存在阻力、衰减及扩散现象，黏性流体运动时总是伴随着内摩擦及传热过程，发生能量损耗。流体在运动过程中会受到阻力，阻力问题是流体力学中最重要的问题之一，阻力和能量损失的计算也是流体工程中必须解决的问题，因此也是流体力学必须研究的重要内容。

本模块首先分析流动阻力产生的原因，介绍流动状态及流态判别准则，进而研究黏性流体的层流和紊流，最后讨论流场中物体所受到的阻力问题。

项目一 黏性流体的流动状态及流动阻力

学习目标

掌握黏性流体的两种流动状态及对流态的判别标准；掌握雷诺实验的实验原理及意义；掌握流动阻力的两种形式及流动阻力系数的意义；掌握沿程损失与局部损失的成因及计算方法。

一、 黏性流体的流动状态

1. 雷诺实验

19世纪初期，通过实验研究和工程实践，人们注意到了流体流动的能量损失和流动状态密切相关。直到1883年，英国科学家雷诺所进行的著名实验才进一步证明了实际流体存在两种不同的流动状态和能量损失与流速之间的关系。雷诺实验是流体力学中的重要实验之一。雷诺实验装置如图4-1所示。

雷诺实验装置主要由恒水位水箱 A 和玻璃管 B 等组成。玻璃管入口部分用光滑喇叭口连接，管中的流量用阀门 C 调节，小容器 D 内盛有与水的密度相近的有色液体，经细管 E

流入玻璃管 B，用以演示水流流态。

当管 B 内液体流速较小时，管内颜色水呈一细股界限分明的直线流束，如图 4-1b 所示，这表明此时管内各流层间毫不相混，这种分层有规则的流动状态称为层流。当阀门 C 逐渐开大使管中流速达到某一临界值时，颜色水开始出现摆动，如图 4-1c 所示。继续增大流速，颜色水迅速与周围清水相掺混，如图 4-1d 所示。这表明流体质点的运动轨迹是极不规则的，流体互相剧烈掺混，这种流动状态称为紊流或湍流。

不同流态下的沿程损失 h_f 与速度 v 之间的关系如图 4-2 所示。

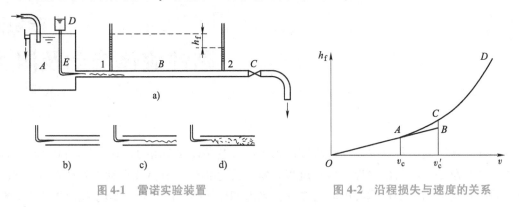

图 4-1 雷诺实验装置   图 4-2 沿程损失与速度的关系

从图 4-2 中可看出，层流状态下 h_f 与速度 v 之间呈直线关系 OA；紊流时则为曲线关系 CD。在过渡区内，h_f 与 v 的关系不明显，可能是直线，也可能是曲线。

一般情况下，h_f 与 v 的关系可写为

$$h_f = Kv^m \tag{4-1}$$

其中，K 是与流体性质和管道参数有关的常数。指数 m 与流态有关，层流时 $m = 1$，紊流时 $m = 1.75 \sim 2$，随紊流程度的增加而增大。

2. 流态判别准则——雷诺数

实验证明，流动状态不仅与流速 v 有关，还与管径 d、流体密度 ρ、流体黏度 μ 有关。根据量纲分析法（见模块六）可以将上述 4 个参数组合成一个无量纲数，这就是雷诺数。记作 Re，且

$$\mathrm{Re} = \frac{\rho v d}{\mu} = \frac{v d}{\nu} \tag{4-2}$$

对应于 v_c 和 v_c' 可分别得下临界雷诺数 $\mathrm{Re}_c = v_c d / \nu$ 和上临界雷诺数 $\mathrm{Re}_c' = v_c' d / \nu$。将实际流动的雷诺数与之比较就可判别流态。

当 $\mathrm{Re} \leqslant \mathrm{Re}_c$ 时，层流；当 $\mathrm{Re} \geqslant \mathrm{Re}_c'$ 时，紊流；当 $\mathrm{Re}_c < \mathrm{Re} < \mathrm{Re}_c'$ 时，过渡状态（或临界状态）。

实验证明，对于圆管内的流动，下临界雷诺数是一个不变的常数，其值为 $\mathrm{Re}_c = 2320$。上临界雷诺数则很容易受实验条件的影响。即便是同一实验装置，不同时间、不同人员进行的实验结果也不尽相同。所以上临界雷诺数没有实用价值。

应该指出，上述下临界雷诺数 $\mathrm{Re}_c = 2320$ 是在实验室条件下得到的。考虑到外界干扰容易促使流动变成紊流这一事实，在工程实际中，有意将临界雷诺数取得小一些，即取 $\mathrm{Re}_c =$

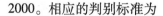

2000。相应的判别标准为

Re≤2000 时，层流；Re>2000 时，紊流。

以上结果是分析圆管内的有压流动时得到的，雷诺数的计算也是以管径作为特征长度。对非圆管道，可用水力直径 d_i 作为特征长度，相应的雷诺数称为水力直径雷诺数，即

$$Re = \frac{\rho v d_i}{\mu} = \frac{v d_i}{\nu} \tag{4-3}$$

因为圆管的水力直径 d_i 在数值上等于管径 d，所以采用水力直径雷诺数时，工程上判别流态的标准为：

一切有压流：Re≤2000 时，层流；Re>2000 时，紊流。

一切无压流：Re≤1200 时，层流；Re>1200 时，紊流。

判别流态在工程计算中很有实用意义。除前面介绍的沿程损失 h_f 的计算与流态有关外，模块三中引入的动能修正系数 α 和动量修正系数 α_0 的大小也受流态的影响。在后续内容中很多地方都需要判别流态。因此，雷诺数在流体力学中显得尤为重要。

当研究流体绕物体流动时，雷诺数定义为

$$Re = \frac{lu}{\nu} \tag{4-4}$$

其中，l 为物体的特征长度，u 为绕流的特征速度。根据绕流雷诺数的大小就能判别绕流的流动状态。

例 4-1　温度 $t = 10℃$ 的水在直径 $d = 0.15m$ 的管中流动。当流量 $Q = 30×10^{-3} m^3/s$ 时，问管中的水处于什么流动状态？

解： 10℃时，查出水的运动黏度 $\nu = 1.306×10^{-6} m^2/s$。管中水的平均速度为

$$v = \frac{Q}{A} = \frac{4 × 0.03}{\pi × 0.15} m/s = 1.7 m/s$$

雷诺数为

$$Re = \frac{vd}{\nu} = \frac{1.7 × 0.15}{1.306 × 10} = 195253 > 2000$$

故管中的水处于紊流状态。

二、黏性流体的流动阻力

黏性流体在流动过程中，流体之间的相对运动而产生切应力以及流体与固体壁面之间产生摩擦阻力，根据成因的不同，可将黏性流体所受的阻力分为沿程阻力和局部阻力两大类。这些阻力的形成将使流动流体的部分机械能不可逆地转化为热能，引起流体机械能损失，称为能量损失；其造成的能量损失根据所受阻力的不同可分为沿程损失和局部损失。

（一）沿程阻力及沿程损失

当限制流体流动的固体边壁沿程不变化（如均匀流）或者变化微小（缓变流）时，过流断面上的速度分布沿程相同或速度分布沿程变化缓慢，则流体内部以及流体与固体边壁之间产生沿程不变的阻力，由沿程阻力引起的机械能损失称为沿程能量损失，简称沿程损失，用 h_f 表示，h_f 与管长、管径 d 和速度 v 之间存在如下关系：

$$h_f = \lambda \frac{l}{d} \frac{v^2}{2g} \tag{4-5}$$

此式称为达西公式。其中 λ 称为沿程阻力系数，它与流动状态、管壁情况和管径等有关。

（二）局部阻力及局部损失

当固体边界急剧变化时，使流体内部的速度分布沿程发生急剧变化。如流道的转弯、收缩、扩大，或流体经闸阀等局部障碍之处。在很短的距离内流体为了克服由边界发生剧变而引起局部阻力，使自身的机械能损失，这种发生在较短距离内的能量损失为局部损失，用 h_j 表示。通过大量实验，h_j 与速度 v 的平方成正比，即

$$h_j = \zeta \frac{v^2}{2g} \tag{4-6}$$

式中 ζ——局部阻力系数，与局部装置的形式有关。

单位重量流体的机械能损失分成了沿程损失和局部损失，在实际的计算中，整个管道的能量损失等于各管段的沿程损失和局部损失的总和。即

$$h_w = \sum h_f + \sum h_j$$

由式（4-5）和式（4-6）知，计算阻力损失的前提是准确地确定沿程阻力系数 λ 和局部阻力系数 ζ。

（三）沿程阻力系数

1. 尼古拉茨实验

为弄清楚沿程阻力系数 λ 随壁面相对粗糙度 Δ/d（其倒数 d/Δ 称为光滑度）和雷诺数 Re 的变化关系，尼古拉茨于 1932~1933 年间率先进行了实验研究。他用人工方法在直径不同的管中敷上粒度均匀的砂子，制出了六种相对粗糙度的管道，然后对它们进行阻力试验。试验时，通过调节流量改变管中的速度。对应于每一个速度 v，测出管段的沿程损失，然后利用达西公式计算出阻力系数 λ。实验结果如图 4-3 所示。现参照图中结果分析如下：

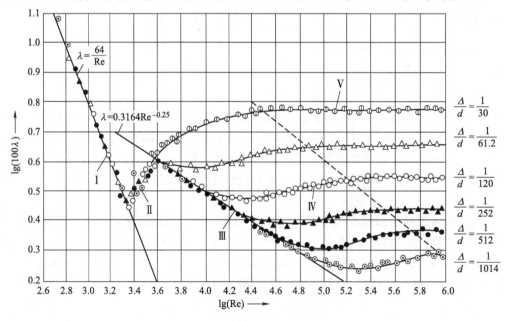

图 4-3　尼古拉茨实验曲线

Ⅰ区：层流区，Re<2320。在此区间内，六种不同相对粗糙度的管道的实验点几乎都落在直线Ⅰ上。这说明层流区内 λ 与 Δ/d 无关，只与 Re 有关，且符合 $\lambda=64/\mathrm{Re}$。将 λ 值代入达西公式（4-5）得到 h_f 与 v 的一次方成正比。

Ⅱ区：第一过渡区，$2320\leqslant\mathrm{Re}<4000$。这是层流向紊流的过渡区。该区的流态极不稳定，因而实验点无明显规律。该区内没有总结出 λ 的计算公式。如果流动恰好处于这一区域，可按Ⅲ区计算 λ。

Ⅲ区：水力光滑区，$4000\leqslant\mathrm{Re}<26.98\left(\dfrac{d}{\Delta}\right)^{8/7}$。在这一区域内，所有管道中的流动都变成了紊流，阻力特性也发生了变化。但因各种管道内的层流底层厚度 δ_1 都大于粗糙度高度 Δ，壁面对中部的紊流都没有影响。这表现为所有实验点又重新落在另一直线Ⅲ上，λ 只与 Re 有关。但相对粗糙度 Δ/d 不同的管道，这一区域的上界雷诺数是不相等的。例如 $d/\Delta=1014$ 的管子，水力光滑区的上界雷诺数可达 73540。而对于 $d/\Delta=120$ 的管道，这一区域的雷诺数仅为 $4000\sim6416$。

水力光滑区内沿程阻力系数 λ 的计算公式有布拉休斯公式（适用于 $\mathrm{Re}=4000\sim10^5$）

$$\lambda=0.316\,\mathrm{Re}^{-0.25} \tag{4-7}$$

尼古拉茨光滑管公式（适用于 $\mathrm{Re}=10^5\sim3\times10^6$）

$$\lambda=0.0032+0.221\,\mathrm{Re}^{-0.237} \tag{4-8}$$

Ⅳ区：第二过渡区，$26.98\left(\dfrac{d}{\Delta}\right)^{8/7}\leqslant\mathrm{Re}<4160\left(\dfrac{d}{2\Delta}\right)^{0.85}$。

这是水力光滑到水力粗糙的过渡区，这时因层流底层已不能遮盖壁面的粗糙峰，壁面的粗糙度对中部的紊流产生了影响，使得各种管道的实验点相继脱离直线Ⅲ，随雷诺数各自变化，这说明相对粗糙度 Δ/d 和雷诺数 Re 对阻力系数 λ 均有影响。

在此区间内，λ 的计算公式很多，但较精确也最常用的是阔尔布鲁克公式

$$\frac{1}{\sqrt{\lambda}}=1.14-2\lg\left(\frac{\Delta}{d}+\frac{9.35}{\mathrm{Re}\sqrt{\lambda}}\right) \tag{4-9}$$

应该指出，式（4-9）适用于 Re>4000 时。但因公式中的 λ 是以隐函数出现的，计算时比较麻烦。所以，除第二过渡区外，用的是 λ 的显式公式。

Ⅴ区：水力粗糙区，$\mathrm{Re}\geqslant4160\left(\dfrac{d}{2\Delta}\right)^{0.85}$。在这一区域中，对同一管道而言，层流底层已变得非常薄，以至管壁上所有的粗糙峰都凸入了紊流区。即使雷诺数再增大，也不再有新的凸峰对流动产生影响，这表现为 λ 不再随 Re 变化，对同一条管道，λ 等于常数，即

$$\lambda=\left(1.14+2\lg\frac{d}{\Delta}\right)^{-2} \tag{4-10}$$

此式称为尼古拉茨粗糙管公式。实际上，它由式（4-9）略去 $9.35/(\mathrm{Re}\sqrt{\lambda})$ 后得来。

当 $\lambda=$ 常数时，由达西公式知，沿程损失 h_f 与速度 v 的平方成正比。因此，水力粗糙区又称为阻力平方区。

尼古拉茨实验的重要意义在于它揭示了流体在流动过程中的能量损失规律，给出了沿程阻力系数 λ 随 Δ/d 和 Re 的变化曲线。从而说明了各理论公式或经验公式的适用范围。因实验所用的是粗糙高度均匀的人工粗糙管，而工业管道的粗糙峰是非均匀的。所以，应用上述

公式时，应采用通过实验得到的当量粗糙度 Δ。各种工业管道的当量粗糙度 Δ 值列于表 4-1。

表 4-1　各种管道壁面的当量粗糙度 Δ

管道种类	Δ/mm	管道种类	Δ/mm
拉制铜管	0.001~0.002	旧铸铁管	0.5~1.5
新无缝钢管	0.01~0.08	锈蚀旧钢管	0.5~0.8
涂油钢管	0.1~0.2	钢板焊制管	0.35
精制镀锌钢管	0.25	干净玻璃管及氯乙烯硬管	0.001~0.002
普通镀锌钢管	0.3~0.4	橡胶软管	0.2~0.3
新铸铁管	0.2~0.8	纯水泥壁面	0.25~1.25

2. 莫迪图

前面介绍的若干公式可计算 λ 值。但应用时需先判别流动所处的区域，然后才能用相应的公式，有时还需采用试算的办法，所以用起来比较烦琐。为此，莫迪对各种工业管道进行了大量实验，并将实验结果绘制成图 4-4 所示的曲线，称为莫迪图。只要知道 Δ/d 和 Re，从图中可直接查出 λ 值，使用起来既方便又准确。

莫迪图与尼古拉茨实验曲线类似，但在 Ⅳ 区差别较大。在莫迪图中，从 Ⅲ 区（水力光滑区）开始，λ 值随 Re 单调下降，到阻力平方区时变为水平，而尼古拉茨曲线则出现了波浪形。这主要因为尼古拉茨实验所用的是凸峰均匀的人工粗糙管，与工业管道的非均匀粗糙是有差别的。因此，莫迪图反映的规律更符合实际。

将管径 d 代以水力直径 d_i 时，上述各结论均适用于非圆管道。

例 4-2　直径 $d=0.2$m 的普通镀锌管长 $l=2000$m，用来输送 $\nu=35\times10^{-6}$m²/s 的重油。当流量 $Q=0.035$m³/s 时，求沿程损失 h_f。若油的重度 $\gamma=8374$N/m³，压力损失是多少？

解：取普通镀锌管的当量粗糙度 $\Delta=0.39$mm。又

$$v=\frac{4Q}{\pi d}=\frac{4\times35\times10^{-3}}{\pi\times0.2}\text{m/s}=1.114\text{m/s}$$

$$\text{Re}=\frac{vd}{\nu}=\frac{1.114\times0.2}{35\times10^{-6}}=6366>4000$$

又因 $26.98\left(\dfrac{d}{\Delta}\right)^{8/7}=26.98\left(\dfrac{200}{0.39}\right)^{8/7}=33740>$Re，故流动位于水力光滑区。用布拉休斯公式

$$\lambda=0.316\text{Re}^{-0.25}=0.316\times6366^{-0.25}=0.0354$$

所以

$$h_f=\lambda\frac{l}{d}\frac{v^2}{2g}=0.0354\times\frac{2000}{0.2}\times\frac{1.114^2}{2\times9.806}\text{m 油柱}=22.4\text{m 油柱}$$

压力损失　　　　$\Delta p=\gamma h_f=8374\times22.4\text{Pa}=187.6\text{kPa}$

（四）局部阻力系数

实验表明，流经局部装置时流体一般都处于高紊流状态。这主要表现为 ζ 只与局部装置的结构有关而与雷诺数无关。在要求不是很高时，以下讨论结果对所有紊流都适用。以下就断面突然扩大和逐渐缩小进行理论分析，对于其他形式的局部装置，直接给出其经验公式或实验结果。

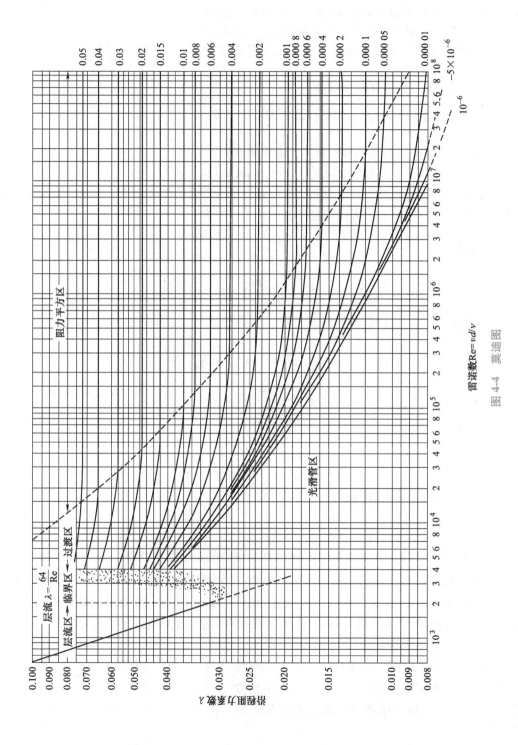

图 4-4　莫迪图

1. 断面突然扩大

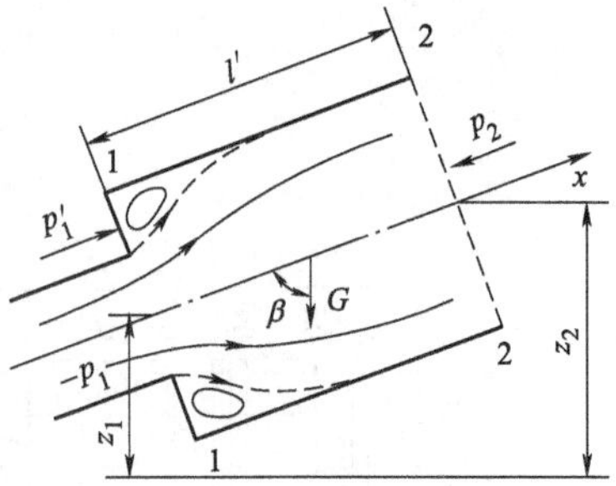

当流体从直径 d_1 的小管流进直径 d_2 的大管时，由于惯性，流体必然与壁面脱离而在死角处形成旋涡。到距断面 1-1 为 $l' = (5 \sim 8)d_2$ 的 2-2 处才变成缓变流，如图 4-5 所示。局部损失就是发生在断面 1-1 和 2-2 之间的能量损失。

对断面 1-1 和 2-2 列伯努利方程得

$$h_{\mathrm{f}} = \left(z_1 + \frac{p_1}{\gamma}\right) - \left(z_2 + \frac{p_2}{\gamma}\right) + \frac{v_1^2 - v_2^2}{2g} \qquad (\text{A})$$

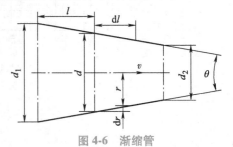

图 4-5　断面突然扩大

取断面 1-1 和 2-2 间的流体为控制体，由动量方程得

$$\sum F_{\mathrm{x}} = \rho Q(v_2 - v_1) = \rho A_2 v_2 (v_2 - v_1) \qquad (\text{B})$$

因控制体不长，侧面上的摩擦力远比两端面压差所产生的作用力小。另外，实验证明环形面积上的平均压力 $p_1' \approx p_1$。所以控制体上所受的合力为

$$\sum F_{\mathrm{x}} = (p_1 - p_2)A_2 - \gamma A_2 l\cos\beta$$

或

$$\sum F_{\mathrm{x}} = \left[(p_1 - p_2) - \gamma(z_2 - z_1) \right] A_2$$

$$= \gamma A_2 \left[\left(z_1 + \frac{p_1}{\gamma}\right) - \left(z_2 + \frac{p_2}{\gamma}\right) \right] \qquad (\text{C})$$

将式（C）代入式（B），然后又代入式（A），整理得

$$h_{\mathrm{j}} = \frac{v_2}{g}(v_2 - v_1) + \frac{v_1^2 - v_2^2}{2g}$$

$$= \frac{2v_2^2 - 2v_2 v_1 + v_1^2 - v_2^2}{2g}$$

即

$$h_{\mathrm{j}} = \frac{(v_1 - v_2)^2}{2g} = \frac{(v_2 - v_1)^2}{2g} \qquad (4\text{-}11)$$

此即断面突然扩大的局部损失计算公式，称为包达公式。为求得局部阻力系数，将式（4-11）稍作变换，并利用连续性方程。可得

$$h_{\mathrm{j}} = \zeta_1 \frac{v_1^2}{2g} = \zeta_2 \frac{v_2^2}{2g} \qquad (4\text{-}12)$$

其中，$\zeta_1 = (1 - A_1/A_2)^2$ 是以上游速度 v_1 为特征速度时的局部阻力系数，$\zeta_2 = (A_2/A_1 - 1)^2$，则是以下游速度 v_2 为特征速度时的局部阻力系数。当流体从管道中以速度 v 流进断面很大的容器时，因 $A_2 \gg A_1$，所以 $\zeta_1 = (1 - A_1/A_2)^2 \approx 1$，由此可得这种情况下的局部损失为 $h_{\mathrm{j}} = v_1^2/2g$。这一结论可解释为：因 $v_2 \approx 0$，流体在管中的动能完全耗损在大容器中了。

2. 断面逐渐缩小（渐缩管）

设锥角为 θ 的渐缩管。大端直径为 d_1，小端直径为 d_2，如图 4-6 所示。当 $\theta < 30°$ 时，速度变化较缓慢。在长度为 $\mathrm{d}l$ 管段中的损失可按沿程损失近似计算，即

$$\mathrm{d}h_{\mathrm{j}} = \lambda \frac{\mathrm{d}l}{d} \frac{v^2}{2g} = \lambda \frac{\mathrm{d}r}{2r\sin(\theta/2)} \frac{v^2}{2g}$$

图 4-6　渐缩管

由连续性方程，$v = v_2A_2/A = (r_2/r)^2 v_2$，代入上式得

$$\mathrm{d}h_\mathrm{j} = \frac{\lambda r_2^4 v_2^2}{4g\sin(\theta/2)}\frac{\mathrm{d}r}{r^5}$$

严格说来，沿程阻力系数 λ 随半径 r 是变化的。但为了积分简便，取 λ 值为进口和出口处的平均值。于是，将上式从 r_2 到 r_1 积分，并整理得

$$h_\mathrm{j} = \frac{\lambda}{8\sin\dfrac{\theta}{2}}\left[1 - \left(\frac{A_2}{A_1}\right)^2\right]\frac{v_2^2}{2g} = \zeta\frac{v_2^2}{2g}$$

所以，当 $\theta<30°$ 时，渐缩管的局部阻力系数为

$$\zeta = \frac{\lambda}{8\sin\dfrac{\theta}{2}}\left[1 - \left(\frac{A_2}{A_1}\right)^2\right] \tag{4-13}$$

其中，$\lambda = (\lambda_1 + \lambda_2)/2$，$\lambda_1$ 和 λ_2 分别是按式（4-10）计算的进口和出口处的沿程阻力系数。

所有局部装置的局部损失都按式（4-6）计算，即 $h_\mathrm{j} = \zeta v^2/(2g)$。但应特别提醒注意的是，除少数情况（如管道出口、锥形阀口）外，公式中的速度 v 均指发生局部损失之后的缓变流断面上的平均速度。

各种类型局部装置的阻力系数 ζ 见表 4-2。

表 4-2　局部阻力系数

类型	示意图	ζ 的数值或计算公式								
突扩管	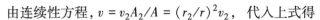	$\zeta = \zeta_2 = \left(\dfrac{A_2}{A_1} - 1\right)^2$								
突缩管		$\dfrac{A_2}{A_1}$	0.01	0.1	0.2	0.4	0.5	0.6	0.7	0.8	0.9
		ζ	0.5	0.47	0.45	0.34	0.3	0.25	0.2	0.15	0.09
圆弯管		$\zeta = \left[0.131 + 0.16\left(\dfrac{d}{R}\right)^{3.5}\right]\dfrac{\theta}{90°}$								
折弯管		$\zeta = 0.946\sin^2\left(\dfrac{\theta}{2}\right) + 2.047\sin^4\left(\dfrac{\theta}{2}\right)$								
渐扩管		$\zeta = K\left(\dfrac{A_2}{A_1} - 1\right)^2$								
		$\theta(°)$	7.5	10	15	20	30			
		K	0.14	0.16	0.27	0.43	0.81			

（续）

类型	示意图	ζ 的数值或计算公式							
渐缩管		$$\zeta = \frac{\lambda}{8\sin\left(\dfrac{\theta}{2}\right)}\left[1-\left(\frac{A_2}{A_1}\right)^2\right]$$ λ 为平均沿程阻力系数							
直三通		0.1		1.3		分流：3.0；汇流：2.0			
分支管		分流：1.0；汇流：1.5		0.5		3.0			
闸阀		开度(%)	10	20	40	50	60	80	90	100
		ζ	60	16	3.2	1.8	1.1	0.3	0.18	0.1
蝶阀		开度(%)	10	20	40	50	60	80	90	100
		ζ	200	65	16	8.3	4.0	0.85	0.48	0.3
球阀		开度(%)	10	20	40	50	60	80	90	100
		ζ	85	24	7.5	5.7	4.8	4.1	4.0	3.9
逆止阀		$\zeta = 1.7 \sim 14$							
带滤网底阀		d/mm	50	75	100	150	200	250	300
		ζ	10	8.5	7.0	6.0	5.2	4.4	3.7
锥形阀口		$\zeta = 0.6 + 0.15\left(\dfrac{d}{h}\right)^2$							

（续）

类型	示意图	ζ 的数值或计算公式
球行阀口		$\zeta = 2.7 - 0.8\left(\dfrac{d}{h}\right) + 0.14\left(\dfrac{d}{h}\right)^2$
过滤网格		$\zeta = (0.0675 \sim 1.575)(A/A_0)^2$ A——吸口面积 A_0——网孔有效过流面积

3. 局部装置的当量管长

工程中为便于计算，常将局部装置的损失折算成长度为 l_e 的直管的沿程损失，则长度 l_e 便是该局部装置的当量管长。它与 ζ 的关系可按定义导出，令 $\lambda \dfrac{l_e}{d}\dfrac{v^2}{2g} = \zeta \dfrac{v^2}{2g}$，则

$$l_e = \frac{d}{\lambda}\zeta \tag{4-14}$$

按局部损失公式中 v 的规定，管径 d 应为装置后面的直径。

几种常见局部装置的当量管长列于表 4-3 中，供使用时参考。

表 4-3 局部装置的当量管长 l_e/d

类型		l_e/d		类型		l_e/d	
		$d=25$mm	$d=300$mm			$d=25$mm	$d=300$mm
圆弯管 $(R=d)$	45°	2.5	5.0	管道进口	锐角	7.9	17
	90°	5.0	10		圆角	3.2	6.8
折弯管	45°	4.5	10	直三通	分流	31.5	66
	90°	9.0	20		汇流	40	84
闸阀	全开	1.6	2.3		直流	1.6	3.3
	半开	28	60		拐弯	21	43
球阀	全开	62	129	管道出口		16	33
	半开	90	189	逆止阀（全开）		27	56
蝶阀	全开	4.7	10	截止阀	全开	46	96
	半开	130	275		半开	—	—

注：对任意管径，可近似按线性变化插值求取。

4. 能量损失的叠加

当一条管路中包含有若干个局部装置时，管路的总水头损失等于沿程损失与所有管件的局部损失之和，即

$$h_w = h_f + \sum h_j \tag{4-15a}$$

式（4-15）体现了能量损失的叠加原则，它是计算管路总损失的基本公式。为便于应用，可将它变为更简洁的形式，即

$$h_w = \lambda \frac{L}{d} \frac{v^2}{2g} = RQ^2 \qquad (4\text{-}15b)$$

其中，$L = l + \sum l_e$，是管路的实际长度 l 与所有局部装置的当量管长之和，称为水力长度（或计算长度）。$R = \dfrac{8\lambda L}{\pi^2 g d^5}$ 称为管路阻力系数，简称管阻。

习题与思考题

1. 造成沿程损失和局部损失的主要原因各是什么？它们分别发生在什么流段？

2. 什么是能量损失？能量损失有哪几类？

3. 在直径相同的管中流过相同的液体，当流速相等时，它们的雷诺数是否相等？当流过不同的流体时，它们的临界雷诺数是否相等？

4. 20℃的水在 $d = 100mm$ 的管中流动，当 $Q = 15.7L/s$ 时，试判别流态。欲改变流态，流量应变为多少（其他条件不变）？

5. 密度 $\rho = 850kg/m^3$，黏性系数 $\mu = 1.53 \times 10^{-2} kg/m \cdot s$，在管径为 $d = 10cm$ 的管道内流动，流量 $Q = 0.05L/s$。试判别流动状态。

6. 一旧铸铁管路长 $l = 30m$，管径 $d = 0.3m$。管中水流速度 $v = 1.5m/s$，水温 $t = 20℃$。试计算沿程损失。

7. 某水管直径 $d = 0.5m$，$\Delta = 0.5mm$，水温为 $15℃$。分别用公式法和查图法确定流量分别为 $Q_1 = 0.005m^3/s$，$Q_2 = 0.1m^3/s$，$Q_3 = 2m^3/s$ 时的沿程阻力系数 λ。

8. 20℃的水通过图 4-7 所示的变径接头。已知 $D = 0.15m$，$d = 0.1m$，$\gamma_g/\gamma = 13.6$。当 $Q = 0.027m^3/s$ 时，测得 $h = 45mm$。试确定该接头的局部阻力系数 ζ。

9. 如图 4-8 所示，用一直径 $d = 20mm$、$l = 0.5m$ 的管段做沿程阻力实验。当 $\nu = 0.89 \times 10^{-6} m^2/s$ 的水以 $Q = 1.2 \times 10^{-3} m^3/s$ 通过时，两测压管液面高差 $h = 0.6m$，试计算 λ。若流动处于阻力平方区，确定当量粗糙度 Δ。

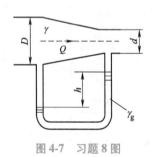

图 4-7　习题 8 图

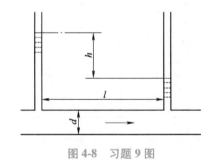

图 4-8　习题 9 图

项目二　流体在圆管中的流动

学习目标

掌握流体在圆管中的流动状态及流动规律；掌握流体在圆管中流动时的流速分布、应力分布及损失等。

一、 圆管中的层流流动

1. 速度分布

设黏性不可压缩流体在图 4-9 所示的直管中做定常层流流动。管道轴线与水平面成 α 角，取轴线为 x 轴并与速度方向相同。

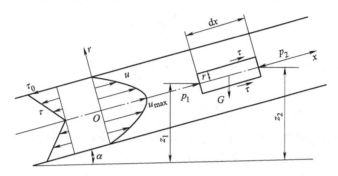

图 4-9　圆管中的层流流动

顺轴线截取长度为 $\mathrm{d}x$、半径为 r 的流柱为研究对象。因流柱沿 x 方向不加速，所以作用在其上的所有外力在 x 方向的分力必为零，即 $\sum F_x = 0$。下面分析 $\sum F_x$。

（1）两端面上的总压力 P_x　根据缓变流断面上压力分布规律可推知，所取流柱端面中心处的压力恰好等于端面上的平均压力，于是

$$P_x = (p_1 - p_2)\pi r = -(p_2 - p_1)\pi r = -\frac{\partial p}{\partial x}\mathrm{d}x\pi r^2$$

（2）重力 G_x　作用在流柱上的重力在 x 方向的分力为 $G_x = -G\sin\alpha$。由图可知 $\sin\alpha = \partial z / \partial x$，所以

$$G_x = -\gamma\pi r^2\mathrm{d}x\sin\alpha = -\gamma\pi r^2\mathrm{d}x\frac{\partial z}{\partial x}$$

（3）侧面上的摩擦力 T_x　根据牛顿内摩擦定律和内摩擦应力 τ 的符号规定，流柱侧面所受的切应力为 $\tau = \mu\mathrm{d}u/\mathrm{d}r$，作用在流柱侧面上的摩擦力为

$$T_x = \tau 2\pi r\mathrm{d}x = 2\pi r\mathrm{d}x\mu\frac{\mathrm{d}u}{\mathrm{d}r}$$

将 P_x、G_x 和 T_x 代入式 $\sum F_x = 0$ 中，两边除以 $\pi r^2\mathrm{d}x$，整理得

$$\frac{\partial(p + \gamma z)}{\partial x} = 2\mu\frac{\mathrm{d}u}{r\mathrm{d}r} \tag{A}$$

由缓变流性质知，在同一过流断面上，$p + \gamma z =$ 常数，所以 $(p + \gamma z)$ 只可能是流程 x 的函数。故可将式（A）左边的偏导数改成全导数，两边再除以重度 γ，得

$$\frac{\mathrm{d}(z + p/\gamma)}{\mathrm{d}x} = \frac{2\mu}{\gamma}\frac{\mathrm{d}u}{r\mathrm{d}r} \tag{B}$$

又因式（B）右边只是半径 r 的函数，为使等式成立，只能是方程的两边均为常数。为求取这一常数，对流柱两端面 1 和 2 列伯努利方程，经整理后得

$$\mathrm{d}h_f = -\left[\left(z_2 + \frac{p_2}{\gamma}\right) - \left(z_1 + \frac{p_1}{\gamma}\right)\right] = -\mathrm{d}\left(z + \frac{p}{\gamma}\right)$$

将此式代入式（B），得

$$\frac{dh_f}{dx} = -\frac{2\mu}{\gamma}\frac{du}{rdr} = i = 常数 \tag{4-16}$$

或

$$du = -\frac{\gamma i}{2\mu}rdr$$

积分得

$$u = -\frac{\gamma i}{4\mu}r^2 + c \tag{4-17a}$$

其中，c 为积分常数。因 $r=r_0$ 时，$u=0$，所以 $c = \frac{\gamma i}{4\mu}r_0^2$。

代入上式得

$$u = \frac{\gamma i}{4\mu}(r_0^2 - r^2) \tag{4-17b}$$

此即圆管中的层流速度分布规律，它说明速度沿半径 r 方向是按二次函数规律变化的。对整个管道而言，速度分布是一个旋转抛物面。

以上各式中，i 表示单位管长的沿程损失，称为水力坡度。由式（4-16）看出，水力坡度是一个常数，这说明均匀流中的沿程损失随管长 l 是线性增加的。

2. 流量和平均速度

因过流断面上速度分布不均，在半径 r 处取一宽度为 dr 的微小环面积 $dA = 2\pi rdr$，则通过 dA 的流量为 $dQ = udA = 2\pi urdr$。对过流面积积分，可得

$$Q = \int_0^{r_0} 2\pi urdr = \frac{2\pi\gamma r}{4\mu}\int_0^{r_0}(r_0^2 - r^2)rdr$$

即

$$Q = \frac{\pi\gamma i}{8\mu}r_0^4 = \frac{\pi\gamma i}{128\mu}d^4$$

平均速度

$$v = \frac{4Q}{\pi d^2} = \frac{\gamma i}{32\mu}d^2 \tag{4-18}$$

由式（4-17）所示，管道中心（$r=0$）处的最大速度为 $u_{max} = \frac{\gamma i}{4\mu}r_0^2 = \frac{\gamma i}{16\mu}d^2 = 2v$。即圆管层流中心处的最大速度等于平均速度的 2 倍。

3. 内摩擦应力分布

将式（4-17）代入 $\tau = \mu du/dr$ 得

$$\tau = \mu\frac{d}{dr}\left[\frac{\gamma i}{4\mu}(r_0^2 - r^2)\right] = -\frac{\gamma i}{2}r \tag{4-19a}$$

这表明内摩擦应力随 r 呈线性分布，式中的负号则说明了管内中部的流体总是受到边上流体的阻滞作用。若仅考虑 τ 的大小，则

$$\tau = \frac{\gamma i}{2}r \tag{4-19b}$$

显然，在中心处（$r=0$），$\tau=0$。在壁面上切应力达到最大值 $\tau_0 = \tau_{max} = \gamma ir_0/2$。正是 τ_0 的存在，流体在流动过程中便产生了能量损失。

4. 沿程损失

将 $i = h_f/l$ 代入式（4-18）中并整理可得，沿程损失为

$$h_{\mathrm{f}} = \frac{32\mu l}{\gamma d^2}v \tag{4-20}$$

此式表明，圆管层流中的沿程损失与平均速度成正比，这与雷诺实验的结果吻合。

将式（4-20）稍作变换，可得

$$h_{\mathrm{f}} = \frac{32\mu l}{\gamma d^2}v = \frac{64\mu}{\rho v d}\frac{l}{d}\frac{v^2}{2g} = \frac{64}{\mathrm{Re}}\frac{l}{d}\frac{v^2}{2g}$$

比较式（4-5）得，圆管层流的沿程阻力系数为

$$\lambda = 64/\mathrm{Re} \tag{4-21}$$

即圆管层流的沿程阻力系数只与雷诺数有关，与壁面的粗糙程度无关。

例 4-3   在长度 $l=5000\mathrm{m}$，直径 $d=300\mathrm{mm}$ 的管中输送密度 $\rho=856\mathrm{kg/m^3}$ 的原油。当流量 $Q=0.07\mathrm{m^3/s}$ 时，求油温分别为 $t_1=10℃(\nu_1=25\mathrm{cm^2/s})$ 和 $t_2=40℃(\nu_2=1.5\mathrm{cm^2/s})$ 时的沿程损失 h_{f} 和因沿程阻力所造成的功率损失 N_{f}。

解：由已知条件得

平均速度
$$v = \frac{4Q}{\pi d^2} = \frac{4\times0.07}{\pi\times0.3^2}\mathrm{m/s} = 0.99\mathrm{m/s}$$

$t_1=10℃$ 时的雷诺数为
$$\mathrm{Re}_1 = \frac{vd}{\nu_1} = \frac{0.99\times0.3}{25\times10^{-4}} = 119$$

$t_2=40℃$ 时的雷诺数为
$$\mathrm{Re}_2 = \frac{vd}{\nu_2} = \frac{0.99\times0.3}{1.5\times10^{-4}} = 1980$$

由此可知两种温度下的流动均为层流，沿程阻力系数可用式（4-21）计算，再由达西公式（4-5）得相应的沿程损失为

$$h_{\mathrm{f1}} = \lambda_1\frac{l}{d}\frac{v^2}{2g} = \frac{64}{119}\times\frac{5000}{0.3}\times\frac{0.99^2}{2\times9.806}\mathrm{m}\text{油柱} = 448\mathrm{m}\text{油柱}$$

$$h_{\mathrm{f2}} = \lambda_2\frac{l}{d}\frac{v^2}{2g} = \frac{64}{1980}\times\frac{5000}{0.3}\times\frac{0.99^2}{2\times9.806}\mathrm{m}\text{油柱} = 26.9\mathrm{m}\text{油柱}$$

因 h_{f} 是单位重量流体的能量损失，所以在时间 Δt 内的总能量损失为 $\gamma Q\Delta th_{\mathrm{f}}$，单位时间内的总能量损失应为 $N_{\mathrm{f}} = \gamma Q\Delta th_{\mathrm{f}}/\Delta t = \gamma Qh_{\mathrm{f}}$。则相应的功率损失为

$$N_{\mathrm{f1}} = \rho gQh_{\mathrm{f1}} = 856\times9.806\times0.07\times448\mathrm{W} = 263.2\mathrm{kW}$$

$$N_{\mathrm{f2}} = \rho gQh_{\mathrm{f2}} = 856\times9.806\times0.07\times26.9\mathrm{W} = 15.8\mathrm{kW}$$

由此可知，在层流状态下，提高油温可使功率损失大大降低。但在紊流，特别是在高紊流状态下，因 λ 不再与 Re 有关，提高油温并不能使损失降低。

二、圆管中的紊流流动

除少数情况外，工程上最常见的还是紊流流动。紊流十分复杂，到目前为止，对它的研究基本上还是在一定假设条件下，通过理论分析和实验验证，总结出一些半理论半经验的公式。

（一）脉动现象和均时化的概念

紊流中，流体质点经过某一固定点时，速度、压力等总是随时间变化，而且毫无规律，这种现象称为脉动。

如图 4-10 所示，由于脉动的存在，不可能对黏性流体运动微分方程进行积分求解。但

是，如果对某点的速度进行长时间观察，不难发现，虽然每一时刻速度的大小和方向都在变化，但它总是围绕某个平均值 u 上下变动，如图 4-11 所示。

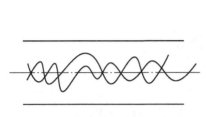

图 4-10　圆管中的紊流

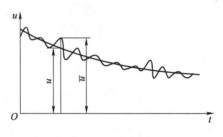

图 4-11　时均速度

于是，流体质点的瞬时速度 u 就可看成是这个平均速度 $\bar{u}$ 与脉动速度 u' 之和，即

$$u = \bar{u} + u' \tag{4-22}$$

其中，$\bar{u}$ 称为时均速度，它是瞬时速度在时间 T 内的平均值，定义为

$$\bar{u} = \frac{1}{T}\int_0^T u \mathrm{d}t \tag{4-23}$$

流体质点在一定时间内，朝各方向的脉动机会均等。所以在时间 T 内，脉动速度对时间的平均值必为零，即

$$\overline{u'} = \frac{1}{T}\int_0^T u' \mathrm{d}t = 0 \tag{4-24}$$

同样，紊流中各点的瞬时压力也可分为时均压力和脉动压力两部分：$p = \bar{p} + p'$，其中 $\bar{p} = \frac{1}{T}\int_0^T p \mathrm{d}t$ 为时均压力。

时均速度和时均压力的引入，给研究紊流流动带来了极大的方便，只需将流体的紊流流动看成是以时均速度、时均压力在流动，前面所述的概念便可直接用于紊流。

有一点应当注意，对紊流的时均化处理只是研究紊流的一种方法，并不能改变紊流的实质。当研究紊流阻力时，必须考虑质点混杂运动和动量交换的影响。

（二）紊流中的切应力

在紊流中，除了沿主流方向的运动外，流体质点还有垂直于主流方向的脉动，如图 4-12 所示。

由于脉动速度的存在，各层流之间产生了动量交换，同时也伴随着力的作用。当低速层的流体质点脉动到高速层时，对高速层产生了阻碍作用；反之，高速层的流体质点脉动到低速层时，必然受阻于低速流体，由此产生的阻力称为紊流附加阻力。单位面积上的附加阻力称为附加切应力，用 τ_2 表示。

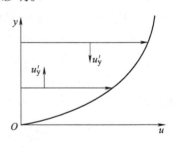

图 4-12　脉动速度

$$\tau_2 = \rho l^2 \left(\frac{\mathrm{d}u}{\mathrm{d}y}\right)^2 = \rho l^2 \left|\frac{\mathrm{d}u}{\mathrm{d}y}\right|\frac{\mathrm{d}u}{\mathrm{d}y} \tag{4-25}$$

其中，y 为流体质点到壁面的距离；l 称为混合长度，它表示流体质点在脉动过程中第一次与其他质点相撞时，在 y 方向所走的路程。绝对值符号是为考虑 τ_2 的方向所加的。

除附加切应力外，相邻流层之间还存在黏性摩擦应力 τ_1，因此，紊流中的切应力应为

τ_1 与 τ_2 在数值上的叠加，即

$$\tau = \tau_1 + \tau_2 = \mu \frac{\mathrm{d}u}{\mathrm{d}y} + \rho l^2 \left| \frac{\mathrm{d}u}{\mathrm{d}y} \right| \frac{\mathrm{d}u}{\mathrm{d}y} \qquad (4\text{-}26)$$

实验指出，当紊流程度较大时，$\tau_2 \gg \tau_1$，此时可取 $\tau \approx \tau_2$，但在层流底层中，$\tau_2 = 0$ 时，则 $\tau = \tau_1$。

（三）水力光滑管与水力粗糙管

实验表明，在紊流中，并不是所有流体质点都属于紊流流动，在层流底层中的流体属于层流状态。层流底层的厚度 δ_1 可用经验公式计算：

$$\delta_1 = 32.8 \frac{d}{\mathrm{Re}\sqrt{\lambda}} \qquad (4\text{-}27)$$

其中，λ 为沿程阻力系数，d 为管径，Re 为直径雷诺数。

用不同的材料和工艺制成的管子，壁面都有不同程度的粗糙高度 Δ，称为绝对粗糙度。绝对粗糙度与管径的比值 Δ/d 称为相对粗糙度。当 $\delta_1 \geq 5\Delta$ 时，粗糙高度几乎全被层流底层淹没，管壁对紊流区流体的流量影响很小，这与流体在完全光滑的管道中的流动类似，这种情况的管子称为水力光滑管。当 $\delta_1 \leq 0.3\Delta$ 时，管壁上几乎所有的凸峰都暴露在紊流中，紊流区的流体质点与凸峰相互碰撞，加剧了紊动，使流动阻力增加，此时的管子称为水力粗糙管。当 $0.3\Delta < \delta_1 < 5\Delta$ 时，为水力光滑与水力粗糙的过渡区。

水力光滑管与水力粗糙管只是相对的，对同一管子，d 和 Δ 是不变的，它可能是水力光滑管，也可能是水力粗糙管，完全取决于 Re 的大小。

（四）圆管中紊流速度分布

这里仅讨论黏性摩擦力可以忽略的情况，即高紊流状态。此时，紊流切应力为 $\tau = \tau_2 = \rho l^2 (\mathrm{d}u/\mathrm{d}y)^2$。实验证明，紊流情况下管内的切应力呈线性分布，即 $\tau = \tau_0(1 - y/r_0)$，式中 y 为层流到管壁的距离，r_0 为管道半径。由此可得

$$\frac{\mathrm{d}u}{\mathrm{d}y} = \frac{1}{l} \sqrt{\frac{\tau_0}{\rho}\left(1 - \frac{y}{r_0}\right)}$$

对于管流，混合长度可表示为 $l = Ky\left(1 - y/r_0\right)^{\frac{1}{2}}$。代入上式并整理得

$$\mathrm{d}u = \frac{u^*}{K} \frac{\mathrm{d}y}{y}$$

积分得

$$u = \frac{u^*}{K} \ln y + c \qquad (4\text{-}28)$$

其中，$u^* = \sqrt{\tau_0/\rho}$ 称为切应力速度，τ_0 为壁面上的切应力，K 为常数，由实验确定。当 $y = r_0$ 时，$u = u_{\max}$。由此定出积分常数 $c = u_{\max} - (u^*/K)\ln r_0$。代入式（4-28）得

$$u = u_{\max} + \frac{u^*}{K} \ln \frac{y}{r_0} \quad (y \geq \delta_1) \qquad (4\text{-}29)$$

此式表明，紊流状态下，断面上的速度是按对数规律分布的，如图 4-13 所示（实线）。图中虚线表示平均速度相等的层流速度分布。

式（4-29）虽然是在高紊流状态下导出的，但实验证实它适用于所有紊流情况，只是 u^* 和 K 有所不同。

除上述对数规律外，紊流速度分布还可表示成指数规律，即

$$\frac{u}{u_{max}} = \left(\frac{y}{r_0}\right)^n = \left(1 - \frac{r}{r_0}\right)^n \qquad (4\text{-}30)$$

其中，指数 $n = 1/10 \sim 1/6$，与之相对应的雷诺数 $Re = 4000 \sim 3.2 \times 10^6$。常取 $n = 1/7$。按式（4-30）确定的速度分布，管内平均速度为

$$v = \frac{2u_{max}}{(n+1)(n+2)} \qquad \text{或} \qquad \frac{v}{u_{max}} = \frac{2}{(n+1)(n+2)}$$

$$(4\text{-}31)$$

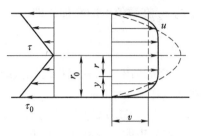

图 4-13　断面速度分布

当 $n = 1/10 \sim 1/6$ 时，$v/u_{max} = 0.79 \sim 0.87$。对常取的 $n = 1/7$，$v/u_{max} = 0.817$。而在层流中 $v/u_{max} = 0.5$。由此可见紊流的速度分布要比层流来得均匀。这主要是紊流中流体质点横向脉动的结果。

根据动能修正系数 α 的定义式 $\alpha = \dfrac{1}{v^3 A}\displaystyle\int_A u^3 \mathrm{d}A$。将式（4-30）和式（4-31）代入，积分得圆管紊流的动能修正系数为

$$\alpha = \frac{[(n+1)(n+2)]^3}{4(3n+1)(3n+2)} \qquad (4\text{-}32)$$

当 $n = 1/10 \sim 1/6$ 时，$\alpha = 1.03 \sim 1.08$。由此看出对于紊流，取动能修正系数 $\alpha \approx 1$ 是合理的。而对于层流，$\alpha = 2$。

紊流中的沿程损失仍可用达西公式（4-5）计算。因壁面粗糙度 Δ 对紊流已形成了阻力，紊流沿程阻力系数 λ 与 Δ/d 和 Re 都有关。

 习题与思考题

1. 什么是紊流的时均化？怎样理解定常紊流和非定常紊流？
2. 何谓层流底层？其厚度对紊流区的流动有何影响？
3. 什么是水力光滑管和水力粗糙管？
4. 为什么圆管中紊流速度分布要比层流的均匀？
5. 重度 $\gamma = 8370\text{N/m}^3$、黏度 $\mu = 0.15\text{Pa} \cdot \text{s}$ 的油在直径 $d = 0.25\text{m}$ 的直管中流过 3000m 时的沿程损失为 26.1（m 油柱），求流量 Q。
6. 某输油管路长 4000m，管径 $d = 0.3\text{m}$，输送 $\nu = 2.5 \times 10^{-4}\text{m}^2/\text{s}$、$\rho = 840\text{kg/m}^3$ 的原油。当流量 $Q = 240\text{m}^3/\text{h}$ 时，求油泵为克服沿程阻力所需增加的功率。
7. 密度 $\rho = 850\text{kg/m}^3$，黏性系数 $\mu = 1.53 \times 10^{-2}\text{kg/m} \cdot \text{s}$ 的油，在管径为 10cm 的管道内流动，流量为 0.05L/s，试求管轴心及 $r = 2\text{cm}$ 处的速度，单位管长的能量损失。

项目三　缝隙流

学习目标

掌握流体在通道内流动的一般特性；掌握两无限大平行平板间的层流以及偏心环形缝隙流。

缝隙流是指流体在相距很近的两固体壁面之间的流动。因两壁的间距很小，其间的流体因受到壁面阻滞作用较大，通常处于层流状态。

一、平面平板间的缝隙流

如图 4-14 所示，设平板尺寸无限大，在两平行平板相距 h 的空间内充满不可压缩流体。

取 x 方向沿着压力降低的方向，即沿着缝隙前后压差 $\Delta p = p_1 - p_2$ 方向，设上板以速度 U 沿 x 方向运动，下板不动。

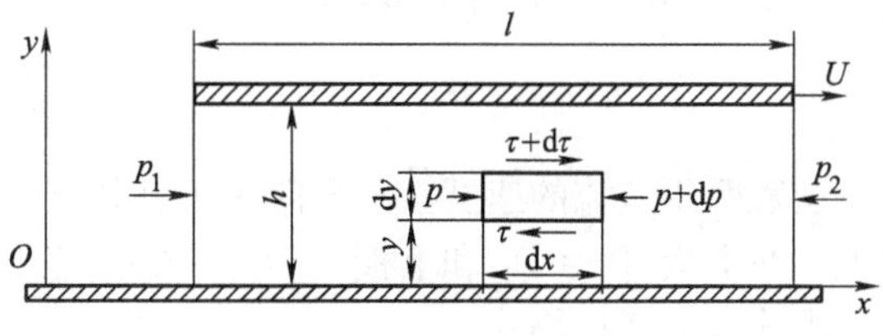

取长为 dx，厚为 dy，宽为 b 的微元流体为分析对象。因流体不加速，$\sum F_x = 0$。不计重力，得

图 4-14　缝隙中的层流

$$\sum F_x = [p - (p + dp)]bdy + [(\tau + d\tau) - \tau]bdx = 0$$

或
$$d\tau/dy = dp/dx$$

因上式左边只能是 y 的函数，右边只能是 x 的函数，所以只有两边均为常数时上式才能成立。令

$$\frac{dp}{dx} = \frac{p_2 - p_1}{l} = -\frac{p_1 - p_2}{l} = -\frac{\Delta p}{l} = 常数$$

代入式（A），积分得 $\tau = -\Delta p y/l + c_1$。这说明缝隙中的切应力分布是线性的。又因 $\tau = \mu du/dy$，所以有

$$\frac{du}{dy} = \frac{\tau}{\mu} = -\frac{\Delta p}{\mu l}y + \frac{c_1}{\mu}$$

再积分得
$$u = -\frac{\Delta p}{2\mu l}y^2 + \frac{c_1}{\mu}y + c_2 \tag{4-33}$$

这就是平行平板缝隙流中的速度分布。c_1 和 c_2 为积分常数，由边界条件确定。当然，坐标系选取不同，式（4-33）最终的形式也不一样。

对图 4-9 选定的坐标系，$y = 0$ 时，$u = 0$，得 $c_2 = 0$；$y = h$ 时，$u = U$，解得 $c_1 = \frac{\mu U}{h} + \frac{\Delta p}{2l}h$。

代入式（4-33）整理得

$$u = \frac{\Delta p}{2\mu l}(h - y)y + \frac{U}{h}y \tag{4-34}$$

设缝隙的宽度为 b，则通过缝隙的流量为

$$Q = \int_0^h ub dy = b\int_0^h \left[\frac{\Delta p}{2\mu l}(h - y)y + \frac{U}{h}y\right]dy$$

积分得
$$Q = \frac{bh^3}{12\mu l}\Delta p + \frac{bh}{2}U \tag{4-35}$$

缝隙中的内摩擦应力为线性分布，即

$$\tau = \mu\frac{du}{dy} = \frac{\Delta p}{2\mu l}(h - 2y) + \frac{U}{h} \tag{4-36}$$

以上结果是针对平行平板缝隙流的讨论得出的，但对同心环形缝隙中的轴向流动也适用。

下面分三种情况进一步讨论。

1）$\Delta p \neq 0$，$U=0$：此时流体依靠缝隙两端的压差 $\Delta p = p_1 - p_2$ 的作用产生流动，故称为压差流。将 $U=0$ 代入式（4-34）得

$$u = \frac{\Delta p}{2\mu l}(h - y)y \tag{4-37}$$

这表明压差流的速度沿 y 方向是按抛物线规律变化的。在缝隙中心处（$y=h/2$）的速度最大。在下板（$y=0$）和上板（$y=h$）处，速度均为零，如图 4-15 所示。

由式（4-35）得

流量 $$Q = \frac{bh^3}{12\mu l}\Delta p \tag{4-38}$$

平均速度 $$v = \frac{Q}{bh} = \frac{h^2}{12\mu l}\Delta p \tag{4-39}$$

2）$\Delta p = 0$，$U \neq 0$：因缝隙两端无压差，流体仅靠动板的拖拽而产生剪切变形运动，故称为剪切流。将 $\Delta p = 0$ 代入式（4-34）得

$$u = \frac{U}{h}y \tag{4-40}$$

剪切流呈线性规律，如图 4-16 所示。

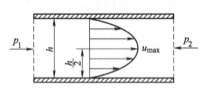

图 4-15 压差流

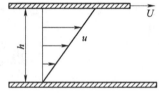

图 4-16 剪切流

流量和平均速度分别为

流量 $$Q = \frac{U}{2}bh$$

平均速度 $$v = \frac{Q}{bh} = \frac{U}{2}$$

3）$\Delta p \neq 0$，$U \neq 0$：压差流与剪切流的合成流动。可分为两种情形。

① U 与 Δp 同向时：速度和流量可直接用式（4-34）和式（4-35）计算。速度分布如图 4-17 所示。

② U 与 Δp 反向时：因已取 x 轴的方向与 Δp 相同，则 U 应为负。此时的速度分布为

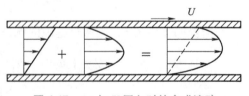

图 4-17 Δp 与 U 同向时的合成流动

$$u = \frac{\Delta p}{2\mu l}(h - y)y - \frac{U}{h}y \tag{4-41}$$

令 $u=0$，由上式可解得 $y_1 = 0$ 和 $y_2 = h - \dfrac{2\mu l U}{h\Delta p}$。这表明除固定壁面以外，缝隙中还有一

层流体是不动的，在其两侧流体的流动方向相反。

例 4-4　用手动液压千斤顶支承 $m = 200\text{kg}$ 的重物，如图 4-18 所示。已知 $l = 70\text{mm}$，$d = 50\text{mm}$，$\delta = 0.01\text{mm}$。若不计柱塞的自重和微小的下降速度，经过 1h 后重物下降了多少？设油的黏度 $\mu = 0.021\text{Pa}\cdot\text{s}$。

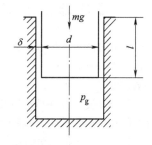

图 4-18　液压千斤顶示意图

解：这种情况可以简化为两固定平行平板间的流动问题。缸内油的相对压力为

$$p_g = \frac{mg}{A} = \frac{4 \times 200 \times 9.806}{\pi \times 0.05^2}\text{Pa} = 998831\text{Pa}$$

泄漏量为

$$Q = \frac{\pi d \delta^3}{12 \mu l} p_g = \frac{\pi \times 0.05 \times 10^{-15} \times 998831}{12 \times 0.021 \times 0.07}\text{m/s}$$

$$\approx 8.9 \times 10^{-9}\text{m/s}$$

1h 的泄漏量为

$$V = 3600Q = 3600 \times 8.9 \times 10^{-9}\text{m} = 3.2 \times 10^{-5}\text{m}^3$$

设 1h 后柱塞下降了 Δh，所以 $V = \pi d^2 \Delta h / 4$，于是

$$\Delta h = \frac{4V}{\pi d^2} = \frac{4 \times 3.2 \times 10^{-5}}{\pi \times 0.05^2}\text{m} = 0.0163\text{m} = 16.3\text{mm}$$

二、偏心环形缝隙流

严格来说，工程实际中同心环形缝隙是很少见的。由于载荷、转速的影响，活塞与液压缸、轴颈与轴承很难保证同轴。如图 4-19 所示为偏心环形缝隙。

因存在偏心距 e，间隙 δ 随转角 φ 是变化的。但对图中面积 $dA = r d\varphi \delta$ 的阴影部分，仍可当作平行平板缝隙处理。于是，流过 dA 的流量为

$$dQ = \left(\frac{\Delta p \delta^3}{12 \mu l} + \frac{U}{2}\delta\right) r d\varphi \qquad (\text{A})$$

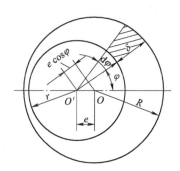

图 4-19　偏心环形缝隙

由图中的几何关系得

$$\delta = R + e\cos\varphi = \Delta(1 + \varepsilon\cos\varphi) \qquad (4\text{-}42)$$

其中 $\Delta = R - r$，$\varepsilon = e/\Delta$ 称为相对偏心距。将式（4-42）代入（A）式，并积分可得通过偏心环形缝隙的流量为

$$Q = \int_0^{2\pi} r\left[\frac{\Delta p \Delta^3}{12 \mu l}(1 + \varepsilon\cos\varphi^3) + \frac{U\Delta}{2}(1 + \varepsilon\cos\varphi)\right]d\varphi$$

即

$$Q = \frac{\Delta p \pi d \Delta}{12 \mu l}\left(1 + \frac{3}{2}\varepsilon^2\right) + \frac{\pi d U \Delta}{2} \qquad (4\text{-}43)$$

显然，上式右边第二项是因剪切流动所引起的流量，与同心环形缝隙的相同，相对偏心距 ε 只对右边第一项有影响。当没有偏心时，$\varepsilon = 0$，流量与同心环形缝隙的相同。当偏心最大，即 $\varepsilon = 1$ 时，压差流量达最大值，且等于同心时的 2.5 倍。

习题与思考题

1. 已知图 4-20 所示运动平板与固定平板间的间隙为 $\delta = 0.1$mm，中间油液的动力粘度系数 $\mu = 0.1$Pa·s，上板长 $L = 10$cm，宽 $b = 10$cm，运动速度 $U = 1.0$m/s，相对压强 $p_{e1} = 0$，$p_{e2} = 10^6$Pa，试求维持上板运动所需要的拉力 F。

2. 已知图 4-21 中所示的液压缸内油的相对压强 $p_e = 29.418 \times 10^4$Pa，油的动力黏度系数 $\mu = 0.1$Pa·s，柱塞的直径 $d = 50$mm，柱塞与套筒间的径向缝隙 $\delta = 0.05$mm，套筒的长度 $L = 300$mm。设以力 F 推着柱塞使其保持不动，试求油的漏损流量 Q。

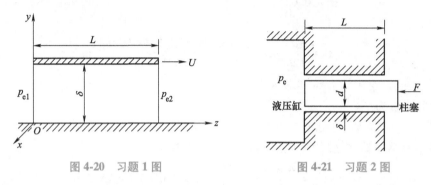

图 4-20　习题 1 图　　　　　　　　图 4-21　习题 2 图

3. 齿轮泵的齿顶与泵壳之间留有缝隙 δ（如图 4-22 所示，近似认为 δ = 常数）。设齿两侧的压强 $\Delta p = p_2 - p_1$，齿厚为 L，齿宽为 b，则经缝隙的泄漏流量 $Q = b\int_0^\delta u_z \mathrm{d}y$，试求 Q 为最小时的缝隙 δ 及相应的泄漏流量 Q_{min}。

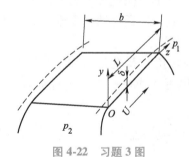

图 4-22　习题 3 图

模块五
管路计算

流体在管路中的流动应用非常广泛。本模块着重介绍管路的布置、受水击的压力及总流伯努利方程和能量损失方程在管路计算中的应用，最后介绍明渠流的计算。

项目一　管路计算的基本方法

学习目标

　　了解有压管路的布置分类；掌握简单管路、串联管路、并联管路、分支管路计算的基本方法。

一、管路的基本分类

1. 按管路的布置分

　　按布置可将管路分为简单管路和复杂管路两类：直径沿程不变而且没有分支的管路称为简单管路；不符合简单管路条件的均为复杂管路。复杂管路都是由若干条简单管路以一定方式组合而成的。按组合形式不同，复杂管路又可分为串联管路、并联管路和分支管路，分别如图 5-1a~c 所示。

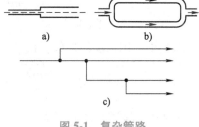

图 5-1　复杂管路

2. 按能量损失的比例分

　　按管路中沿程损失 $\sum h_f$ 和局部损失 $\sum h_j$ 在总损失 h_w 中所占的比例可将管路分为长管和短管。

　　1）长管。局部损失在总损失中所占的比例较小（通常为 $\sum h_j / h_w < 5\%$）的管路称为水力长管，简称长管。在这类管路中，往往不考虑局部损失而将沿程损失近似看做管路的总损失，即 $h_w \approx \sum h_f$。如城市供水管、矿井主排水管和一些输油管。

2）短管。局部损失不能忽略的管路称为水力短管，简称短管，此时，$h_w = \sum h_f + \sum h_j$。常见的短管系统有水泵的吸水管、锅炉的送风管以及液压系统中的管路等。

所谓"长管"和"短管"并不是指管路的几何长度，而是针对水头损失 h_w 的计算特点而言。当然，根据所要求的精度不同，划分的界限也可变动。

二、 管路的基本计算

1. 简单管路

图 5-2 所示的水池通过一长度为 l、直径为 d 的管路向外放水。设液面与管路出口的高度差为 H。以管路出口为基准，写出断面 1-1 和 2-2 的伯努利方程。

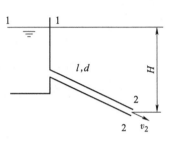

$$H + \frac{p_a}{\gamma} + \frac{v_1^2}{2g} = 0 + \frac{p_a}{\gamma} + \frac{v_2^2}{2g} + h_w$$

因 $v_1 \ll v_2$，故上式可写成

$$H = h_w + \frac{v_2^2}{2g} \qquad (5-1)$$

图 5-2　简单管路

式（5-1）表明：简单管路中，单位重量流体所具有的能量（势能）H，一部分用来克服阻力，其余的转变成动能。

利用式（5-1）可以解决工程中以下三类问题：

1）已知管路布置尺寸（l, d）和通过的流量 Q，计算水头损失 h_w 或作用水头 H。

2）已知管路尺寸（l, d）和作用水头 H，计算管路的通流能力 Q。

3）在作用水头 H 和流量 Q 给定的情况下，设计管路（已知管长 l，求管径 d；或已知管径，求管长）。

例 5-1　对图 5-2 所示的管路系统。若已知作用水头 $H = 50\text{m}$，管长 $l = 2000\text{m}$，水温 20℃（$\nu = 10^{-6}\text{m}^2/\text{s}$）。为保证供水量 $Q = 0.2\text{m}^2/\text{s}$，应选多大管径的铸铁管（$\Delta = 0.4\text{mm}$）？

解： 这属于第 3）类问题。因管径未知，无法求得 λ，故采用试算办法，且按长管计算。先取 $d = 300\text{mm}$，则

$$v = \frac{4Q}{\pi d^2} = \frac{4 \times 0.2}{\pi \times 0.3^2}\text{m/s} = 2.83\text{m/s}$$

按 $\text{Re} = vd/\nu = 2.83 \times 0.3/10^{-6} = 8.49 \times 10^5$ 和 $\Delta/d = 0.4/300 = 0.00133$，查莫迪图得 $\lambda = 0.0225$。不计出口动能损失，由式（5-1）可得 $H = h_w = h_f$，利用达西公式整理得

$$d = \sqrt[5]{\frac{8lQ^2}{\pi^2 gH}} = \sqrt[5]{\frac{8 \times 2000 \times 0.2^2}{\pi^2 \times 9.806 \times 50}}\lambda = 0.6672\sqrt[5]{\lambda} \qquad (A)$$

将 $\lambda = 0.0225$ 代入式（A），计算得 $d = 312\text{mm}$。

按 $d = 312\text{mm}$ 再次循环计算：

根据 $\text{Re} = \frac{vd}{\nu} = \frac{4Q}{\pi d\nu} = \frac{4 \times 0.2}{\pi \times 0.312 \times 10^{-6}} = 8.2 \times 10^5$ 和 $\frac{\Delta}{d} = \frac{0.4}{312} = 0.0013$，再查莫迪图得

$\lambda \approx 0.0221$，代入式（A）得，$d = 0.6672 \times \sqrt[5]{0.0221}\text{mm} = 311\text{mm}$。

最后两次计算结果已非常接近。所以为保证 $Q = 0.2\text{m}^3/\text{s}$，铸铁管的管径应为 312mm。

2. 串联管路

将直径不同的简单管路首尾相接便构成串联管路。所以，串联管路的特点是：各条管路中的流量相等，等于总流量；各管路的水头损失之和等于管路的总损失，即

$$\left.\begin{array}{l} Q = Q_1 = Q_2 = \cdots = Q_n \\ h_w = h_{w1} + h_{w2} + \cdots + h_{wn} \end{array}\right\} \tag{5-2}$$

下面以例题的形式来说明串联管路的计算。

例 5-2　矿井排水管路系统如图 5-3 所示。排水管出口到吸水井液面的高差（称为测地高度）为 $H_c = 530\text{m}$，吸水管直径 $d_1 = 0.25\text{m}$，水力长度 $L_1 = 40\text{m}$，$\lambda_1 = 0.025$。排水管直径 $d_2 = 0.2\text{m}$，水力长度 $L_2 = 580\text{m}$，$\lambda_2 = 0.028$。不计算空气造成的压差。当流量 $Q = 270\text{m}^3/\text{h}$ 时，求水泵所需的扬程（即水泵给单位重量流体所提供的能量）H。

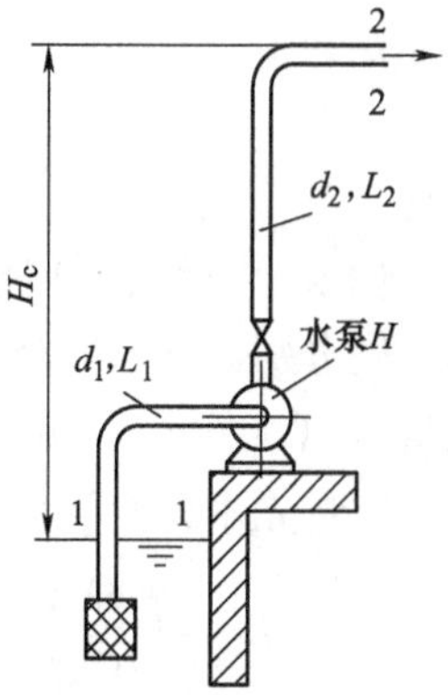

解：这是一条串联管路，所以 $Q = Q_1 = Q_2$，$h_w = h_{w1} + h_{w2}$。以吸水井液面为基准，对断面 1 和 2 写出有能量输入的伯努利方程

$$0 + \frac{p_{a1}}{\gamma} + 0 + H = H_c + \frac{p_{a2}}{\gamma} + \frac{v_2^2}{2g} + h_w$$

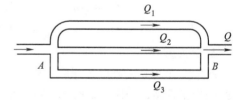

图 5-3　矿井排水管路

因不计空气造成的压差，则 $p_{a1} = p_{a2}$，又因 $v_2^2/(2g) \ll H_c$，所以

$$H = H_c + h_w = H_c + R_1 Q_1^2 + R_2 Q_2^2 = H_c + (R_1 + R_2)Q^2$$

其中

$$R_1 = \frac{8L_1\lambda_1}{\pi^2 g d_1^5} = \frac{8 \times 40 \times 0.025}{\pi^2 \times 9.806 \times 0.25^5}\text{s}^2/\text{m}^5 = 84.6\text{s}^2/\text{m}^5$$

$$R_2 = \frac{8L_2\lambda_2}{\pi^2 g d_2^5} = \frac{8 \times 580 \times 0.028}{\pi^2 \times 9.806 \times 0.25^5}\text{s}^2/\text{m}^5 = 4195\text{s}^2/\text{m}^5$$

所以 $H = 530\text{m} + (84.6 + 4195) \times (270/3600)^2\text{m} = 554.1\text{m}$，即当水泵的扬程为 554.1m 时，才能满足给定的排水要求。

3. 并联管路

并联管路是由若干条简单管路（或串联管路）首、尾分别连接在一起而构成的，如图 5-4 所示。

对节点 A 和 B 写出伯努利方程

$$z_A + \frac{p_A}{\gamma} + \frac{v_A^2}{2g} = z_B + \frac{p_B}{\gamma} + \frac{v_B^2}{2g} + h_w$$

由此可知，从 A 点开始，不论流体从哪一条

图 5-4　并联管路

支管流到 B 点，单位重量流体的损失，即水头损失 h_w 是相等的。这里必须留意：切勿将水头损失 h_w 误解为总能量损失。若设流动的时间为 t，则各支管的总能量损失为 $E_i = \gamma Q_i t h_w$。当各管的流量 Q_i 不等时，总能量损失 E_i 是不相等的。

根据以上的分析，并联管路的特点是：

$$\left.\begin{array}{l} Q = Q_1 + Q_2 + \cdots + Q_n \\ h_w = h_{w1} = h_{w2} = \cdots = h_{wn} \end{array}\right\} \tag{5-3}$$

若将并联管路用一条等效管路来代替，则可根据并联的特点计算出并联等效管路的管阻

R。推导如下：

对任一支管，有 $h_{wi} = R_i Q_i^2$。将 $Q_i = \sqrt{h_{wi}}/\sqrt{R_i} = \sqrt{h_w}/\sqrt{R_i}$ 代入式（5-3）的第一式得总流量：

$$Q = \left(\frac{1}{\sqrt{R_1}} + \frac{1}{\sqrt{R_2}} + \cdots + \frac{1}{\sqrt{R_n}}\right)\sqrt{h_w} = \frac{\sqrt{h_w}}{\sqrt{R}} \tag{A}$$

所以，并联等效管路的管阻 R 就可通过下式求得

$$\frac{1}{\sqrt{R}} = \frac{1}{\sqrt{R_1}} + \frac{1}{\sqrt{R_2}} + \cdots + \frac{1}{\sqrt{R_n}} = \sum_{i=1}^{n}\frac{1}{\sqrt{R_i}} \tag{5-4}$$

而且

$$h_w = RQ^2 \tag{5-5}$$

例 5-3　对图 5-4 所示的并联管路，设各支管的沿程阻力系数相等，且 $\lambda = 0.026$，直径和长度分别为 $d_1 = 0.15$，$l_1 = 100$m；$d_2 = 0.1$m，$l_2 = 80$m；$d_3 = 0.125$m，$l_3 = 150$m。今测得总流量 $Q = 0.07\text{m}^3/\text{s}$，试按长管计算各支路中的流量和管 1 的水头损失。

解： 先求各支管的管阻

$$R_1 = \left(\frac{8\lambda}{\pi^2 g}\right)\frac{l_1}{d_1^5} = \frac{8 \times 0.026}{\pi^2 \times 9.806} \times \frac{l_1}{d_1^5} = 0.00215 \times \frac{100}{0.15^5}\text{s}^2/\text{m}^5 = 2831\text{s}^2/\text{m}^5$$

$$R_2 = 0.00215 l_2/d_2^5 = 0.00215 \times \frac{80}{0.1^5}\text{s}^2/\text{m}^5 = 17200\text{s}^2/\text{m}^5$$

$$R_3 = 0.00215 l_3/d_3^5 = 0.00215 \times \frac{150}{0.125^5}\text{s}^2/\text{m}^5 = 10568\text{s}^2/\text{m}^5$$

由式（5-4）得并联等效管的管阻为

$$R = \left(\sum_{i=1}^{3}\frac{1}{\sqrt{R_i}}\right) = \left(\frac{1}{\sqrt{2831}} + \frac{1}{\sqrt{17200}} + \frac{1}{\sqrt{10568}}\right)^{-2}\text{s}^2/\text{m}^5 = 765.3\text{s}^2/\text{m}^5$$

水头损失　　　　$h_{w1} = h_w = RQ^2 = 765.3 \times 0.07^2\text{m} = 3.75\text{m}$

所以　　　　　　$Q_1 = \sqrt{h_w/R_1} = \sqrt{3.75/2831}\text{m}^3/\text{s} = 0.0364\text{m}^3/\text{s}$

$$Q_2 = \sqrt{h_w/R_2} = \sqrt{3.75/17200}\text{m}^3/\text{s} = 0.0148\text{m}^3/\text{s}$$

$$Q_3 = \sqrt{h_w/R_3} = \sqrt{3.75/10568}\text{m}^3/\text{s} = 0.0188\text{m}^3/\text{s}$$

4. 分支管路

各条支管在分流节点分开后不再汇合的管路就是分支管路，如图 5-5 所示。在分流节点 C 处，流量满足连续性条件：流进节点的流量等于流出节点的流量，即 $Q_0 = Q_1 + Q_2 + q$。

例 5-4　水箱 A 中的水通过图 5-5 所示的管路放出。管路 2 的出口通大气。各有关参数为 $z_0 = 15$m，$z_1 = 5$m，$z_2 = 0$；$d_0 = 150$mm，$l_0 = 50$m；$d_1 = d_2 = 100$mm，$l_1 = 50$m，$l_2 = 70$m。若总流量 $Q_0 = 0.053\text{m}^3/\text{s}$，各管的沿程阻力系数均为 $\lambda = 0.025$。按长管计算，则

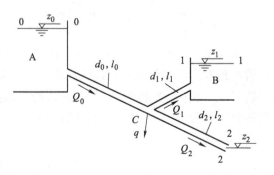

图 5-5　分支管路

1）求各管中的流量和泄流量 q。

2）若关闭泄流口（即 $q=0$），问水箱 B 中的水面升高到多少时，$Q_1=0$，此时的流量又是多少？

解：1）列断面 0-0 和 1-1 间的伯努利方程为

$$z_0 = z_1 + h_{w0} + h_{w1}$$

或

$$z_0 - z_1 = R_0 Q_0^2 + R_1 Q_1^2 = (15 - 5)\,\text{m} = 10\,\text{m} \tag{A}$$

不计管 2 出口动能，写出断面 0-0 和 2-2 的伯努利方程，即

$$z_0 - z_2 = R_0 Q_0^2 + R_2 Q_2^2 = (15 - 0)\,\text{m} = 15\,\text{m} \tag{B}$$

又

$$R_0 = \left(\frac{8\lambda}{\pi^2 g}\right)\frac{l_0}{d_0^5} = \frac{8 \times 0.025}{\pi^2 \times 9.806} \times \frac{50}{0.15^5}\,\text{s}^2/\text{m}^5 = 1362\,\text{s}^2/\text{m}^5$$

同理可得 $R_1 = 10332\,\text{s}^2/\text{m}^5$；$R_2 = 14465\,\text{s}^2/\text{m}^5$。

将对应的管阻代入式（A）和式（B），分别解得

$$Q_1 = \left(\frac{10 - R_0 Q_0^2}{R_1}\right)^{\frac{1}{2}} = \left(\frac{10 - 1362 \times 0.053^2}{10332}\right)^{\frac{1}{2}}\,\text{m}^3/\text{s} = 0.0244\,\text{m}^3/\text{s}$$

$$Q_2 = \left(\frac{10 - R_0 Q_0^2}{R_2}\right)^{\frac{1}{2}} = \left(\frac{15 - 1362 \times 0.053^2}{14465}\right)^{\frac{1}{2}}\,\text{m}^3/\text{s} = 0.0278\,\text{m}^3/\text{s}$$

泄流量　$q = Q_0 - Q_1 - Q_2 = (0.053 - 0.0244 - 0.0278)\,\text{m}^3/\text{s} = 0.0008\,\text{m}^3/\text{s}$

2）当 $q = Q_1 = 0$ 时，$Q_0 = Q_2 = Q$，由式（B）得

$$Q = \left(\frac{15}{R_0 + R_2}\right)^{\frac{1}{2}} = \left(\frac{15}{1362 + 14465}\right)^{\frac{1}{2}}\,\text{m}^3/\text{s} = 0.0308\,\text{m}^3/\text{s}$$

对断面 0 和节点 C 处，可写出

$$z_0 + \frac{p_a}{\gamma} + 0 = z_x + \frac{p_C}{\gamma} + \frac{v_C^2}{2g} + h_{w0}$$

或

$$z_C + \frac{p_C - p_a}{\gamma} = z_0 - \frac{v_C^2}{2g} - R_0 Q^2 \tag{C}$$

因 $Q_1 = 0$，管 1 中的流体是静止的。设此时水箱 B 液面标高为 z_1'，则由流体静力学基本方程得，$z_C + p_C/\gamma = z_1 + p_a/\gamma$。代入式（C），得

$$z_1' = z_0 - \left(\frac{8}{\pi^2 g d_0^4} + R_0\right) Q_0^2 = 15\,\text{m} - \left(\frac{8}{\pi^2 \times 9.806 \times 0.15^4} + 1362\right) \times 0.0308^2\,\text{m} = 13.25\,\text{m}$$

从此例看出，分支管路的计算并不复杂，但要特别注意水头损失是分段计算。即在分支点或泄流点前、后的损失应分别计算。例如，对图 5-6 所示的管路。断面 1-1 到 4-4 的水头损失因各段的流量不同应分段计算如下：

$$h_{w1\text{-}4} = h_{w1\text{-}2} + h_{w2\text{-}3} + h_{w3\text{-}4}$$

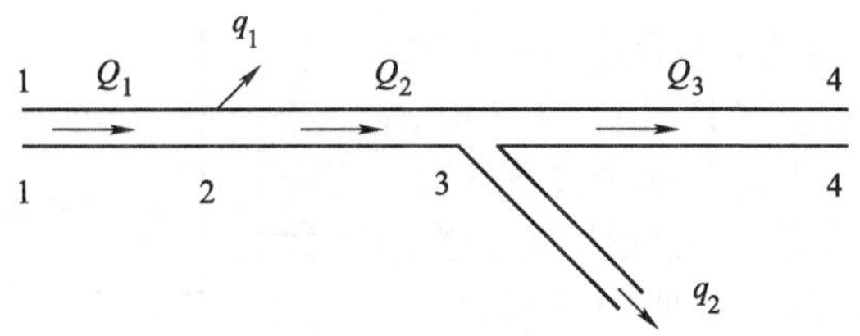

图 5-6　泄流、分支管路

习题与思考题

1. 有压管路按布置和计算特点怎样分类？

2. 输水管长 $l=100\text{m}$，管径 $d=0.3\text{m}$，$\Delta=0.3\text{mm}$。水温为 20℃时，测得沿程损失 $h_\text{f}=1.3\text{m}$。用试算法求管中流量 Q。

3. 图 5-7 所示设备 A 所需润滑油的流量 $Q=0.4\text{cm}^3/\text{s}$。油从高位油箱 B 经 $d=6\text{mm}$、$l=5\text{m}$ 的油管供给。设管路两端均为大气压，油的黏度 $\nu=1.5\times10^{-4}\text{m}^2/\text{s}$，求油箱液面高度 h（按长管计算）。

4. 泵送供水管路如图 5-8 所示。已知吸水管 $d_1=225\text{mm}$，$l_1=7\text{m}$，$\lambda_1=0.025$，$\zeta_1=4$；排水管 $d_2=200\text{mm}$，$l_2=50\text{m}$，$\lambda_2=0.028$；$H_\text{c}=45\text{m}$。设水泵的扬程 H 与流量 Q 的关系为 $H=65-2500Q^2$。不计其他局部损失，该管路每昼夜的供水量是多少？

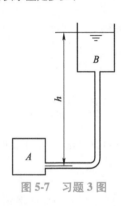
图 5-7 习题 3 图

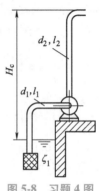
图 5-8 习题 4 图

项目二 有压管路中的水击

学习目标

了解水击现象和水击的传播；掌握水击强度的计算及减弱水击的措施。

在有压管路中流动的液体，如因某种原因（如阀门突然关闭，水泵突然停转等）使其速度瞬间改变，必然引起管中液体的压力急剧变化。对管道或其他管件来说，液体压力的交替剧变好比使它们受到了液体的锤击。因此，管路中因某种原因使液体压力交替剧变的现象称为水击锤击，简称水击。

一、 水击现象和水击压力的传播

设有一直径为 d、长度为 l 的管道与一恒位水箱连接，如图 5-9 所示。当打开阀门 B 时，管中的水以速度 v_0 流动。下面分四个过程来分析阀门突然关闭时，管中压力的变化及传播。设阀门关闭前管中的流速为 v_0，阀门处的压力为 p_0。

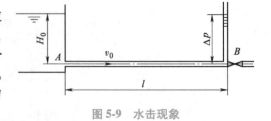
图 5-9 水击现象

（1）减速、升压过程（$0 \leq t < l/c$）　阀门 B 突然关闭时，紧靠阀门的一层液体首先受阻而停止，速度从 v_0 瞬间降为零。但后面的流体并没停止，而是继续向前流动，使前面的流体受压缩，压力增加了一个有限值 Δp。紧接着后面的各层流体相继停止，压力也相继增加 Δp。这好比一个强度为 Δp 的压力波从阀门 B 处逆流向管口 A 传播。其传播速度 c 与液体的压缩性和管道的性质有关。这一过程所需的时间 $\Delta t = l/c$。

（2）压力恢复过程（$l/c \leq t < 2l/c$）　当压力波传到管口 A 时，所有流体都处于暂时的静止状态。因水箱很大，其中液体的压力基本维持原来的数值。因管中的压力比水箱中的高出 Δp，静止状态不能保持下去。紧邻管口 A 处液体将以速度 v_0 倒流入水箱，同时其受压状态也被解除，压力恢复到原来的数值。紧接着后面的液体也相继解除受压状态而恢复到原来的压力。直至阀门 B 处，整个管中的压力全部得到恢复。这一过程所需的时间也是 l/c。

（3）压力降低过程（$2l/c \leq t < 3l/c$）　当压力恢复至阀门 B 时，紧挨着阀门的液体也松开了。但因惯性的作用，液体仍然具有以速度 v_0 离开阀门的流动趋势。随之而来的是阀门处液体的压力继续降低。当速度再次变为零时，阀门 B 处的压力反而比原有压力降低了 Δp。接着这一压力波又沿管道向水箱传播。直到管口 A 时，管内的压力全都比水箱中的低了 Δp。这一过程所需时间也是 l/c。

（4）压力恢复过程（$3l/c \leq t < 4l/c$）　因在时刻 $t = 3l/c$ 时，水箱中的压力比管中的高 Δp，水将再次以 v_0 流进管中而使管中的压力再次恢复到原来数值。又经时间 $\Delta t = l/c$ 后，整个管中的压力得到恢复，液体仍以速度 v_0 向阀门流动，也就是说，当 $t = 4l/c$ 时，管内状态与 $t = 0$ 时的完全相同。

如果此时（即 $t = 4l/c$ 时），阀门打开了，流体将以速度 v_0 流出管道，水击现象随之消失。若此时阀门仍是关闭的，管中液体将再次重复（1）～（4）的水击过程。

上述（1）～（4）的水击过程中，管内压力及速度的变化如图 5-10 所示。从图中看出，水击过程中，管内任一断面上的压力是交替变化的，速度也是如此。以阀门 B 处为例，设 p_0 为正常压力。当水击发生时，压力随时间的变化如图 5-11 所示。B 处的压力每经时间 $t_0 =$

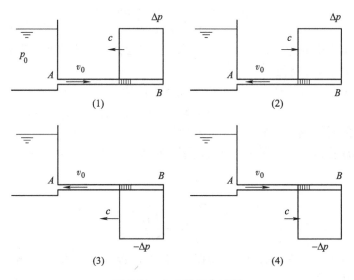

图 5-10　水击的四个过程

$2l/c$ 时互换一次。t_0 恰好是压力波在管中往返一次所需的时间，称为水击波相。压力循环变化一次所需的时间（即周期）$T = 2t_0 = 4l/c$。

上述讨论是理想化的水击过程，实际的水击过程并非如此，首先是压力的变化不是瞬间完成的；其次是由于黏性和管道变形必将消耗一部分水击能量，使水击压力逐渐减弱，最终消失。

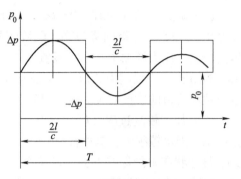

图 5-11 水击压力的变化

实际上，阀门 B 不可能在瞬间关闭，总有一个关闭时间 t'。根据 t' 与波相 t_0 的大小，常将水击分为直接水击（$t' \leq t_0$）和间接水击（$t' > t_0$）。直接水击时，因 $t' \leq t_0$。这说明在压力波返回之前，阀门已经关闭。因而造成的水击压力比较大。对间接水击，因 $t' > t$，当压力波返回时阀门尚未完全关闭，使得部分水击压力得以通过阀门向外释放，因而它产生的水击压力较直接水击来得小。

二、 水击强度的计算

水击时的最大升压（或降压）值称为水击强度，用 Δp 表示，下面讨论阀门突然关闭时水击强度的计算。

从阀门开始关闭起，经时间 Δt 后，压力波向左传播了 $\Delta l = \Delta t c$ 的距离。在 Δl 内的液体速度等于零，其两端的压力分别为 p_0 和 $p_0 + \Delta p$，如图 5-12 所示。取 Δl 内的液体为研究对象，则在 Δt 内这段液体的动量变

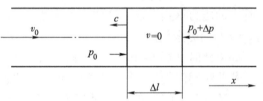

图 5-12 推导水击强度用图

化了 $0 - \rho A \Delta l v_0$。而在 Δt 内，作用在这段液体上的冲量为 $[p_0 A - (p_0 + \Delta p)A]\Delta t = -\Delta p A \Delta t$。根据动量定理，有

$$- \Delta p A \Delta t = -\rho A \Delta l v_0 = -\rho A c \Delta t v_0$$

所以
$$\Delta p = \rho c v_0 \tag{5-6}$$

此即直接水击强度的计算公式。它表明水击强度 Δp 等于流体的密度 ρ、流速 v_0 和压力波在流体中的传播速度 c 的乘积。

若为间接水击，相应的水击强度可按下式近似计算：

$$\Delta p = \rho v_0 c t_0 / t' \qquad (t' > t_0) \tag{5-7}$$

由此可见，关阀的时间越长，水击压力就越小。

压力波在弹性管道中的传播速度 c 可用下式计算：

$$c = \frac{\sqrt{\dfrac{E}{\rho}}}{\sqrt{1 + \dfrac{DE}{\delta E_0}}} \tag{5-8}$$

其中，E 为流体的弹性模数，E_0 为管壁材料的弹性模数，可取 $E_0 = 19.6 \times 10^9 \mathrm{Pa}$。$D$ 和 δ 分别为管子的内径和壁厚。

如果管道是刚性的，则 $E_0 \to \infty$，上式变成

$$c = \sqrt{\frac{E}{\rho}} \qquad (5\text{-}9)$$

这就是压力波在刚性管道或无限流体中的传播速度，即音速。对于水，取 $E = 2 \times 10^9 \text{Pa}$，$\rho = 1000 \text{kg/m}^3$，则声音在水中的传播速度可由式（5-9）计算得 $c = 1414 \text{m/s}$。

例 5-5　密度 $\rho = 1000 \text{kg/m}^3$ 的水在直径 $D = 0.25 \text{m}$、壁厚 $\delta = 8 \text{mm}$ 的钢管中以速度 $v_0 = 2.0 \text{m/s}$ 流动。若阀门突然关闭，求水击强度 Δp。

解：由式（5-8）得压力波在管中的传播速度为

$$c = \frac{\sqrt{\dfrac{E}{\rho}}}{\sqrt{1 + \dfrac{DE}{\delta E_0}}} = \frac{\sqrt{\dfrac{2 \times 10^9}{1000}}}{\sqrt{1 + \dfrac{250 \times 2 \times 10^9}{8 \times 19.6 \times 10^9}}} \text{m/s} = 1231.4 \text{m/s}$$

$$\Delta p = \rho v_0 c = 1000 \times 2 \times 1231.4 \text{Pa} = 2.46 \times 10^6 \text{Pa}$$

水击强度相当于 251m 水柱的压力，如此高的压力增量有可能使管子破裂或使装在管道上的仪表损坏。

三、减弱水击的措施

从上述讨论可知，水击压力是很大的。无论压力是升高还是降低，都会影响管路系统正常工作，因此，设法减小水击的影响是很必要的。可以采取的措施有：

1）在靠近可能产生水击的地方装设蓄能器或安全阀，以缩小水击波影响的范围或释放部分水击能量。

2）尽量使阀门动作平缓。在条件允许的情况下，延长阀门动作的时间，避免发生直接水击。

3）在管道上安装调压塔，使水击压力尽快衰减。

实际工程中可视具体情况采取相应措施。另外还需指出，水击对管路系统虽是有害的，但它也存在有利的一面，利用水击原理，可设计出水力扬水器。借助自然水流的速度可将水从低位送至高位，再利用高处水的势能进行灌溉或发电。

 习题与思考题

1. 什么是水击现象？产生水击现象的原因是什么？

2. 水击过程中管中压力和速度如何变化及传播？

3. 减弱水击的常见措施有哪些？

模块六
相似原理和量纲分析

对理想流体的无旋流动和黏性流体的层流流动，可以直接应用数学工具进行理论分析和求解，必要时还可通过计算机求得数值解。但对于工程中常见的紊流流动，仅靠理论分析是不够的，难以用微分方程去描述，例如黏性流体在管内的流动和通过局部装置的流动，只能通过实验才能确定沿程损失和局部损失；描述流动的微分方程组虽能导出，但求解困难，需要通过实验结果进行化简。因此，实验在研究中起着举足轻重的作用。

本模块介绍模型设计和实验研究必须遵循的原理，实验变量的选择和实验结果的分析整理。

项目一　相似原理

学习目标

了解流动现象相似的概念，认识两种流动现象相似的条件和相似原理；掌握相似性准则及其应用。

一、流动现象相似的概念

实验总是针对某种特定的流动现象进行的。如何把特定条件下的实验结果推广应用到其他相似的流动中去，使得通过对某种流动的实验的研究就能掌握所有与之类似的流动规律，自然就成为实验研究必须首先解决的重要问题。为此，人们通过长期的科学实验，终于探索和总结出以相似原理为基础的模型实验方法。运用相似原理，将实物（或原型）缩小或放大制成模型，然后就可通过模型的实验结果推知原型中的流动规律或特性。也可根据相似原理，通过水在管中的流动去研究空气在通风网路中的流动。

为了使模型的实验结果能推广应用到原型中，必须使发生在模型中的流动现象与发生在原型中的相似。怎样才能做到两流动现象相似呢？这就是相似原理需要解决并且已经解决了的问题。相似原理告诉我们，要使两流动现象相似，必须满足力学相似条件，即几何相似、运动相似和动力相似。

二、相似条件

1. 几何相似

几何相似是指发生在模型与原型中的流动边界几何形状相似，即对应的角度相等，对应的边长成比例。例如，对图 6-1 所示的两个渐扩管中的流动应有

$$\alpha = \alpha' \quad \frac{d}{d'} = \frac{D}{D'} = \frac{L}{L'} = K_1 \tag{6-1}$$

式中 K_1——几何相似常数。

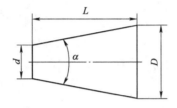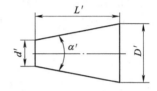

图 6-1 几何相似

几何相似时，对应的面积和体积也各成比例，即

$$\frac{A}{A'} = \frac{l}{l'} = K_1^2 \qquad \frac{V}{V'} = \frac{l^3}{l'^3} = K_1^3$$

严格来说，几何相似时，对应的壁面粗糙高度也应相似。

2. 运动相似

运动相似是指模型和原型中对应点上的同名速度方向相同，大小成比例。对图 6-2 所示的 A 点和 A' 点，当运动相似时，必有

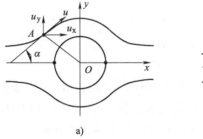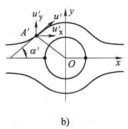

a)　　　　　　　　　　　　　　b)

图 6-2 运动相似

$$\alpha = \alpha' \quad \frac{u}{u'} = \frac{u_x}{u_x'} = \frac{u_y}{u_y'} = K_u \tag{6-2}$$

式中 K_u——运动相似常数速度常数。

运动相似时，对应断面上的速度分布曲线的形状相似。如图 6-3 所示，断面 1 与 1' 和 2 与 2' 上的速度分布分别相似。

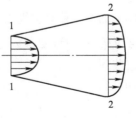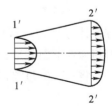

图 6-3 速度分布相似

运动相似时，流体质点走过对应距离所需的时间也成比例，即 $K_t = t/t'$。所以

$$K_u = \frac{u}{u'} = \frac{l/t}{l'/t'} \frac{K_l}{K_t} \tag{6-3}$$

同理，加速度也应相似，即

$$K_a = \frac{a}{a'} = \frac{l/t^2}{l'/t'^2} \frac{K_l}{K_t^2} \tag{6-4}$$

式中 K_t——时间相似常数；

  K_a——加速度相似常数。

3. 动力相似常数

动力相似常数也称力相似。其内容是：对应点上流体质点所受到的同名力方向相同，大小成比例。

设作用在流体上的力有 F_1、F_2、F_3 和 F_4，它们的合力用 $\sum F$ 表示。对图 6-2 所示的对应点 A 和 A'，假设流体质点的受力情况如图 6-4 所示。动力相似时，各力的大小应满足

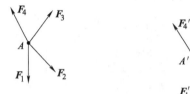

$$\frac{F_1}{F_1'} = \frac{F_2}{F_2'} = \frac{F_3}{F_3'} = \frac{F_4}{F_4'} = \frac{\sum F}{\sum F'} = K_F \tag{6-5}$$

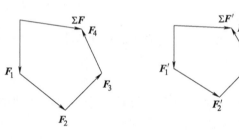

K_F 称为力相似常数。由图 6-4 看出，动力相似时，各作用力构成的力多边形相似。

图 6-4 动力相似

除前面提及的各相似常数外，还有表征流体物性的相似常数，如密度相似常数 $K_\rho = \rho/\rho'$，黏度相似常数 $K_u = u/u'$，温度相似常数 $K_T = T/T'$。对非定常流动，还要满足初始条件相似。

在上述三个相似条件中，几何相似是必要的前提。没有几何相似就谈不上运动相似和动力相似。动力相似是决定性条件。运动相似则是几何相似和动力相似的必然结果。也就是说，当几何相似和动力相似的条件满足时，运动相似条件自然满足。

三、 动力相似准则

一般情况下，作用在流体上的力主要有黏性力 F_τ、重力 F_g、压力 F_p，对可压缩流体还有弹性力 F_e。这些作用力与我们熟知的流动参数之间有何关系？怎样才能判断各作用力是否相似？下面就来分析解决这些问题。

将式（6-5）写成更具体的形式

$$\frac{\sum F}{\sum F'} = \frac{F_\tau}{F_\tau'} = \frac{F_g}{F_g'} = \frac{F_p}{F_p'} = \frac{F_e}{F_e'} = K_F \tag{6-6}$$

我们知道，流体所具有的惯性力大小为

$$F_a = ma \propto \rho Va \propto \rho l^3 u/t = \rho l^2 u^2$$

即惯性力 F_a 与 $\rho l^2 u^2$ 成比例，其中 l 为某一特征长度。为叙述简便，以后暂不考虑比例常数而将 $\rho l^2 u^2$ 称为惯性力。根据牛顿第二定律

$$\sum F = ma \propto \rho l^2 u^2$$

所以合外力的比值可表示成

$$\frac{\sum F}{\sum F'} = \frac{F_a}{F_a'} = \frac{\rho l^2 u^2}{\rho' l'^2 u'^2} = K_\rho K_l^2 K_u^2 \tag{6-7}$$

或

$$K = \frac{K_F}{K_\rho K_l^2 K_u^2} = 1 \tag{6-8}$$

其中，K 称为相似指标。模型与原型中的流动只有在相似指标等于 1 时才能满足动力相似条件。这一结论称为相似第一定理（前述的相似条件称为相似第二定理）。

令

$$N_e = \frac{\sum F}{\rho l^2 u^2} = \frac{合外力}{惯性力} \tag{6-9}$$

N_e 称为牛顿数。它是一个表示作用在流体上的合外力与流体的密度、速度及线性尺寸之间关系的无量纲数。

由式（6-7）可得，$N_e = \dfrac{\sum F}{\rho l^2 u^2} = \dfrac{\sum F'}{\rho' l'^2 u'^2} = N_e'$，即动力相似时，模型与原型在对应点上的牛顿数相等。但是，牛顿数相等，只能说明合外力相似，并不能保证动力相似。这是因为合力是由各分力组成的，合力相似只说明模型与原型在对应点上合力的方向相同，大小成比例。这并不等于力多边形相似。所以，牛顿数仅是表征合外力相似的准则。

动力相似时，对应点上各同名力必然符合式（6-6）。根据 $\sum F \propto \rho l^2 u^2$ 就可得到判别各分力相似与否的准则。

1. 黏性力相似准则——雷诺数 Re

作用在流体上的黏性力 $F_\tau = \tau A \propto \mu \dfrac{\mathrm{d}u}{\mathrm{d}y} l^2 \propto \mu \dfrac{u}{l} l^2 = \mu u l$。惯性力与黏性力的比值称为雷诺数，即

$$Re = \frac{惯性力}{黏性力} = \frac{\rho l^2 u^2}{\mu u l} = \frac{\rho l u}{\mu} = \frac{l u}{\nu} \tag{6-10}$$

动力相似时，因 $\dfrac{\sum F}{\sum F'} = \dfrac{F_a}{F_a'} = \dfrac{\rho l^2 u^2}{\rho' l'^2 u'^2} = \dfrac{F_\tau}{F_\tau'}$。根据定义式（6-10），则有

$$Re = \frac{l u}{\nu} = \frac{l' u'}{\nu} = Re'$$

此式说明，动力相似时，模型与原型在对应点上的雷诺数必相等。反之，雷诺数相等，则黏性力必然相似。所以，雷诺数是表征黏性力相似与否的判别准则。

2. 重力相似准则——弗劳德数 Fr

流体所受的重力 $F_g = \rho g V \propto \rho g l^3$。重力与惯性力的比值定义为弗劳德数，即

$$Fr = \frac{重力}{惯性力} = \frac{\rho g l^3}{\rho l^2 u^2} = \frac{gl}{u} \qquad (6\text{-}11)$$

动力相似时，利用式（6-6）可导出

$$Fr = \frac{gl}{u} = \frac{g'l'}{u'} = Fr'$$

即动力相似时，对应点上的弗劳德数相等。反之，对应点上的弗劳德数相等，则重力必定相似。弗劳德数是重力相似的判别准则。

3. 压力相似准则——欧拉数 Eu

流体所受的总压力 F_p 的大小与其面积 A 成正比，即 $F_p = pA \propto pl^2$。总压力与惯性力的比值就是欧拉数，即

$$Eu = \frac{总压力}{惯性力} = \frac{\rho l^2}{\rho l^2 u^2} = \frac{p}{\rho u^2} \qquad (6\text{-}12a)$$

欧拉数是压力相似的判别准则。就是说，若两流动对应点上的欧拉数相等，则表明压力是相似的。如果两流动的动力相似，Eu 必然相等。

工程中还常用流场中两点（或两断面间）的压力差 Δp 来代替式（6-12）中的压力 p，得到欧拉数的另一形式：

$$Eu = \frac{\Delta p}{\rho u^2} \qquad (6\text{-}12b)$$

压力相似时，$Eu = Eu'$，所以

$$\frac{\Delta p}{\rho u^2} = \frac{\Delta p'}{\rho u'^2} \qquad (6\text{-}13)$$

值得注意的是，式（6-13）中的 Δp 和 $\Delta p'$ 分别是两流场中的两个对应点（或两对应断面）的压差。假如原型管径 d 与模型管径 d' 的比值 $d/d' = 4$。压力相似时，原型管长为 4m 的压差 Δp 与模型管长为 1m 的压差 $\Delta p'$ 才是对应的。

4. 弹性力相似准则——马赫数 Ma

可压缩流体因变形而引起的弹性力，可表示为 $F_e = \propto \rho l^2 a^2$（$a$ 为音速），表征弹性力相似的准则称为马赫数，定义为

$$Ma = \sqrt{\frac{惯性力}{弹性力}} = \sqrt{\frac{\rho l^2 u^2}{\rho l^2 a^2}} = \frac{u}{a} \qquad (6\text{-}14)$$

两可压缩流动若动力相似，对应点上的马赫数相等，即 $Ma = Ma'$。

从以上的分析可知，两流动的动力相似时，各相似常数的取值不能是任意的，它们之间存在着相互约束的关系。例如，要做到黏性相似，则雷诺数应相等，即 $\rho l u / \mu = \rho' l' u' / \mu'$

或

$$\frac{\rho}{\rho'} \frac{l}{l'} \frac{u}{u'} \frac{\mu'}{\mu} = \frac{K_\rho K_l K_u}{K_\mu} = 1 \qquad (6\text{-}15)$$

这就是相似常数 K_ρ、K_l、K_u 和 K_μ 之间应满足的关系。当任意三个相似常数确定时，要满足黏性力相似，第四个相似常数就不能随意取值。

应该指出，在上述相似准则中，除欧拉准则外，其他准则都是决定性相似准则。因流场中各点速度及物性参数决定后，各点的压力随之确定。就是说，只要其他决定性准则得到满

足，压力也就相似。这表明欧拉数是其他相似准则的函数。

综上所述，两流动现象相似的充要条件是：在几何相似的前提下，各决定性相似准则分别对应相等。

四、　近似相似

流体往往受到多种力的作用。为使流动相似，除几何相似外，各决定性准则应对应相等，这在实际中是很难做到的。即使是只有两个定性准则 Re 和 Fr 的不可压缩流体的定常流动，要使模型和原型的雷诺数 Re 和弗劳德数 Fr 同时相等也难以做到。例如为使雷诺数相等，必须 $lu/\nu = l'u'/\nu'$，即

$$K_u = \frac{u}{u'} = \frac{l'}{l}\frac{\nu}{\nu'} = \frac{K_\nu}{K_l} \tag{A}$$

为使弗劳德数相等，又有 $gl/u^2 = g'l'/u'^2$。因 $g = g'$，所以

$$K_u = \frac{u}{u'} = \sqrt{\frac{l}{l'}} = \sqrt{K_t} \tag{B}$$

如果模型中的流体与原型中的相同，则 $K_\nu = 1$。这时式（A）与式（B）矛盾（除非 $K_l = 1$，即模型与原型的尺寸相同，这显然不符合模型实验的初衷）。这种情况下，不可能同时满足 Re = Re′ 和 Fr = Fr′。

若要做到二者同时相等，由式（A）和式（B）得 $K_\nu = K_l^{\frac{3}{2}}$，即 $\dfrac{\nu}{\nu'} = \left(\dfrac{l}{l'}\right)^{\frac{3}{2}}$。如果模型是将原型缩小 5 倍而得，则 $l/l' = 5$。由上式得 $\nu' = 5^{-\frac{3}{2}}\nu = 0.0894\nu$，即模型实验所采用流体的运动黏度 ν' 应是原型中流体黏度的 0.0894 倍，这在工程实际中也是难以做到的。

上述分析已经看到，当定性准则有两个时，模型中采用流体的黏度要受到几何相似常数 K_l 的限制。当定性准则是三个或更多时，其他物理量也要受到限制，有时会使实验研究无法进行。为解决这一问题，工程中常采用近似相似的模型实验方法，近似相似包含两方面的内容：

1）几何近似相似——几何近似相似是指模型与原型的几何尺寸和形状近似相似。因为要严格做到几何相似，除各线性尺寸要成比例外，表面粗糙高度也要相似，这显然是做不到的。所以，模型与原型的几何相似只能是近似。

2）作用力近似相似——就是说，只考虑起主要作用的定性准则，忽略次要的定性准则，即对某中具体的流动现象，只考虑起主要作用的力而忽略其他力对流动的影响。

一般情况下，对不可压缩流体的有压流动，黏性力和压力是主要作用力，重力可以忽略。所以，定性准则是 Re，非决定性准则 Eu 是 Re 的函数（当然还与几何尺寸有关）。而对于无压流动，在紊流情况下，可以忽略黏性力的影响，只考虑重力的作用。此时的定性准则为 Fr。

尼古拉茨实验已经证明，不可压缩流体的有压流动具有自动模化的特性。例如当流动为层流（Re<2320）时，不论 Re 为多大，管中流体的速度分布都是抛物面，即流动自动相似。这时可不必考虑雷诺数的影响。所以 Re<2320 的层流区又称为第一自模区。当 Re 很大，即流动处于阻力平方区时，黏性力相对惯性力而言可以忽略，流体的速度分布不再与 Re 有

关，即便模型与原型的雷诺数不等，流动也是相似的。这时流动再次进入自动模化状态。故阻力平方区又称为第二自模区。

工程中常见的流动大都处于阻力平方区。因而模型实验也应使流动处于阻力平方区。流动进入第二自模区的标志是 Eu 不再随 Re 变化。在实验中若发现这种现象，则说明流动已进入第二自模区。

近似相似的提出和流体自模化特性为模型实验提供了可能。有时还能解决必须同时考虑雷诺准则和弗劳德准则而出现的矛盾。譬如在保证流动处于自模化状态下，按 Fr 准则来设计模型，实际上就是考虑了 Re 和 Fr 两个准则。当然，工程中遇到的或有待进行实验研究的流动是很复杂的。主要准则和次要准则除了凭经验确定外，必要时还需进行实验判断。

例 6-1　为研究某种汽车的阻力特性，将其缩小若干倍做成汽车模型，在低速风洞中做吹风实验。设汽车行驶的速度为 45km/h，实验风速为 62.5m/s，则

1）为保证动力相似，试确定模型汽车的尺寸比；

2）若在 1）所确定的尺寸下，测得模型的阻力 $R'=500N$，试确定汽车的行驶阻力 R。

解：这属于流体绕物体的流动。为保证动力相似，雷诺数应相等，即 $lu/\nu = l'u'/\nu'$。因为都是空气（$\nu=\nu'$），所以模型汽车应缩小的倍数为

$$K_1 = \frac{l}{l'} = \frac{u'}{u} = \frac{62.5}{45000} \times 3600 = 5$$

雷诺数相等时，欧拉数也相等，即

$$\frac{\Delta p}{\rho u^2} = \frac{\Delta p'}{\rho' u'^2} \text{ 或 } \Delta p = \left(\frac{u}{u'}\right)^2 \Delta p'$$

其中 Δp 和 $\Delta p'$ 分别为汽车和模型前后的压差，所以汽车的行驶阻力为

$$R = \Delta pA = \left(\frac{u}{u'}\right)^2 \Delta p'A = \left(\frac{u}{u'}\right)^2 \frac{R'}{A'}A$$

$$= \left(\frac{u}{u'}\right)^2 \left(\frac{l}{l'}\right)^2 R' = R' = 500N$$

即以 45km/h 的速度行驶时，汽车所受到的阻力为 500N。

五、风洞、水洞实验

风洞实验，就是依据运动的相对性原理，将飞行器的模型或实物固定在风洞中，人为制造气流流过，以此模拟空中各种复杂的飞行状态，获取实验数据。这就是现代飞机、导弹、火箭等研制定型和生产的"绿色通道"。简单地说，风洞就是在地面上人为地创造一个"天空"。

风洞一般由洞体（实验段）、驱动系统和测量系统三个部分组成。风洞在气动力研究和飞行器气动设计中起着非常重要的作用。从 1903 年世界上出现第一架飞机以来，所有飞行器的研制都离不开风洞，很多空气动力学方面的新成果都是通过风洞实验取得的。

水洞实验常用于水中运动物体（如潜艇、鱼雷、水轮机等）的性能实验与检测。水洞与风洞的不同之处是：①由于水的密度比空气大数百倍，推动水流动的动力系统的功率一般

很大；②水洞一般不能做成敞开式的；③水洞可以做成重力式的，即利用高水位下落至低水位时位势能转变为动能的原理，获得实验段一定速度的水流。

 习题与思考题

1. 模型实验的目的是什么？
2. 怎样才能使发生在模型中的流动现象与原型中的相似？
3. 何谓动力相似准则？主要有哪几个？
4. 有压流和无压流分别按什么准则设计模型？理由为何？
5. 在欧拉准则中，若以压差 Δp 来代替压力 p，对 Δp 有何限制？举一例说明。
6. 直径 $d = 200\text{mm}$ 的输油管，输送黏度 $\nu = 40 \times 10^{-6}\text{m}^2/\text{s}$、密度 $\rho = 840\text{kg/m}^3$ 的油，流量 $Q = 0.01\text{m}^3/\text{s}$。若在模型实验中采用直径 $d' = 50\text{mm}$ 的圆管，试确定模型中分别采用 20℃ 的水和 20℃ 的空气做实验时的流量。

项目二 量纲分析

学习目标

　　了解量纲及物理方程的量纲和谐性的概念及分类；掌握量纲和物理量纲在相似流动中的意义和应用；掌握 π 定理及 π 定理在相似流动中的应用。

　　流动实验研究的目的就是将模型流动的实验结果推广应用到与之相似的所有流动现象中，从而预测原型中的流动规律。为达到这一目的，必须首先找出流动现象中所包含的相似准则和相似常数，然后通过对实验结果的分析整理，找出它们之间的关系（这些关系可用经验公式或图表形式给出）。而这些关系也正是所有与之相似的流动中，各物理量都共同遵守的。

　　对某一具体的流动现象，它包含了哪些相似准则和相似常数，怎样将它们找出来，又怎样通过实验来确定它们之间的关系。所有这些就是本项目要讨论的问题。

一、量纲

　　物理量单位的属性称为量纲。对某种具体的物理量，其单位可以不同，但单位的属性（即量纲）却是相同的。譬如度量长度的大小时，所用的单位可以是米、厘米、毫米或千米，等等，但它们都属于长度，都具有长度的量纲 $[L]$；又如质量的单位有公斤（千克）、克、吨等，但它们都属于质量，具有质量的量纲 $[M]$。

　　量纲又分为基本量纲和导出量纲。不能由其他量纲导出的称为基本量纲。如长度 $[L]$、质量 $[M]$、时间 $[T]$ 等属于基本量纲。可通过基本量纲导出的称为导出量纲。如面积 $[L^2]$、速度 $[LT^{-1}]$、力 $[MLT^{-2}]$ 等均为导出量纲。

　　流体力学中常见物理量的量纲列于表 6-1 中。

表 6-1　常见物理量的量纲

物理量	符号	量纲	物理量	符号	量纲
长度	l	$[L]$	流量	Q	$[L^3T^{-1}]$
质量	m	$[M]$	密度	ρ	$[ML^{-3}]$
时间	t	$[T]$	力	F	$[MLT^{-2}]$
温度	T	$[\theta]$	压力	p	$[ML^{-1}T^{-2}]$
面积	A	$[L^2]$	动力黏度	μ	$[ML^{-1}T^{-1}]$
速度	u	$[LT^{-1}]$	运动黏度	ν	$[L^2T^{-1}]$
加速度	a	$[LT^{-2}]$	功率	N	$[ML^2T^{-3}]$

从表 6-1 看出，任一物理量的量纲只能由一个或多个基本量纲的乘幂组合而成。量纲只与物理量的性质有关，与它的大小无关。量纲不同的物理量不能进行加减运算。

需要指出，角度和弧度属于辅助量纲，但在量纲运算中都将它们看作无量纲数。

二、 物理方程的量纲和谐性

因量纲不同的物理量不能进行加减运算，所以，任何一个正确的物理方程中，各项的量纲必定相同。这就是物理方程的量纲和谐性。例如理想流体沿流线的伯努利方程 $z+\dfrac{p}{\gamma}+\dfrac{u^2}{2g}=H_0=$ 常数中，因坐标 z 具有长度量纲，因而可判断其他各项 $\dfrac{p}{\gamma}$、$\dfrac{u^2}{2g}$ 和 H_0 必定也是长度量纲。若用该方程中任一项遍除方程中各项，则方程就变成了无量纲方程。

物理方程的量纲和谐性为我们识别方程的正确性提供了一个简单的依据，同时它也是量纲分析的基础。

 习题与思考题

1. 何谓量纲、基本量纲和导出量纲？
2. 什么是物理方程的量纲和谐性？
3. 有量纲数和无量纲数在运算中有何区别？

模块七
排水设备

许多工业生产部门（如冶金、机械、化工、采矿等）在生产的过程中都必须通过排水设备提供生产用水，并及时地排出大量的采矿涌水和工业废水等。例如，在矿井建设和生产过程中，各种来源的水会不断地涌入矿井，为了保证矿井生产能够安全和正常地进行，必须及时将水排出。因此，排水设备是机械、化工、采矿等行业建设和生产中不可缺少的一部分，起着非常重要的作用。本模块主要介绍了矿井排水系统和排水设备的作用、结构、工作原理和性能，以及排水设备的运行、维护、故障原因分析与处理和选型计算的方法等。

项目一　概述

学习目标

了解矿井涌水的来源、矿水的性质、矿井排水系统的布置及任务；掌握矿山排水设备的组成及各组成的功用；掌握离心式水泵的工作原理、工作性能参数及分类，能够正确计算水泵的功率、效率、扬程等参数。

在矿井建设和生产过程中，各种来源的水不断地涌入矿井，若不及时排出就会影响矿井的安全和生产。同时，由于煤矿地质条件复杂，在遭到突然大量涌水而淹没矿井时，需要排水设备及时抢险排水，以尽快恢复生产。因此，在矿井生产中必须设置排水设备，将涌入矿井的水及时从井下排至地面。矿井排水是煤矿建设和生产中不可缺少的一部分，它对保证矿井正常生产起着非常重要的作用，并且始终伴随着煤矿建设和生产，直至矿井报废，才完成它的历史使命，图7-1所示是矿井排水过程的示意图。涌入矿井的水顺着巷道一侧的水沟自流集中到水仓1，而后经分水沟流入泵房5内一侧的吸水井3中，水泵运转后水经管路6排至地面。

一、矿山排水系统

（一）矿水

在矿井建设和生产过程中，各种来源的水不断地涌入矿井，涌入矿井的水统称为矿水。矿水分为自然涌水和开采工程涌水。自然涌水指自然存在的地面水和地下水。地面水包括江、河、湖以及季节性雨水、融雪等；地下水包括含水层水、断层水和老空水。开采工程涌水是与采掘方法或工艺有关的涌水，如水砂充填时矿井的充填废水、水力采矿的动力废水等。

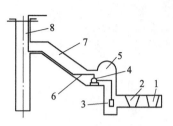

图 7-1　矿井排水过程示意图

1—水仓　2—分水沟　3—吸水井
4—水泵　5—泵房　6—管路
7—管子沟　8—井筒

单位时间内涌入矿井的总水量称为矿井的总水量。由于涌水量受地质构造、地理特征、气候条件、地面积水和开采方法等多种因素的影响，不同矿井总水量可能极不相同。

根据统计，每开采 1t 煤要排出 2~7t 矿水，有的甚至多达 30~40t。一个矿在不同季节涌水量也是变化的，通常在雨季和融雪期出现涌水高峰，此期间的涌水量称为最大涌水量，其他时期的涌水量变化不大，此期间的涌水量称为正常涌水量。

为了比较各矿涌水量的大小，常用在同一时期内，相对于单位煤炭产量的涌水量作为比较的参数，称为含水系数，用 K_S 表示，则

$$K_S = 24q/A_r \tag{7-1}$$

式中　q——矿井涌水量（m^3/h）；

A_r——同期内煤炭日产量（t）。

矿水在穿过岩层和沿坑道流动过程中，溶入了各种矿物质和大量泥沙，因此矿水的密度比一般清水大，为 $1015~1025kg/m^3$。由于含有大量泥沙的矿水容易磨损水泵零件，因此必须设置沉淀池和水仓，对矿水进行沉淀后再由水泵排出。

由于溶解在水中的物质不同，矿水可分为酸性、中性和碱性。当矿水的 pH 值等于 7 时为中性水，pH<7 时为酸性水，pH>7 时为碱性水。酸性矿水对金属有腐蚀作用，因此当矿水的 pH<5 时，应根据实际情况加入石灰对矿水进行中性处理，或采用耐酸材料生产的排水设备。

（二）排水系统

矿井排水根据开采水平以及各水平涌水量的不同，可采用不同的排水系统。

竖井单水平开采时，一般将井下全部涌水集中于井底车场的水仓内，采用直接排水系统将其排至地面，如图 7-1 所示。

两个或多个水平同时开采时，可选择的方案较多。针对两个水平而言，一般有三种方案可供选用。

1）直接排水系统。在各水平分别设置水仓、泵房和排水装置，将各水平的矿水直接排至地面。该方案的优点是上、下水平互不干扰，缺点是井筒内管路多。

2）集中排水系统。将上水平的水下放到下水平，而后由下水平的排水装置直接排至地面。此方案适用于上水平的涌水量较小的情况，其优点是排水设备少，只需一套设备；缺点是上水平的水下放后再上提，损失了位能，增加了能耗。

3）分段排水系统。若下水平的水量较小或井过深，则可将下水平的水排至上水平的水

仓内，然后集中一起排至地面。

采用哪一种方案，要经过技术和经济的综合比较后才能确定。

（三）水仓

水仓是指位于井底车场水平以下的，一般由两条相互独立、断面相同的一组巷道组成的贮水巷道（硐室），也称为主要水仓。它由主仓和副仓（或称为内水仓与外水仓）组成。水仓入口一般位于井底车场巷道标高的最低点，末端与水泵房吸水井或配水井相连。水仓内铺设轨道和其他清理污泥的设备。水仓有两个主要作用，一是储存集中矿水，排水设备可以将水从水仓排至地面。为了防止断电或排水设备发生故障，排水系统被迫停止运行时淹没巷道，因此主泵房的水仓应有足够大的容积，其容量必须能容纳8h正常的涌水量。二是沉淀矿水，因矿水夹带有大量矿物质和泥沙，为防止其将排水系统堵塞和减轻排水设备磨损，矿水要在水仓中进行沉淀。为了能把大部分细微颗粒沉淀于仓底，根据颗粒沉降理论，水仓中矿水的流动速度必须小于0.005m/s，流动时间要大于6h，因此水仓巷道长不得小于100m。

水仓可布置在水泵房的一侧或两侧，单翼开采时在水泵房的一侧布置水仓，矿水从一侧流入水仓；双翼开采时在水泵房的两侧布置水仓，矿水从两侧流入水仓。

（四）水泵房

主排水泵硐室一般称为中央水泵房，它通常与中央变电所（井下主变电硐室）联合布置于副井井底远离主井的一侧，通过管子道（敷设主排水管道的倾斜巷道）和副井井筒相连，通过通道与井底车场水平巷道相通。其内安设水泵和配电设备，负责全矿井下排水。该硐室与中央变电所（井下主变电硐室）之间设有防火铁门。水泵房这样布置的原因如下：

1）运输巷道的坡度都向井底车场倾斜，便于矿水沿排水沟流向水仓。

2）排水设备运输方便。

3）由于靠近井筒，缩短了管路长度，不仅节约管材，而且减少了管路水头损失，同时增加了排水工作的可靠性。

4）在井底车场附近，通风条件好，改善了泵与电动机的工作环境。

5）水泵房与中央变电所为邻，供电线路短，减少了供电损耗，这对耗电量很高、运转时间又长的排水设备而言，具有不容忽视的经济意义。

根据矿井条件的不同，水泵房在井底车场的位置有多种形式，图7-2所示是其中的一种。根据水泵房在井底车场的位置可以清楚地看出，它有三条通道与相邻巷道相通，人行运

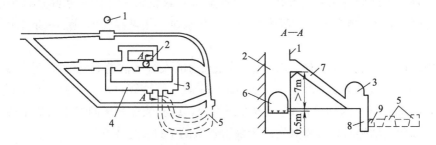

图7-2　水泵房的位置图

1—主井　2—副井　3—水泵房　4—中央变电所　5—水仓　6—井底车场
7—管子沟　8—吸水井　9—分水沟

输巷与井底车场相通，人员和设备由此出入；倾斜的管子道与井筒相通，如图 7-3 所示，排水管可由此敷入井筒，同时又是人员和设备的安全出口，它的出口平台应高出泵房底板标高7m 以上，倾斜坡度一般为 25°～30°。当井底车场被淹没时，人员可由此安全撤出；经井下变电所与巷道相通的通道是一个辅助通道。

水泵房的地面标高应比井底车场轨面高 0.5m，且向吸水侧留有 1%的坡度。

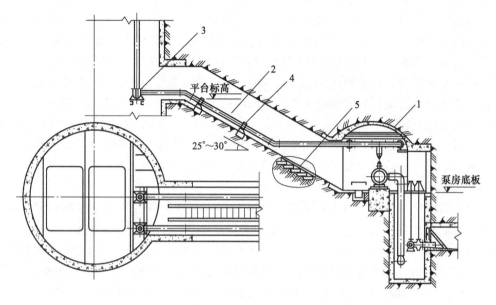

图 7-3　管子道布置图

1—泵房　2—管道　3—弯管　4—管墩扣管卡　5—人行台阶和运输轨道

（五）泵房设备布置

根据泵房内水泵、管路与设备的多少，一般是沿泵房的长度方向布置水泵，以减小泵房断面。图 7-4 所示为具有三台水泵和两条管路的泵房布置图。由水仓 16 来的水，首先经过水仓篦子 17 拦截进入水仓的大块物质，然后经过水仓闸阀 13 进入分水井 15，再经分水闸阀12、14 分配到各水泵的吸水井 9 中。分水井和吸水井内均设有人员上下用的上下梯 18，以便安装、检查、修理设备和清理水井。井上覆盖着花纹钢板制作的吸水井盖板 10。三台水泵各自都有吸水管 3，插在各自的吸水井中。全部水泵共用两条排水管，一条工作，另一条备用。

泵房内还设有运输设备的轨道 21，由通往泵房的人行运输道 22 敷入；另一端伸向倾斜管子道 23，以便在发生水灾危险、关闭防水门 24 后，能继续排水。为便于起吊设备，在泵房内还装有起重梁 20，起动设备 26 可放在泵房内，或安装在泵房内专用的壁龛中。

当采用综合起动柜时，可将其安放于泵房隔壁的中央变电所中。

中央水泵房排水设备的布置方式主要由泵和管路的多少决定，通常情况下，应尽量减少泵房断面，水泵在水泵房内顺着水泵房长度方向轴向排列，泵房轮廓尺寸应根据排水设备最大外形、通道宽度和安装检修条件等确定。一般泵房的长、宽、高由下述公式确定。

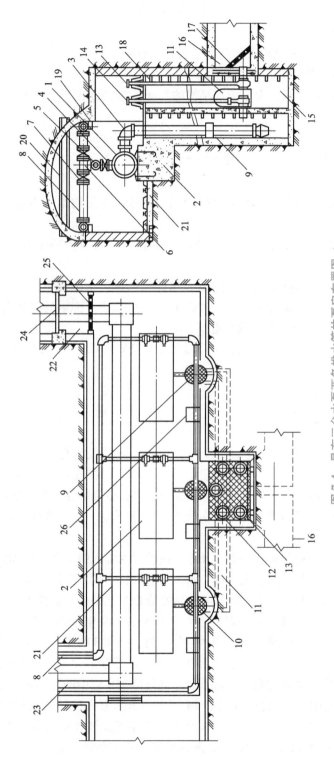

图 7-4　具有三台水泵两条排水管的泵房布置图

1—水泵　2—水泵基础　3—吸水管　4—调节闸阀　5—逆止阀　6—三通　7—闸阀　8—排水管
9—吸水井　10—吸水井盖板　11—分水沟　12,14—分水闸阀　13—水仓闸阀　15—分水井　16—水仓
17—水仓笆子　18—上下梯　19—管子支承架　20—起重梁　21—轨道　22—人行运输道　23—管子道
24—防水门　25—大门　26—起动设备

1. 中央水泵房长度

$$L = nL_0 + l_1(n + 1) \tag{7-2}$$

式中　n——水泵台数；

L_0——水泵机组（泵和电动机）的基础长度（m）；

l_1——水泵机组的净空距离，一般为 1.5～2.0m。

当涌水量有增加的可能时，应考虑水泵房的长度有增加的可能，井筒内也应考虑有相应的管道安装位置。

2. 水泵房的宽度

$$B = b_0 + b_1 + b_2 \tag{7-3}$$

式中　b_0——水泵基础宽度（m）；

b_1——水泵基础边到轨道一侧墙壁的距离，以通过泵房内最大设备为原则，一般为 1.5～2m；

b_2——水泵基础另一边到吸水井一侧墙壁的距离，一般为 0.8～1.0m。

3. 水泵房的高度

水泵房的高度应考虑检修时设备的起重要求，根据具体情况确定，一般为 3.0～4.5m，或根据水泵叶轮直径确定：在 $D \geqslant 350$mm 时取 4.5m，并应设有能承受起重质量为 3～5t 的工字梁；在 $D < 350$mm 时取 3m，可不设起重梁。

水泵基础的长和宽应比水泵底座最大外形尺寸大 200～300mm。大型水泵基础应高于泵房地板 200mm。

二、矿山排水设备

(一) 矿山排水设备的组成

矿山排水设备一般由水泵、电动机及电控设备、管路及附件、监测仪表等组成，如图 7-5 所示。水泵内的叶轮是向水传递能量的主要部件，以提高水的能量（静压和动压），排出矿水。电动机是驱动设备，通过联轴器和泵轴连接，带动装在泵轴上的叶轮转动，矿水通过管路排至地面。带底阀的滤水器 5 装在吸水管的最下端，其作用是过滤矿水中的杂物，防止杂物进入水泵。

底阀用于防止水泵起动前充灌的引水及停泵后的存水漏入吸水井。底阀阻力较大，并常出现故障，所以，一些矿井采用了无底阀排水。无底阀排水就是去掉底阀，减小吸水管路的阻力，并减少了存在底阀时的故障。闸阀 8 安装在靠近水泵的出水管段上，用来调节水泵的扬程和流量、关闭时起动水泵（电动机起动功率最小，以免电动机过载）和正常停泵时先关闭该闸阀以免水击水泵与管路。逆止阀 9 安装在调节闸阀 8 的上方，防止突然停泵时来不及关闭调节闸阀而发生的水击，以保护水泵和管路。旁通管 10（对有底阀的水泵）跨接在逆止阀和调节闸阀两端。水泵起动前，可通过旁通管用排水管中的存水向水泵充灌引水。压力表 15 用来检测水泵出口的压力；真空表 14 用来检测水泵入口处的真空度。灌水漏斗 11 的作用是在水泵起动前向泵内灌水。此时，水泵内的空气经放气栓放出。水泵再次起动时，可通过旁通管向水泵内灌引水。放水管 12 是在检修水泵和管路时把排水管中的存水放入吸水井。

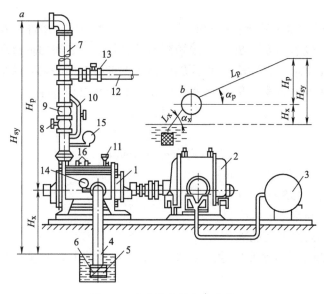

图 7-5　矿井排水设备示意图

1—水泵　2—电动机　3—起动设备　4—吸水管　5—滤水器　6—底阀　7—排水管　8—闸阀
9—逆止阀　10—旁通管　11—灌水漏斗　12—放水管　13—放水闸阀　14—真空表　15—压力表　16—放气栓

（二）离心式水泵的工作原理

图 7-6 所示为单吸单级离心式水泵的结构示意图。水泵的主要工作部件有叶轮，其上有一定数目的叶片，叶轮固定于水泵轴上，由轴带动旋转。水泵的外壳为一螺旋形扩散室，水泵的吸水口与吸水管相连接。

起动前先由灌水漏斗向泵内和吸水管灌满水，起动后旋转的叶轮带动泵里的水高速旋转，水做离心运动，向外甩出并被压入出水管。水被甩出后，叶轮附近的压强减小，在转轴附近就形成一个低压区。这里的压强比大气压低得多，外面的水就在大气压的作用下，冲开底阀从进水管进入泵内。冲进来的水在随叶轮高速旋转中又被甩出，并压入出水管。叶轮在电动机的带动下不断高速旋转，水就源源不断地从低处被抽到高处。

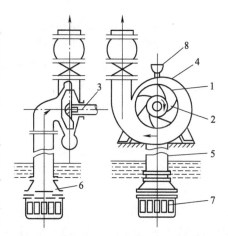

图 7-6　单吸单级离心式水泵结构简图

1—叶轮　2—叶片　3—泵轴
4—外壳　5—吸水管　6—底阀
7—滤水器　8—漏斗

（三）离心式水泵的工作参数

表征水泵工作性能的参数称为工作参数，主要有流量、扬程、功率、效率、转速和允许吸上真空度等。

1. 流量

水泵在单位时间内所排出的水的体积，称为水泵的流量，用符号 Q 表示，单位为 m^3/s 或 m^3/h。

2. 扬程

单位重量的水通过水泵后所获得的能量，称为水泵的扬程，用符号 H 表示，单位为 m。

1）吸水扬程（吸水高度）H_x 即水泵轴线到吸水井水面之间的垂直高度。

2）排水扬程（排水高度）H_p 即水泵轴线到排水管出口中心之间的垂直高度。

3）实际扬程（测地高度）H_{sy} 为吸水扬程和排水扬程之和，即

$$H_{sy} = H_x + H_p \tag{7-4}$$

对于倾斜管路

$$H_{sy} = l_x \sin\alpha_x + l_p \sin\alpha_p \tag{7-5}$$

式中　l_x——吸水管的倾斜长度（m）；

　　　l_p——排水管的倾斜长度（m）；

　　　α_x——吸水管与水平面的夹角；

　　　α_p——排水管与水平面的夹角。

4）总扬程 H 为实际扬程 H_{sy}、损失水头 h_w 和水在管路中以速度 v 流动时所需的速度水头 $\dfrac{v^2}{2g}$ 之和，即

$$H = H_{sy} + h_w + \frac{v^2}{2g} \tag{7-6}$$

3. 功率

水泵在单位时间内所做功的大小，称为水泵的功率，用符号 N 表示，单位为 W。

1）水泵的轴功率 N 即电动机传递给水泵轴的功率（水泵的输入功率）。

2）水泵的有效功率 N_x 即水泵实际传递给水的功率（水泵的输出功率）。

$$N_x = \gamma Q H \tag{7-7}$$

式中　γ——矿水重力密度，一般约取 $10^4 \mathrm{N/m^3}$。

4. 效率

水泵有效功率与轴功率之比称为水泵的效率，用符号 η 表示。

$$\eta = \frac{N_x}{N} = \frac{\gamma Q H}{N} \tag{7-8}$$

例 7-1　已知一水泵的总扬程为 90m，流量为 $8 \times 10^{-3} \mathrm{m^3/s}$，求该水泵的有效功率。若水泵的总效率为 60%，该泵的轴功率是多少？

解：水泵的有效功率为

$$N_x = \gamma Q H = 10^4 \times 8 \times 10^{-3} \times 90 \mathrm{W} = 7200\mathrm{W} = 7.2\mathrm{kW}$$

水泵的轴功率为

$$N = \frac{N_x}{\eta} = \frac{7.2}{0.6}\mathrm{kW} = 12\mathrm{kW}$$

5. 转速

水泵轴每分钟的转数称为水泵的转速，用符号 n 表示，单位为 r/mm。

6. 允许吸上真空度

在保证水泵不发生汽蚀的情况下，水泵吸水口处所允许的真空度称为水泵的允许吸上真空度，用符号 H_s 表示，单位为 r/mm。

（四）离心式水泵的分类

1. 按叶轮数目分

1）单级水泵。泵轴上仅装有一个叶轮，如图 7-6 所示。

2）多级水泵。泵轴上装有数个叶轮，如图 7-7 所示。

2. 按叶轮进水口数目分

1）单吸水泵。叶轮上仅有一个进水口，如图 7-6 所示。

2）双吸水泵。叶轮两侧都有进水口。

3. 按泵壳的接缝形式分

1）分段式水泵。垂直泵轴线的平面上有泵壳接缝，如图 7-7 所示。

2）中开式水泵。在通过泵轴线的水平面上有泵壳接缝。

4. 按泵轴的位置分

1）卧式水泵。泵轴呈水平位置，如图 7-7 所示。

2）立式水泵。泵轴呈垂直位置。

图 7-7 分段式多级离心泵

 习题与思考题

1. 矿水的来源是什么，其物理化学性质受哪些因素影响？表征其大小的物理量是什么？

2. 矿井生产中水仓有什么作用？至少要几个？

3. 为什么要将中央水泵房设置在副井井底车场附近？

4. 水仓、水泵房和管子道应如何布置？其主要尺寸应如何确定？

5. 排水设备上设置底阀、闸阀和逆止阀的目的是什么？

6. 若已知某水泵的总扬程为 200m，流量为 306m³/h，求该水泵的有效功率。如果这台水泵的总效率为 60%，其轴功率又为多少？

项目二 离心式水泵的工作理论

学习目标

掌握离心式水泵工作的基本理论和水泵的理论压头、实际压头及工作效率等的含义及在实际中的应用；能够根据水泵的工作性能参数正确绘制水泵的工作特性曲线图，并掌握该曲线对分析水泵实际工作情况的作用和意义；掌握比例定律和比转数的定义及对水泵性能的影响和在实际设计、生产中的应用。

一、 离心式水泵的基本理论

(一)流体在离心式叶轮中的流动分析

水在离心式水泵中获得能量的过程,就是在叶轮作用下,本身的流速大小和流动方向发生变化的过程。因此,要研究水泵的工作理论,应首先分析水在叶轮中的流动情况。

当水进入叶轮后,由于叶轮做等速圆周运动,其叶片将迫使水的质点以同一速度旋转,故水的质点具有与叶轮相同的圆周速度 u,此速度称为牵连速度,其方向与叶轮圆周相切,大小随半径 r 变化,如图7-8a 所示。

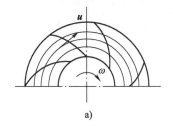 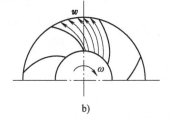 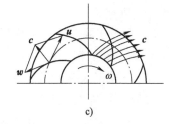

图7-8 水在叶轮中的流体状态

在水的质点随叶轮做等速圆周运动的同时,还要以一定的速度沿着叶片所形成的流道由内向外流动,此速度称为相对速度,用 w 表示,如图7-8b 所示,w 的方向与叶片相切。

显然,水在叶轮中的流动是上述两种运动的复合,如图7-8c 所示。复合运动的绝对速度 c 应为圆周速度 u 和相对速度 w 的矢量和,即

$$c = u + w \tag{7-9}$$

在叶轮内任何一个位置,都可画出这三个速度的大小和方向,它们构成一个三角形,称为速度三角形。研究水在叶轮中的运动,目的是为了求得能量的变化。而能量的变化只与始末状态参数有关,因而只需研究水在叶轮进、出口处的流动情况,故只需画出这两处的速度三角形,如图7-9所示。

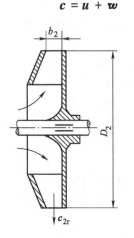 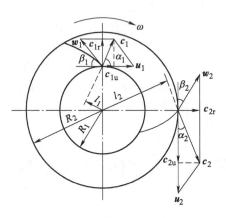

图7-9 离心式水泵叶轮进、出口速度图

为了便于分析,通常把绝对速度 c 分解成两个相互垂直的速度,一个是与圆周速度垂直的分速度,称为径向分速度 c_r(或称轴面速度);另一个是与圆周方向一致的分速度,称为圆周分速度 c_u(或称扭曲速度)。为了区别起见,叶轮进口处的速度参数用下标1,出口处的速度参数用下标2。

在速度三角形中,相对速度 w 与牵连速度 u 的反向间的夹角用 β 表示,称为叶片安装角,β_1、β_2 分别为叶片进、出口的安装角。绝对速度 c 与牵连速度 u 的夹角用 α 表示,称为叶片的工作角,α_1、α_2 分别为叶片进、出口的工作角。

（二）离心式水泵的理论压头方程式

由于水流经叶轮流道时的情况非常复杂，难于分析，因此在讨论时先作如下假设：

①水泵在工作时没有任何能量损失，即原动机传递给水泵轴的功率完全用于增加流经叶轮的水的能量。

②叶轮叶片的数目为无限多且为无限薄。这样在叶片间流动的水就为微小流束，形状与叶片完全一样，在叶轮同一半径处的流速相等，压力相同。

③水在叶轮内的流动为稳定流，即速度图不随时间变化。

④水是不可压缩的，即密度 ρ 为一常数。

在上述条件下得出的压头，称为离心式水泵的理论压头。

水泵工作时，叶轮传递给水的理论功率为

$$N_{T\infty} = \gamma Q_{T\infty} H_{T\infty} \tag{7-10}$$

式中　γ——水的重力密度（N/m^3）；

　　$Q_{T\infty}$——泵的理论流量（m^3/s）；

　　$H_{T\infty}$——叶片无限多时一个叶轮产生的理论压头（m）。

水泵的轴功率 N 可用加于叶轮出入口间水流上的外力矩 M 和叶轮的角速度 w 的乘积来表示，即

$$N = Mw \tag{7-11}$$

根据假设①有，$N = N_{T\infty}$，所以

$$H_{T\infty} = \frac{Mw}{\gamma Q_{T\infty}} \tag{7-12}$$

由动量矩定理知，作用在叶轮上的外力矩等于每秒钟流经叶轮出入口间水的动量矩的增量，即

$$M = mc_2 l_2 - mc_1 l_1 = \frac{\gamma Q_{T\infty}}{g}(c_2 l_2 - c_1 l_1) \tag{7-13}$$

式中　l_1、l_2——进口绝对速度 c_1 和出口绝对速度 c_2 距轴线的垂直距离，且 $l_1 = r_1 \cos\alpha_1$，
　　　　$l_2 = r_2 \cos\alpha_2$；

　　r_1、r_2——叶轮进口半径和出口半径（m）；

　　α_1、α_2——进口和出口圆周速度与绝对速度之间的夹角。

将式（7-13）代入式（7-12）中，得

$$H_{T\infty} = \frac{w}{g}(c_2 r_2 \cos\alpha_2 - c_1 r_1 \cos\alpha_1)$$

因为 $wr_2 = u_2$，$wr_1 = u_1$，则

$$H_{T\infty} = \frac{1}{g}(c_2 u_2 \cos\alpha_2 - c_1 u_1 \cos\alpha_1) \tag{7-14}$$

式（7-14）即为离心式水泵的理论压头方程式，又称为欧拉方程。

由速度图可知 $c_2 \cos\alpha_2 = c_{2u}$，$c_1 \cos\alpha_1 = c_{1u}$，于是

$$H_{T\infty} = \frac{1}{g}(c_{2u} u_2 - c_{1u} u_1) \tag{7-15}$$

式中　c_{1u}、c_{2u}——进口扭曲速度和出口扭曲速度（m/s）。

如果水在进入叶轮进口时没有扭曲，即 $\alpha_1 = 90°$，则 $c_{1u} = 0$。这时式（7-15）可改写为

$$H_{T\infty} = \frac{1}{g}c_{2u}u_2 \tag{7-16}$$

（三）离心式水泵的理论压头线

由假设②知，叶片的厚度可忽略不计，若再不考虑容积损失，则离心式水泵的理论流量为

$$Q_{T\infty} = A_2c_{2r} = \pi D_2 b_2 c_{2r} \tag{7-17}$$

式中 A_2——叶轮出口面积（m^2）；

D_2——叶轮外径（m）；

b_2——叶轮出口宽度（m）；

c_{2r}——出口绝对速度 c_2 的径向分速度（m/s）。

由式（7-17）得

$$c_{2r} = \frac{Q_{T\infty}}{\pi D_2 b_2}$$

由图 7-9 可知，出口扭曲速度为

$$c_{2u} = u_2 - c_{2r}\cot\beta_2 = u_2 - \frac{\cot\beta_2}{\pi D_2 b_2}Q_{T\infty} \tag{7-18}$$

式中 β_2——叶轮叶片的出口安装角。

将式（7-18）代入式（7-16）中，即得离心式水泵的理论压头与理论流量的关系式

$$H_{T\infty} = \frac{u_2^2}{g} - \frac{u_2}{g}\frac{\cot\beta_2}{\pi D_2 b_2}Q_{T\infty} = A - BQ_{T\infty} \tag{7-19}$$

其中，$A = \dfrac{u_2^2}{g}$，$B = \dfrac{u_2}{g}\dfrac{\cot\beta_2}{\pi D_2 b_2}$。

若在同一转速下，水泵叶轮的结构尺寸不变，其 D_2、b_2、u_2 均为定值，则由式（7-19）可知，叶片出口安装角 β_2 的大小对理论压头有直接影响。图 7-10 给出了离心式水泵的三种叶片形式。

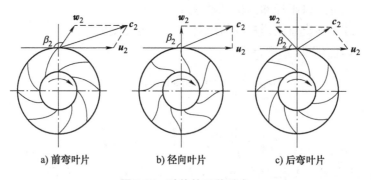

a) 前弯叶片   b) 径向叶片   c) 后弯叶片

图 7-10 叶片的三种形式

当叶片出口安装角 β_2 一定时，A、B 均为常数。因此离心式水泵的理论压头与理论流量呈线性关系，即在 Q-H 坐标图上为一条斜率为 B 的直线。斜率 B 的大小与叶片安装角有关，即与叶轮的叶片形式有关。

1）前弯叶片 $\beta_2 > 90°$，$\cot\beta_2 < 0$，$B < 0$，故 $H_{T\infty} = A + BQ_{T\infty}$，即 $H_{T\infty}$ 随着 $Q_{T\infty}$ 的增加而增加，是一条上升的直线。

2）径向叶片 $\beta_2 = 90°$，$\cot\beta_2 = 0$，$B = 0$，故 $H_{T\infty} = A_0$，即 $H_{T\infty}$ 不随 $Q_{T\infty}$ 的增加而变化，是一条与横坐标轴平行的直线。

3）后弯叶片 $\beta_2 < 90°$，$\cot\beta_2 > 0$，$B > 0$，故 $H_{T\infty} = A - BQ_{T\infty}$，即 $H_{T\infty}$ 随着 $Q_{T\infty}$ 的增加而减小，是一条下降的直线。

上述三种形式叶片的理论压头线如图 7-11 所示。图中 $H_{T\infty}$ 是 $Q_{T\infty}$ 为零时的理论压头，称为初始理论压头，$H_{T\infty} = \dfrac{u_2^2}{g}$。

由图 7-11 可以看出，在理论流量相同的情况下，前弯叶片产生的理论压头最大，径向叶片次之，后弯叶片最小。若产生相同的理论压头，采用前弯叶片时，叶轮直径可小一些；采用后弯叶片时，需要的直径最大，径向叶片居中。

理论压头是理论静压头与理论动压头之和。叶轮出口的绝对速度越大，理论压头中动压头所占的比例越大，水在泵内流动时的能量损失也越大，效率就越低。从图 7-10 知，前弯叶片的出口绝对速度 c_2 最大，后弯叶片的 c_2 最小，径向叶片居中。所以前弯叶片叶轮的效率较低，后弯叶片叶轮的效率较高，径向叶片叶轮的效率居中。因此在实践中通常使用后弯叶片的叶轮。β_2 一般为 $20° \sim 25°$，叶片数一般为 $5 \sim 7$ 片。

（四）离心式水泵的实际压头曲线

图 7-11 中的理论压头线是在叶轮叶片数目为无限多时，水流过叶轮而无能量损失的理想情况下得到的，实际上叶轮叶片的数目是有限的，水流过叶轮时有各种能量损失，这就使得理想情况下的理论压头与实际压头必然有所不同。

1. 叶片数目有限对水泵压头的影响

如图 7-12 所示，在叶片数目有限的情况下，由叶片组成的流道必然是由叶轮入口向出口逐渐加宽。当叶轮转动时，各流道内的水除有沿流道从内向外的正常流动（图 7-12 中的 b）外，还有环流（图 7-12 中的 a）存在。在环流的影响下，流道内同一半径上相对速度不一样，靠近迎面速度减小，背面速度加大，其速度分布如图 7-12 中的 c 所示。

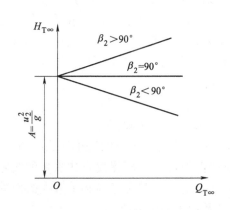

图 7-11 不同叶片安装角的理论压头线

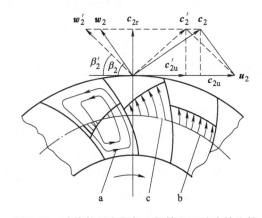

图 7-12 叶片数目有限与无限情况下速度的比较

由于在叶轮的外圆周上环流的速度方向与叶轮的圆周速度方向相反，因此叶轮出口处的水流绝对速度 c_2 就向叶轮旋转的相反方向偏移 c_2'，如图 7-12 所示。因为绝对速度 c_2' 在圆周速度方向上的分量 c_{2u}' 较绝对速度 c_2 在圆周速度方向上的分量 c_{2u} 小，所以叶轮叶片数有限情况下的理论压头 H_T 要比叶轮叶片数为无限多时的理论压头 $H_{T\infty}$ 小，按式（7-16）有

$$\frac{H_T}{H_{T\infty}} = \frac{\dfrac{1}{g}u_2 c_{2u}'}{\dfrac{1}{g}u_2 c_{2u}} = \frac{c_{2u}'}{c_{2u}} = K < 1$$

即得

$$H_T = K H_{T\infty} \qquad\qquad (7\text{-}20)$$

式中　K——环流系数，一般 $K = 0.6 \sim 0.9$。

2. 有能量损失对理论压头的影响

水流经水泵过流部件时的能量损失（水力损失）主要有下列两种。

1）摩擦损失和扩散损失。水在流过离心式水泵的进口、叶轮、导水圈、机壳等过流部件时，均有摩擦损失（沿程损失）。摩擦损失的大小与流道的粗糙度有关，且与速度的二次方成正比。而速度与流量是一次方关系，故摩擦损失与流量的二次方成正比，即

$$h_m = K_m Q^2 \qquad\qquad (7\text{-}21)$$

式中　K_m——摩擦损失系数。

同理，水流经导水圈和泵壳扩散时的扩散损失（局部损失）为

$$h_q = K_q Q^2 \qquad\qquad (7\text{-}22)$$

式中　K_q——扩散损失系数。

由于摩擦损失和扩散损失都与流量的二次方成正比，所以这两种损失可合并用一个式子表示，即

$$h_{mq} = h_m + h_q = (K_m + K_q) Q^2 = K_{mq} Q^2 \qquad\qquad (7\text{-}23)$$

式中　K_{mq}——摩擦和扩散损失系数。

式（7-23）是一条二次抛物线，其对称轴与纵坐标轴重合，如图 7-13 所示。

2）冲击损失。叶轮和导水圈叶片进口安装角是按设计工况（额定工况）计算的。在设计流量（额定流量）Q_e 下，水流方向与叶片相切，冲击损失接近于零。当水泵在非额定工况下运行时，由于水流方向不是在叶片相切的方向流入，在叶轮入口处和导向装置的入口处便会产生冲击，冲击损失的大小与实际流量和设计流量之差的二次方成正比，即

$$h_g = K_g (Q - Q_e)^2 \qquad\qquad (7\text{-}24)$$

式中　K_g——冲击损失系数。

式（7-24）是一条顶点在（Q_e, 0）处的二次抛物线，如图 7-13 所示。

将叶片无限多时的理论压头线 $H_{T\infty}$ 按式（7-20）修正为有限多时的理论压头线 H_T，然后再从 H_T 的纵坐标中减去摩擦和扩散损失 h_{mq} 以及冲击损失 h_g，即得离心式水泵的实际压头曲线 H，如图 7-14 所示。在实际压头特性曲线 H 上，有一点只有摩擦和扩散损失而冲击损失近于零，此点就是水泵的额定工况点，该点的参数称为额定参数。

上述所讨论的各种水力损失，只是从水力学的角度定性地分析水泵内部的能量损失，实际上影响水力损失的因素非常复杂，无法用具体的解析式来确定离心式水泵的实际特性曲

线。目前，水泵的实际压头特性曲线都是通过试验测定绘制而成的。

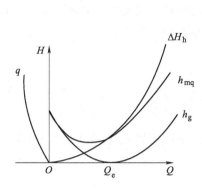

图 7-13　水力损失和容积损失

h_{mq}—摩擦和扩散损失　h_g—冲击损失

ΔH_h—水力损失　q—容积损失

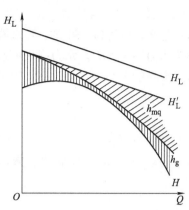

图 7-14　实际压头特性曲线图

（五）离心式水泵的效率

效率是衡量水泵工作质量的标准。效率的高低取决于水泵内部损失的大小。在水泵内部除了有水力损失，还有机械损失和容积损失。

1. 机械损失和机械效率

水泵运转时，机体本身要消耗一部分能量，即机械损失 ΔN_m。机械损失主要包括轴与轴承的摩擦阻力损失和轴与轴封间的摩擦阻力损失；泵腔内转动叶轮前后盘与水之间的圆盘摩擦损失。这部分损失并没有传递给水。

机械损失的大小用机械效率来衡量，即

$$\eta_m = \frac{N - \Delta N_m}{N} = \frac{\gamma Q_T H_T}{N} \tag{7-25}$$

式中　N——水泵轴功率；

　　ΔN_m——机械损失功率；

　　H_T——叶片有限时水泵的理论压头（m）；

　　Q_T——叶片有限时水泵的理论流量（m³/s）；且

$$Q_T = \sigma Q_{T\infty} = \sigma \pi D_2 b_2 c_{2r} \tag{7-26}$$

　　σ——叶轮叶片厚度使叶轮出口过流断面缩小的系数，称为收缩系数。

2. 容积损失和容积效率

当水流过叶轮时，由于叶轮对水做功，使水的能量（压力能和速度能）增大。但获得能量后的水，不是全部流到排水管中，而有少量的高压水通过动静部件间的间隙（如叶轮入口处、平衡孔或平衡盘处等）重新流回低压区，使水泵的实际流量小于理论流量。这种因间隙泄漏而造成的能量损失称为容积损失 ΔQ。

容积损失的大小用容积效率来衡量，即

$$\eta_0 = \frac{Q_T - \Delta Q}{Q_T} = \frac{Q}{Q_T} \tag{7-27}$$

式中 Q、Q_T——水泵的实际流量和叶片有限时的理论流量（m^3/s）。

3. 水力损失和水力效率

水流过水泵的进口、叶轮、导水圈、机壳等过流部件时，因摩擦、扩散、冲击而消耗的能量称为水力损失 ΔH_h。水力损失使水泵的实际压头小于理论压头。

水力损失的大小用水力效率来衡量，即

$$\eta_h = \frac{H_T - \Delta H_h}{H_T} = \frac{H}{H_T} \tag{7-28}$$

4. 水泵的总效率

水泵的总效率 η 为水泵的有效功率 N_x（输出功率）与轴功率 N（输入功率）的比值，即

$$\eta = \frac{N_x}{N} = \frac{\gamma QH}{N}$$

将式（7-27）和式（7-28）中的 Q、H 值代入上式，并利用式（7-26）中的关系，可得

$$\eta = \frac{\gamma \eta_0 Q_T \eta_h H_T}{N} = \frac{\gamma Q_T H_T}{N} \eta_0 \eta_h = \eta_m \eta_0 \eta_h \tag{7-29}$$

式（7-29）为水泵的总效率与机械效率、容积效率和水力效率的关系。从式中看出，只有尽可能减少泵内的各种损失，才能获得较高的水泵效率。

（六）离心式水泵的性能曲线

图 7-15 所示为离心式水泵的性能曲线图。它包括扬程曲线 H（实际压头曲线），轴功率曲线 V、效率曲线 η 和允许吸上真空度曲线 H_s。这些曲线反映了水泵在额定转速下，扬程 H、轴功率 N、效率 η 和允许吸上真空度 H_s 随流量 Q 变化的规律。

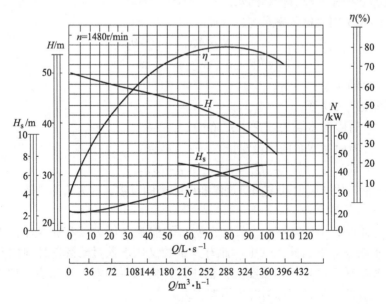

图 7-15 200D43 型离心式水泵特性曲线图

从图 7-15 可以看出，当流量较小时，扬程较大，随着流量的增加，扬程逐渐下降。对

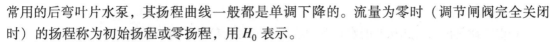

常用的后弯叶片水泵，其扬程曲线一般都是单调下降的。流量为零时（调节闸阀完全关闭时）的扬程称为初始扬程或零扬程，用 H_0 表示。

水泵的轴功率是随着流量的增大而逐渐增大的。当流量为零时，轴功率最小，所以离心式水泵要在调节闸阀完全关闭的情况下起动。

水泵的效率曲线呈驼峰状。当流量为零时，效率为零；随着流量的增大，效率急剧增加；当为额定流量时，冲击损失为零，效率最高；若流量继续增大，效率则随之减小。

允许吸上真空度曲线 H_s 反映了水泵抗汽蚀能力的大小，它是生产厂家通过汽蚀试验并考虑 0.3m 的安全量后得到的。一般来说，水泵的允许吸上真空度是随着流量的增加而减小的，即水泵的流量越大，它所具有的抗汽蚀能力就越小。H_s 值是合理确定水泵吸水高度的重要参数。

二、比例定律及比转数

离心式水泵可以设计成各种不同尺寸和在各种不同转速下运行。对于不同尺寸和转速的水泵，其工作参数各不相同，但彼此相似的水泵，其相应工况参数之间存在着一定的关系。这种关系对于流动情况复杂的水泵设计、制造和使用起着重要的作用。

（一）相似条件

彼此相似的水泵之间必须满足几何相似、运动相似和动力相似的条件。

1. 几何相似

水泵的叶轮及过流部件的几何形状相同，对应尺寸的比值为一常数，对应的角度相等，即

$$\frac{D_1}{D_{1m}} = \frac{D_2}{D_{2m}} = \frac{b_1}{b_{1m}} = \frac{b_2}{b_{2m}} = \cdots = \frac{D}{D_m} \tag{7-30}$$

2. 运动相似

在几何相似的水泵中，若对应点的对应速度的比值为一常数，且方向相同，则它们彼此运动相似，即

$$\frac{c_1}{c_{1m}} = \frac{w_1}{w_{1m}} = \frac{u_1}{u_{1m}} = \frac{c_2}{c_{2m}} = \frac{w_2}{w_{2m}} = \frac{u_2}{u_{2m}} \tag{7-31}$$

3. 动力相似

若作用在不同水泵相应点上的诸同名力的比值为一常数且方向相同，则它们彼此动力相似。

作用在流体上的力一般有惯性力、黏性力、重力和压力等。要保证这些力的比值均相等实际上是达不到的。水在水泵中的流动，起主要作用的力是惯性力和黏性力。因此，只要这两个力有相同的比值，就认为满足了动力相似条件。而惯性力和黏性力可用雷诺数 Re 表示，所以只要流体的雷诺数 Re 相等，就满足动力相似条件了。如果流体的雷诺数 Re 很大，进入阻力平方区内（自模区），雷诺数 Re 即使不相等，但沿程阻力系数相等，此时能自动满足动力相似条件。

在动力相似的条件下，彼此对应点的效率接近，可以认为效率相等，即

$$\eta = \eta_m$$

（二）相似定律

相似定律是说明彼此相似的水泵在相应工况下对应参数之间的关系。

1. 流量关系

根据离心式水泵的流量计算公式，有

$$Q = \eta_0 Q_T = \eta_0 \sigma Q_{T\infty} = \eta_0 \sigma \pi D_2 b_2 c_{2r}$$

$$Q' = \eta_0' Q_T' = \eta_0' \sigma' D_{T\infty}' = \eta_0' \sigma' \pi D_2' b_2' c_{2r}'$$

$$\frac{Q}{Q'} = \frac{\eta_0 \sigma \pi D_2 b_2 c_{2r}}{\eta_0' \sigma' \pi D_2' b_2' c_{2r}'}$$

如果两台水泵相似，则

$$\frac{D_2}{D_2'} = \frac{b_2}{b_2'} \approx \frac{D}{D'}, \eta_0 = \eta_0', \sigma = \sigma'$$

故有

$$\frac{Q}{Q'} = \left(\frac{D}{D'}\right)^3 \frac{n}{n'} \tag{7-32}$$

2. 扬程关系

根据离心式水泵的扬程计算公式，有

$$H = \eta_h H_T = \eta_h K Q_{T\infty} = \eta_h K \frac{1}{g}(u_2 c_{2u} - u_1 c_{1u})$$

$$H' = \eta_h' H_T' = \eta_h' K' H_{T\infty}' = \eta_h' K' \frac{1}{g}(u_2' c_{2u}' - u_1' c_{1u}')$$

$$\frac{H}{H'} = \frac{\eta_h K \frac{1}{g}(u_2 c_{2u} - u_1 c_{1u})}{\eta_h' K' \frac{1}{g}(u_2' c_{2u}' - u_1' c_{1u}')}$$

如果两台水泵相似，则

$$\eta_h = \eta_h', K = K'$$

$$u_2 c_{2u} = \frac{u_2 c_{2u}}{u_2' c_{2u}'} u_2' c_{2u}' = \left(\frac{u_2}{u_2'}\right)^2 u_2' c_{2u}' = \left(\frac{D_2 n}{D_2' n'}\right)^2 u_2' c_{2u}'$$

$$u_1 c_{1u} = \frac{u_1 c_{1u}}{u_1' c_{1u}'} u_1' c_{1u}' = \left(\frac{u_2}{u_2'}\right)^2 u_1' c_{1u}' = \left(\frac{D_2 n}{D_2' n'}\right)^2 u_1' c_{1u}'$$

故有

$$\frac{H}{H'} = \frac{\left(\frac{D_2 n}{D_2' n'}\right)^2 (u_2' c_{2u}' - u_1' c_{1u}')}{(u_2' c_{2u}' - u_1' c_{1u}')} = \left(\frac{D}{D'}\right)^2 \left(\frac{n}{n'}\right)^2 \tag{7-33}$$

3. 功率关系

根据离心式水泵的功率计算公式

$$N = \frac{\gamma Q H}{\eta}, N' = \frac{\gamma' Q' H'}{\eta'}$$

$$\frac{N}{N'} = \frac{\gamma Q H \eta'}{\gamma' Q' H' \eta}$$

如果两台水泵相似，则

$$\eta = \eta'$$

故有

$$\frac{N}{N'} = \left(\frac{D}{D'}\right)^5 \left(\frac{n}{n'}\right)^3 \frac{\gamma}{\gamma'} \tag{7-34}$$

式（7-32）、式（7-33）和式（7-34）说明了彼此相似的水泵在相似工况下工作时，其参数间的关系。

（三）比例定律

对于同一台水泵或两台对应尺寸相等的相似水泵，如果输送的流体重力密度相等，相似定律可简化为

$$\frac{Q}{Q'} = \frac{n}{n'} \tag{7-35}$$

$$\frac{H}{H'} = \left(\frac{n}{n'}\right)^2 \tag{7-36}$$

$$\frac{N}{N'} = \left(\frac{n}{n'}\right)^3 \tag{7-37}$$

式中　Q、H、N——当转速为 n 时水泵的流量、扬程、轴功率；

Q'、H'、N'——当转速为 n' 时水泵的流量、扬程、轴功率。

由式（7-35）、式（7-36）和式（7-37）可知，对于同一台水泵，当转速改变时，在相应工况下，其流量之比等于转速之比，扬程之比等于转速之比的二次方，功率之比等于转速之比的三次方。这三个公式称为比例定律。

利用比例定律，可以方便地由水泵在某一转速下的特性，换算出该水泵在另一转速下的特性，从而扩大了水泵的使用范围。

（四）比转数

式（7-32）、式（7-33）和式（7-34）分别给出了相似水泵间流量、扬程（压头）和功率的相互关系。但在水泵具体的设计、选择、改造及不同类型水泵间的性能比较时，往往需要一个能说明同一类型水泵共同特性的综合性能参数。这个反映同一类型水泵综合性能的参数称为比转数。

1. 比转数公式的推导

同一类型水泵彼此相似，任意两台水泵的性能参数满足相似定律，将流量关系式（7-32）两边二次方，扬程关系式（7-33）两边三次方，则有

$$\frac{Q_1^2}{D_1^6 n_1^2} = \frac{Q_2^2}{D_2^6 n_2^2} \tag{7-38}$$

$$\frac{H_1^3}{D_1^6 n_1^6} = \frac{H_2^3}{D_2^6 n_2^6} \tag{7-39}$$

将式（7-38）除以式（7-39），得

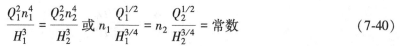

$$\frac{Q_1^2 n_1^4}{H_1^3} = \frac{Q_2^2 n_2^4}{H_2^3} \text{ 或 } n_1 \frac{Q_1^{1/2}}{H_1^{3/4}} = n_2 \frac{Q_2^{1/2}}{H_2^{3/4}} = \text{常数} \qquad (7\text{-}40)$$

上式是由相似定律得到的，凡彼此相似的水泵其值应相等。因此，它可作为反映同一类型水泵综合性能的相似特征数，定义为比转数，用 n_s 表示。我国水泵的比转数习惯用这个常数的 3.65 倍的值计算，即

$$n_s = 3.65n \frac{Q^{1/2}}{H^{3/4}} \qquad (7\text{-}41)$$

式中　n——水泵转速（r/min）；

　　　Q——水泵最高效率点对应的单侧吸入口的流量（m³/s）；

　　　H——水泵最高效率点对应的单级叶轮的扬程（m）。

比转数是有因次的，水泵的比转数的单位是 $m^{3/4} \cdot s^{-3/2}$。近年来，国际上不少文献开始使用无因次比转数。无因次比转数的公式为

$$n_s = n \frac{Q^{1/2}}{(gH)^{3/4}} \qquad (7\text{-}42)$$

式中　g——重力加速度（m/s²）。

国际泵试验标准 ISO2548 中，在无因次比转数公式中乘以 $2\pi/60$，称为型式数，用 K 表示，即

$$K = n \frac{2\pi}{60} \frac{Q^{1/2}}{(gH)^{3/4}} \qquad (7\text{-}43)$$

型式数是无因次的，它与比转数的关系为

$$K = 0.0051759 n_s \qquad (7\text{-}44)$$

采用无因次比转数或型式数，最显著的特点是具有通用性。水泵比转数计算式是以水作为标准的，而无因次比转数或型式数与泵输送的液体密度无关，无论输送何种液体，泵的型式数都相同，作为相似准则 K 比 n_s 更合适。

国际标准化组织 ISO/TC 在国际标准中定义了型式数，并取代过去的比转数。我国参照国际标准制定的现行国家标准 GB/T 3216—2016 也明确规定采用型式数 K。

2. 比转数的应用

比转数在水泵中有着重要的作用，它是水泵的主要性能参数之一，其应用主要有以下几方面。

1）比转数可作为水泵分类的依据。比转数是水泵的相似准则数，彼此相似的水泵比转数是相等的，所以可以用比转数对水泵进行分类。不同的比转数代表了水泵不同的结构和性能。

2）比转数是编制水泵系列的基础。同一类型结构和性能的水泵为同一系列。将许多水泵的工作范围画在一张图上，称为水泵系列型谱。在编制系列型谱时，如果以比转数为基础安排系列，则可大大减少模型数目。系列型谱为用户选择产品提供了方便。

3）比转数是水泵设计计算的基础。无论用相似设计，还是速度系数法设计，都需要利用比转数来选择合适性能的模型或合理的速度系数。

习题与思考题

1. 离心式叶轮理论压头方程式是在什么假设条件下，根据什么原理导出的？其方程式又说明哪些问题？

2. 按流体相对叶轮的流动来考虑，流体由叶轮内流出时是相对速度方向还是绝对速度方向？

3. 由离心式叶轮的理论压头线向实际压头线过渡时，考虑了哪些因素的影响？

4. 为什么离心式叶轮的流道中会产生轴向涡流？它对速度三角形有何影响？

5. 为什么现场中的离心式水泵大都采用后弯叶片的叶轮？

6. 离心式水泵内部损失有哪几种？简述造成这些损失的原因。

7. 比例定律和比转数对于水泵来说有何用途？为什么说对于同一类型的水泵，不论其大小、转速如何，它们的比转数是相同的？

8. 若已知某水泵的流量为 $30m^3/h$，叶轮外径为 $0.35m$，叶轮出口宽度为 $0.01m$，转速为 $1450r/min$，试求叶轮叶片的出口安装角分别为 $30°$、$90°$ 和 $160°$ 时，它所产生的理论压头，并分别绘制出理论压头线。

9. 有一离心式水泵转速为 $1180r/min$ 时，扬程 $H=100m$，流量 $Q=0.17m^3/s$。若将其叶轮外径 D_2 放大为原来的两倍，且转速降为 $n'=1450r/min$，则水泵相应的扬程和流量变为多少？

10. 设某水泵当 $n=2950r/min$ 时，在曲线上找出一点，其流量 $Q=48m^3/h$，扬程 $H=90m$，轴功率 $N=16kW$。若将其转速改为 $1180r/min$ 时，则该点对应点的参数（流量、扬程和轴功率）变为多少？

项目三　离心式水泵的构造

学习目标

掌握离心式水泵的结构、组成及各组成的功用；掌握离心式水泵的工作原理、工作特点及适用范围；掌握常用离心式水泵的类型、结构、型号含义、工作特点及适用范围。

一、离心式水泵的主要部件

图 7-16 所示为 D 系列分段式多级离心式水泵。以旧系列 200D-43×3 和新系列 D280-43×3 为例，200 表示水泵吸水口直径，单位 mm；D 表示单吸多级分段式清水泵；43 表示单级额定扬程，单位 m；3 表示水泵级数；280 表示额定流量，单位 m^3/h。这种结构的泵分若干级，每一级都由一个叶轮及一个径向导叶组成。其主要部件有转动部分、固定部分、密封装置和轴承支承等。

（一）转动部件的作用和结构

转动部分主要由泵轴、叶轮、平衡盘和轴承组成，叶轮和平衡盘装在泵轴上，泵轴支承在两端的轴承上，在电动机的带动下一起转动。

1. 叶轮

叶轮是水泵传递和转换能量的主要部件，它主要靠离心力的作用把能量传递给液体，使液体的压力和速度得到提高。叶轮的尺寸、形状和制造精度对水泵的性能影响很大，一般由灰铸铁或铸钢经机加工制成。

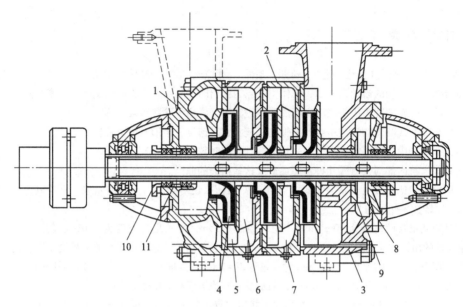

图 7-16 200D-43×3 型离心式水泵

1—进水段 2—中间段 3—出水段 4—叶轮 5—导水叶片 6—返水叶片

7—放水孔 8—平衡盘 9—平衡环 10—填料压盖 11—水封环

如图 7-17a 所示，叶轮一般由前盘、后盘和夹在其间的叶片以及轮毂组成。图 7-17b 所示叶轮为封闭式叶轮。封闭式叶轮效率较高，但要求输送的介质较清洁。如果叶轮无前盖板，其他都与封闭式叶轮相同，则称为半开式叶轮，如图 7-17c 所示。半开式叶轮适宜输送含有杂质的液体。只有叶片及轮毂，而无前、后盖板的叶轮称为开式叶轮，如图 7-17d 所示。开式叶轮适宜输送含有较多杂质颗粒的液体，但开式叶轮的效率较低，在一般情况下不采用。

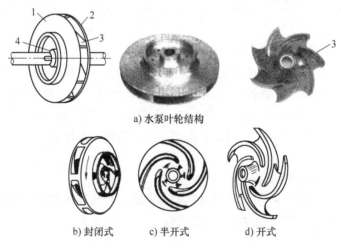

a) 水泵叶轮结构

b) 封闭式   c) 半开式   d) 开式

图 7-17 水泵叶轮的结构和形式

1—前轮盘 2—后轮盘 3—叶片 4—轮毂

叶轮还有单吸与双吸之分。图 7-18a 所示为单吸式叶轮，图 7-18b 所示为双吸式叶轮。

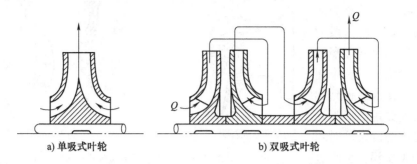

a) 单吸式叶轮   b) 双吸式叶轮

图 7-18 双侧吸入及对称排列叶轮

在相同条件下，双吸式叶轮的流量是单吸式叶轮流量的两倍，而且它基本上不产生轴向力。双吸式叶轮适用于大流量或提高泵抗汽蚀性能的场合，前、后盖板中的叶片有圆柱形叶片和双曲率（扭曲）叶片两种形式。圆柱形叶片制造简单，但流动效率不高。目前，为提高泵的效率，一般都采用扭曲叶片。

2. 水泵轴

泵轴是传递转矩的主要部件，支承在两端的轴承上，与叶片和平衡盘用键连接，一般用碳素钢或合金钢加工制成。为了防止泵轴锈蚀，泵轴与水接触部分装有轴套，轴套锈蚀和磨损后可以更换，以延长泵轴的使用寿命。

3. 平衡盘

多级分段式离心式水泵往往在水泵的压出段外侧安装平衡盘。平衡盘和平衡座的作用是用来平衡叶轮产生的轴向推力。常用灰铸铁制造，其结构如图 7-19 所示。

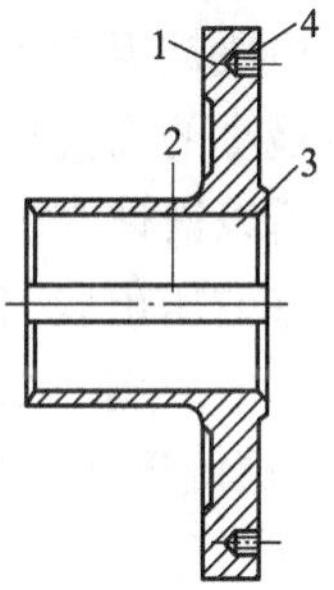

4. 轴承

D 型泵的轴承采用单列向心滚柱轴承，用润滑脂润滑。这种轴承允许有少量的轴向位移，以利于平衡盘平衡轴向推力。轴承两侧用 O 形耐油橡胶密封圈和挡水圈防水。采用滚动轴承也减小了摩擦阻力。

图 7-19 平衡盘的剖视图
1—盘面 2—键槽 3—轴孔
4—拆卸用螺钉孔

（二）固定部分

固定部分主要包括进水段（前段）、中段、出水段（末段）和填料装置等部件，用拉紧螺栓连接。吸水口为水平方向并位于进水段，出水口为垂直方向并位于出水段。

1. 吸入段（进水段）

吸入段的作用是均匀地将液体从吸入管路引入叶轮，并降低流动损失。

吸入段形状设计对进入叶轮的液体流动情况影响很大，对泵的抗汽蚀性能有直接影响。吸入段有锥形管吸入段、圆环形吸入段和半螺旋形吸入段三种结构。

1）锥形管吸入段。图 7-20a 所示为锥形管吸入段结构示意图。这种吸入段流动阻力损失较小，液体能在锥形管吸入段中加速，速度分布较均匀。锥形管吸入段结构简单，制造方便，是一种很好的吸入段，适宜用在单级悬臂式泵中。

2）圆环形吸入段。图 7-20b 所示为圆环形吸入段结构示意图。在吸入段的起始段中，轴向尺寸逐渐缩小，宽度逐渐增大，整个面积还是缩小，使液流得到加速。由于泵轴穿过环形吸入段，所以液流绕流泵轴时在轴的背面产生旋涡，引起进口流速分布不均匀。同时叶

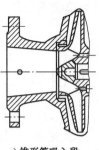 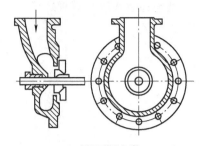

a) 锥形管吸入段　　　　　　　　　　　　b) 圆环形吸入段

图 7-20　锥形管吸入段和圆环形吸入段

轮左、右两侧的绝对速度的圆周分速度也不一致，所以流动阻力损失较大。

由于圆环形吸入段的轴向尺寸较短，因而被广泛用在多级泵上。

3）半螺旋形吸入段。如图 7-21 所示，半螺旋形吸入段能保证叶轮进口液流有均匀的速度场，泵轴后面没有旋涡，但液流进入叶轮前已有预旋，扬程要略有下降。

半螺旋形吸入段大多被应用在双吸式泵、多级中开式泵上。

2. 压出段（出水段）

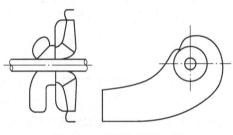

图 7-21　半螺旋形吸入段

压出段将从叶轮中流来的高速液体收集起来，以最小的损失把液体引向压出口。液体有一部分动压转变为静压。压出段中液体的流速较大，所以液体在流动的过程中要产生较大的阻力损失。因此，有了性能良好的叶轮，还必须有良好的压出段与之相配合，这样整个泵的效率才能提高。

常见的压出段结构形式很多，有螺旋形压出段、环形压出段等。

1）螺旋形压出段。螺旋形压出段又称为蜗壳体，一般用于单级泵、单级双吸泵及多级泵。

液体从叶轮流出进入如图 7-22 所示的蜗壳体内，沿着蜗壳体在流体流动方向上，其数量是逐渐增多的，因此壳体的截面积也是不断增大的。这样液体在蜗壳体中运动时，其在各个截面上的平均流速均相等。蜗壳体只收集从叶轮中流出的液体，扩散管使液体中的部分动能转变成压力能。为减少扩散管的损失，它的扩散角 θ 一般取 8°~12°。

泵舌与叶轮外径的间隙不能太小，否则在大流量工况下泵舌处容易产生汽蚀。同时间隙太小，也容易引起液流阻塞而产生噪声与振动。间隙也不能太大，在太大的间隙处会引起旋转的液体环流，消耗能量，降低泵的容积效率。

螺旋形压出段制造方便，泵的高效率区域较宽。

2）环形压出段。环形压出段的流道截面积处处相等，如图 7-23 所示，所以液流在流动中不断加速，从叶轮中流出的均匀液流与压出段内速度比它高的液流相遇，彼此发生碰撞，损失很大。所以环形压出段的效率低于螺旋形压出段；但它加工方便，主要用于多级泵的排出段，或输送有杂质的液体。

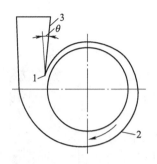

图 7-22　螺旋形压出段

1—泵舌　2—蜗壳体　3—扩散室

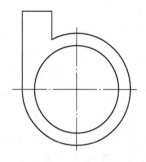

图 7-23　环形压出段

3. 中段

中段又称为导叶，主要由导水叶片和返水叶片组成。导水叶片和返水叶片把上一级叶轮流出的高压水以最小的损失导入下一级叶轮入口。导水叶片和返水叶片的数目差一个，以避免水流的脉动产生冲击和振动。

导水圈和返水圈主要有径向式与流道式，图 7-24 所示为径向式导叶，它由螺旋线、扩散管、过渡区和反导叶组成。图 7-24 中 AB 部分为螺旋线，它起着收集液体的作用。扩散管 BC 部分起着将部分速度能转换成压力能的作用。螺旋线与扩散管又称为正导叶，它起着压出室的作用。CD 为过渡区，起着转变液体流向的作用。液体在过渡区里沿轴向转了 180° 的弯，然后沿着反导叶 BE 进入次级叶轮的入口。

图 7-25 所示为流道式导叶。在流道式导叶中，正反导叶是连续的整体，即反导叶是正导叶的继续，所以从正导叶进口到反导叶出口形成单独的小流道，各个小流道内的液流互不相混。它不像径向式导叶，在环形空间内液体混在一起，再进入反导叶。流道式导叶流动阻力比径向式导叶小，但结构复杂，铸造加工较麻烦。目前分段式多级泵趋向于采用流道式导叶。

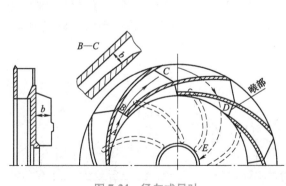

图 7-24　径向式导叶

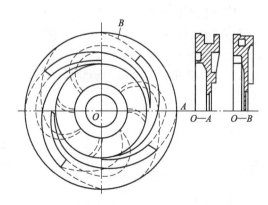

图 7-25　流道式导叶

（三）密封部分

水泵的密封包括各固定段之间结合面的密封、转动部分的密封。

1. 固定段间的密封

离心式水泵各固定段之间的静止结合面采用纸垫密封。

2. 叶轮和固定部分间的密封

叶轮的吸水口、后盖板轮毂与固定段之间存在环形缝隙（图7-26）。高压区的水会经过环形缝隙进入低压区而形成循环流动，从而使叶轮实际排入次级的流量减少，并增加能量的消耗。为了减少缝隙的泄漏量，在保证叶轮正常转动的前提下，应尽可能减小缝隙。为此，在每个叶轮前后的环形缝隙处安装有磨损后便于更换的密封环，又称大、小口环，如图7-26所示。叶轮进水口采用大口环，叶轮后盖板侧轮毂处采用小口环。

一般水泵的密封环为圆柱形，用螺栓固定在泵壳上，它承受着与转子的摩擦，故密封环是水泵的易损件之一。当密

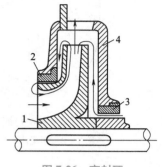

图 7-26　密封环

1—叶轮　2—大口环
3—小口环　4—泵壳

封环被磨损到一定程度后，水在泵腔内将发生大量的窜流，使水泵的排水量和效率显著下降，故应及时更换密封环。

为提高水泵的效率，密封环也可以采用更复杂的结构，如图7-27所示。

3. 轴端与固定部分间的密封

泵轴穿过泵壳，使转动部分和固定部分之间存在间隙，泵内液体会从间隙中泄漏至泵外。若泵吸入端是真空，则外界空气会漏入泵内，严重威胁泵的安全工作。为了防止泄漏和空气进入水泵，一般在此间隙处装有轴端密封装置，简称轴封。目前采用的轴封有填料密封、机械密封、浮动环密封及迷宫密封等。

填料密封在泵中应用得很广泛，如图7-28所示，由填料箱、填料、水封环及填料压盖组成。填料一般用浸油石棉绳弯成圆形装入填料箱；水封环装在填料箱中间，水封环上一般有4个小孔，由水泵中段引入的压力水进入水封环形成水封，并起到冷却和润滑的作用。正常工作时，填料由填料压盖压紧，充满填料腔室，使泄漏减少。由于填料与轴套表面直接接触，因此填料压盖的压紧程度应该合理。如压得过紧，填料在腔室中被充分挤紧，泄漏虽然可以减少，但填料与轴套表面的摩擦迅速增加，严重时发热、冒烟，甚至将填料、轴套烧坏。如压得过松，则泄漏增加，泵效率下降。填料压盖的压紧程度应该以滴水不成线为佳，以从填料压盖中流出少量的滴状液体为宜（一般为1滴/s）。

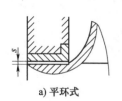

a) 平环式　　b) 直角式　　c) 迷宫式

图 7-27　密封环形式

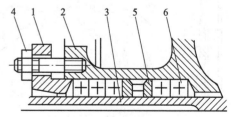

图 7-28　D型泵进水段填料密封结构

1—填料压盖　2—进水段　3—轴套
4—压盖螺栓　5—水封环　6—填料

填料常用石墨油浸石棉绳，或石墨油浸含有铜丝的石棉绳。但它们在泵高温、高速的情况下，密封效果较差。国外某些厂家使用由合成纤维、陶瓷及聚四氟乙烯等材料制成的压缩填料密封，具有低摩擦性，并有较好的耐磨、耐高温性能，使用寿命较长，且价格与石棉绳填料不相上下。

填料与轴套的摩擦会导致发热，所以填料密封还应通有冷却水以进行冷却。

二、离心式水泵的轴向推力及其平衡

水泵在运转时，转子上会受到轴向推力的作用。为保证泵的使用安全，必须研究它们的产生原因、轴向推力的大小及平衡方法。

（一）轴向推力产生的原因

图 7-29 所示为单级单吸式叶轮，由于泄漏的原因叶轮两侧充有液体，但它们的液流压力不等。叶轮右侧的压力 p_2 与叶轮左侧吸入口以上的压力 p_2 近似相等，互相抵消。但在吸入口部分，左右两侧的液流压力就不等了，右侧的压力大于左侧压力，它们的压差乘以面积的积分就是作用在单个叶轮上的轴向力。轴向力的方向指向吸入口。

（二）轴向推力的危害

多级水泵由于叶轮数目多，所以总的轴向力是一个不小的数值，如 150D30×9 型水泵运转中会产生高达 21kN 以上的轴向推力，这么大的力将使整个转子向吸水侧窜动。如不加以平衡，将使高速旋转的叶轮与固定的泵壳发生破坏性的磨损；另外，过量的轴窜动，会使轴承发热，电动机负载加大；同时使互相对正的叶轮出水口与导水圈的导叶进口发生偏移，引起冲击和涡流，使水泵效率大大降低，严重时会导致水泵无法工作。

（三）轴向力的平衡方法

1. 平衡孔

如图 7-30 所示，在叶轮后盖板上一般钻有数个小孔，并在与前盖板密封直径相同处装有密封环。液体经过密封环间隙后压力下降，减少了作用在后盖板上的轴向力；另外在后盖板下部从泵壳处设连通管与吸入侧相通，将叶轮背面的压力液体引向吸入管。

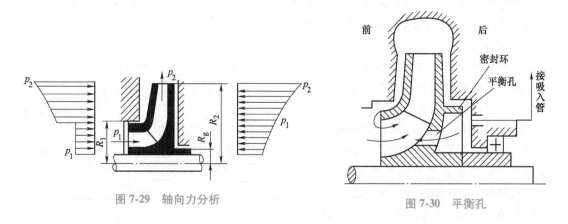

图 7-29 轴向力分析　　　　图 7-30 平衡孔

平衡孔结构简单并可减小轴封压力，但它增加了泄漏，干扰了叶轮入口液体流动的均匀性，所以泵的效率有所降低。平衡孔方法适用于单级泵或小型多级泵。

2. 平衡（背）叶片

如图 7-31 所示，在叶轮的后盖板外侧铸有 4~6 片背叶片。未铸有背叶片时，叶轮右侧压力分布如图中曲线 AGF 所示。加铸背叶片后，背叶片强迫液体旋转，使叶轮背面的压力显著下降，它的压力分布曲线如图中曲线 AGK 所示。

图 7-31　背叶片

背叶片除了能平衡轴向力外，还能减小轴端密封处的液体压力，并可防止杂质进入轴端密封。所以背叶片常被用在输送含杂质液体的泵上。

3. 双吸式叶轮

双吸式叶轮由于左、右结构对称，不产生轴向力，如图 7-18b 所示。一般由于制造上的误差或两侧密封环磨损不同使泄漏的程度不同，会产生残余的轴向力。为平衡残余的轴向力，一般还装有推力轴承。

4. 叶轮对称布置

如果泵是多级的，则可以将叶轮对称布置，如图 7-32 所示。对称布置的叶轮虽然仍有轴向力，但它组成的转子由于有两个方向相反的轴向力彼此抵消，不受轴向力影响。

叶轮数为偶数，叶轮正好对半布置；叶轮数如为奇数，则首级叶轮可以采用双吸式，其余叶轮仍对半反向布置。采用叶轮对称布置平衡轴向力的方法简单，但增加了外回流管道，造成泵壳笨重，同时也增加了级间泄

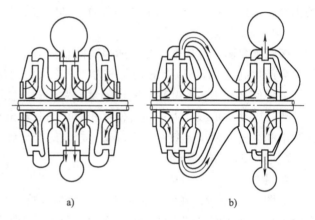

a)　　　　　　　　　b)

图 7-32　多级叶轮对称布置图

漏。叶轮对称布置主要用于蜗壳式多级泵和分段式多级泵。美国 Byion Jackson 公司生产的 600MW 超临界机组给水泵，就采用了叶轮对称布置平衡轴向力。

5. 平衡装置

为平衡轴向力，在多级泵上通常装置平衡盘、平衡鼓或平衡盘与平衡鼓联合装置、双平衡鼓装置。

1）平衡盘。图 7-33 所示为平衡盘装置。它装置在末级叶轮之后，随轴一起旋转。平衡盘装置有两个密封间隙，径向间隙 δ_0 与轴向间隙 δ'。设末级叶轮出口液体的压力为 p_2，平衡盘间隙 δ_0 前的液流压力为 p_3，平衡盘前的液流压力为 p_4，即轴向间隙 δ' 前的液流压力 p_5

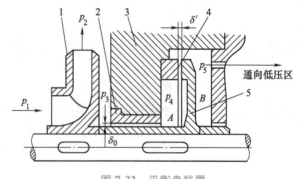

图 7-33　平衡盘装置

1—叶轮　2—支承环　3—泵体　4—平衡环　5—平衡盘

为间隙 δ' 后的液流压力。根据流体流动阻力原理 $p_3 > p_4 > p_5$。由于 $p_4 > p_5$，所以平衡盘前后产生压差，该压差乘以平衡盘的平衡面积，就得到平衡盘所产生的平衡力 F'。平衡力 F' 的方向恰与轴向力 F 的方向相反，大小与 F 相等，所以轴向力 F 得以平衡。

当工况变动时，叶轮产生的轴向力也发生变化，如果轴向力 F 增大，则轴向着吸入口方向移动，平衡盘的轴向间隙 δ' 减小，通过 δ' 间隙的泄漏量降低。径向间隙 δ_0 随工况变动，因此当通过 δ' 间隙的泄漏量降低时，则 δ_0 间隙两侧液体的压差也降低，平衡盘前的压力 p_4 升高。可是平衡盘后的压力 p_5 稍大于首级叶轮入口液流压力（因它与首级叶轮吸入口相通），那么平衡盘前后压差增大，平衡力 F' 也增大。增大了的平衡力与轴向力相等，泵轴处于新的平衡状态。反之，若轴向力减小，则轴向间隙 δ' 增大，压力 p_4 下降，平衡力下降，泵轴又趋于另一新的平衡状态。

但是泵轴进入新的平衡状态不是立刻就能完成的。实际上由于泵转子的惯性作用，移位的转子不会立即停在平衡位置上，而是会发生位移过量的情况。使得平衡力与轴向力又处于不平衡状态，于是泵转子往回移动。这就造成了泵转子在从一平衡状态过渡到另一新的平衡状态时，泵转子会出现来回"穿梭"现象。为了防止泵轴发生过大轴向穿梭，避免转子的振动和平衡盘的研磨，必须在平衡盘的轴向间隙 δ' 变化不大的情况下，平衡力发生显著的变化，使平衡盘在短期内能迅速达到新的平衡状态。这就要求平衡盘有足够的灵敏度。

平衡盘可以全部平衡轴向力，并可避免泵的动、静部分发生碰撞与磨损。但是泵在起动、停止时，由于平衡盘的平衡力不足，引起泵轴向吸入口方向窜动，平衡盘与平衡座间会产生摩擦，造成磨损。

平衡盘平衡轴向推力应注意以下几个问题：① 尽量减少水泵的起动、停止次数，以减少平衡盘和平衡座的磨损。因为水泵在起动过程中流量小、扬程大，轴向推力较大，平衡力较小，使泵轴向吸水而发生侧窜动，造成平衡盘与平衡座接触而磨损。② 要保证回水管的通畅。如果回水管堵塞，平衡盘两侧就没有压差，平衡盘将失去作用。③ 泵轴应有 $1 \sim 4\,\text{mm}$ 的轴向窜量。因平衡盘在平衡轴向推力的过程中随泵轴左、右移动，所以，泵轴要有一定的轴向窜量，以保证平衡盘能自动平衡轴向推力。

2）平衡鼓。平衡鼓是装在泵轴末级叶轮后的一个圆柱体，跟随泵轴一起旋转，如图 7-34 所示。平衡鼓外缘与泵体间形成径向间隙 δ，平衡鼓前的液体来自末级叶轮的出口。径向间隙前的液体压力为 p_3，间隙 δ 后的液体压力为 p_4。平衡鼓前后产生的压差与作用面积乘积的积分值是泵轴上轴向力的平衡力。

平衡鼓装置的优点是当工况变动时，泵起动、停止时平衡鼓与泵体不会发生磨损，所以平衡鼓的使用寿命长，工作安全，而且平衡鼓起着一种水轴承的作用，增加泵轴的刚度。但是由于设计计算不能完全符合实际，同时泵运转时工况变化，轴向力也会发生变化，因此平衡鼓工作时

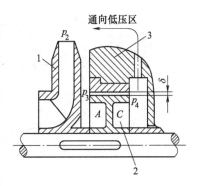

图 7-34　平衡鼓平衡轴向力
1—叶轮　2—平衡鼓　3—出水段

不能平衡掉全部的轴向力。另外平衡鼓不能限制泵轴的轴向窜动，所以使用平衡鼓时，必须同时装有双向的推力轴承。推力轴承一般承受整个轴向力的 5% ~ 10%，平衡鼓承受整个轴向力的 90% ~ 95%。

使用平衡鼓时，由于湿周大，所以泄漏量大。为减少平衡鼓的泄漏量，可在平衡鼓外圆周车出反向螺旋槽。

平衡鼓如果与平衡盘联合使用，能使平衡盘上所受的轴向力减少一部分，平衡盘的负载减小，改善工作情况。大容量锅炉给水泵常采用此种装置。

三、 矿山常用离心式水泵

离心式水泵在国民经济各部门得到了广泛的应用，它的整体结构有多种形式，下面仅介绍几种矿山常用的形式。

（一）D 型泵

D 型泵为多级单吸分段式离心泵。它可输送温度低于 80℃ 的清水或物理性质类似于水的液体。这种泵的流量范围为 32.4~580m³/h，扬程范围为 67.5~800m，矿井主排水泵目前多采用 D 型泵。D 型泵经过多年的发展目前已形成系列，但其结构形式相同，只是尺寸大小不同。下面以 200D-43×3 型泵为例来说明这类泵的结构。

型号意义：200——吸水口直径为 200mm；D——单吸、多级、分段式；43——单级额定扬程为 43m；3——3 级。目前对 D 型泵按新系列编制，其意义与旧系列有所不同，如200D-43×3 型号，按新系列的表示方法为 D280-43×3，D、43、3 代表的意义分别与前述相同，280 表示额定流量为 280m³/h。

图 7-35 所示为 D280-43×3 型泵的结构图，泵体由八根螺栓把进水段 10、两个装有导叶的中段 13 和出水段 14 三大部分连接而成。进水段为环形吸水室，出水段采用螺旋形压出。吸入口位于水平面上，排出口垂直向上。泵轴上装有三个叶轮 11 和一个平衡盘 16，在轴的

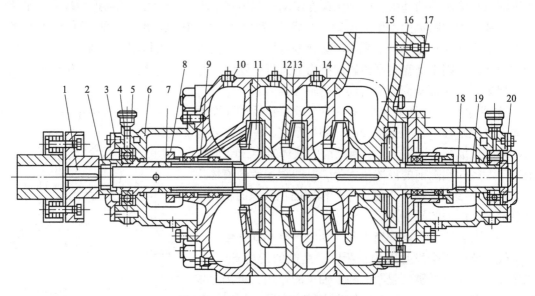

图 7-35　D280-43×3 型泵的结构图

1—泵轴　2—轴套螺母　3—轴承盖　4—轴承衬套甲　5—单列向心轴承　6—轴承体　7—轴套甲
8—填料压盖　9—填料环　10—进水段　11—叶轮　12—密封环　13—中段　14—出水段　15—平衡环
16—平衡盘　17—尾盖　18—轴套乙　19—轴承衬套乙　20—圆螺母

两端用单列向心轴承支承。平衡盘背面卸荷腔上开有管孔，用平衡管把此腔与吸入口接通。为了改善吸水性能，第一级叶轮的吸入口直径比其他几级大些。为了提高容积效率，在泵体上装有平环式大、小口环。在泵轴两端有两个填料箱，填料箱内的填料为石棉填料或聚四氟乙烯填料。

（二）B 型泵

B 型泵为单级单吸悬臂式离心泵，如图 7-36 所示，可供输送温度低于 80℃ 的清水或物理性质与水相似的液体。这种泵的流量范围为 4.5 ~ 360m³/h，扬程范围为 8 ~ 98m。B 型泵是由 BA 型泵改进而来的，常用于矿山辅助排水。现以 6B33A 型泵为例来说明这类泵的结构，它主要由叶轮、泵体、泵盖、泵轴、托架等组成。

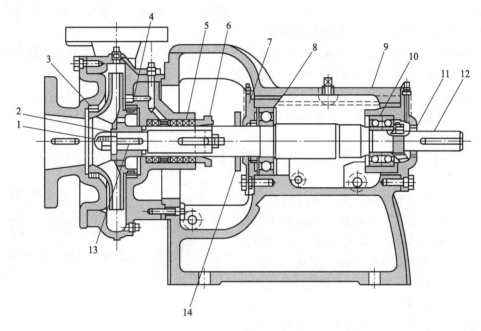

图 7-36　B 型泵结构图

1—叶轮背帽　2—叶轮背帽止回垫　3—叶轮外口环　4—叶轮内口环　5—密封填料
6—密封填料压盖　7—支承轴承盖　8—支承轴承　9—托架　10—推力轴承
11—油封　12—泵轴　13—叶轮键　14—挡油环

型号意义：6——吸入口直径为 6in（1in = 25.4mm）；B——单吸、单级、悬臂式；33——扬程 33m；A——第一次重大改进，换了直径较小的叶轮。

泵体内腔制成截面逐渐扩大的蜗壳形流道，吸水室与壳体铸成一体，泵的出水口与泵的轴线垂直，并可根据安装使用情况与泵体共同旋转 90°、180° 及 270°。泵轴左端装有叶轮，右端通过联轴器与电动机相连。叶轮前后盖和泵壳之间采用平环式密封环，并开有平衡孔。泵的最高和最低位置上各有一螺栓，分别作排气及放泄之用。

1. 叶轮

叶轮结构如图 7-37 所示，它由铸铁制成，为单侧进水，口环密封。后盘靠近轴孔处钻有若干个平衡孔用以平衡轴向力。叶轮经叶轮螺母和外止退垫圈固定在轴的一端。

2. 泵体

泵体由铸铁制成，其中铸有逐渐扩散至水泵出水口的螺旋形流道，用来收集叶轮排出的水，并在扩散段把一部分动能转化为压力能，把水引向排出口。在出水口法兰盘上，有安装压力表用的螺孔（不安装压力表时用螺钉堵住）。泵体下部有放水用的螺孔，当泵停止使用时，可将泵内水放出，防止冬季冻裂泵体。

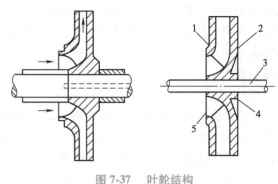

图 7-37　叶轮结构
1—前轮盘　2—后轮盘　3—泵轴　4—轮毂　5—吸水口

3. 泵盖

泵盖由铸铁制成，其中有填料室和窜水孔。填料室内有水封环、填料，外部有填料压盖，以防空气窜入和水渗出。少量高压水通过泵盖内的窜水孔流入填料室的水封环，起水封的作用。

4. 泵轴

泵轴由优质碳素钢制成，一端固定叶轮，另一端接联轴器，支承在滚动轴承上。

5. 托架

托架由铸铁制成，内有轴承室，用来安装轴承，两端用轴承压盖压紧。

（三）IS 型泵

IS 型泵是国际标准离心泵，系单级单吸轴向吸入离心泵，悬臂支承结构，轴承装于叶轮的同一侧，轴向力用平衡孔平衡。其性能范围：转速为 1450～2900r/min，流量为 6.3～400m³/h，扬程为 5～125m。主要输送温度不超过 80℃ 的清水或物理化学性质类似于水的液体，其外形和结构分别如图 7-38 和图 7-39 所

图 7-38　IS 型泵的外形图

示。IS 型泵共有 26 个基本型号，126 个规格，零部件通用化程度高达 92% 以上，使用维修方便。在矿山主要用于井底水窝和采区局部的排水。

IS 型泵主要由泵体和泵盖、叶轮、泵轴、轴承、悬架和悬架支架、密封环、填料密封部分等组成。

1. 泵体和泵盖

泵体和泵盖一般由灰铸铁铸造加工而成。泵体内有螺线形流道，用来收集叶轮排出的水，在螺线形扩散流道内把一部分动能转化为压力能。泵体下部加工有放水孔。泵盖中主要有填料室和窜水孔，少量的高压水通过窜水孔进入填料室，起到密封、润滑和冷却的作用。

2. 叶轮

叶轮由灰铸铁铸造加工而成，单侧进水，叶轮与泵体和泵盖之间的间隙用口环密封。叶轮采用平衡孔法平衡轴向推力，即在叶轮的后盘有环行凸台，在凸台和叶轮背面轮毂之间钻有 4～8 个平衡孔，以平衡轴向推力。

3. 泵轴

泵轴由优质碳素钢锻造加工而成。一端固定叶轮，另一端接联轴器部件，并由两个滚动

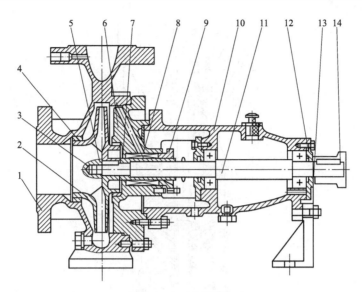

图 7-39　IS 型泵结构图

1—泵体　2—叶轮　3—叶轮螺母　4—密封环　5—止动垫圈　6—泵盖　7—轴套
8—填料环　9—填料压盖　10—悬架　11—泵轴　12—轴承盖　13—悬架支架　14—联轴器部件

轴承支承在悬架上。

4. 悬架和悬架支架

悬架由铸铁制成，内有轴承室。轴承室用来安装轴承，轴承用轴承压盖压紧。悬架支架用来支承悬架，并安装在水泵的基础上。

5. 密封环

密封环一般由灰铸铁制成，用来减少叶轮与泵体和泵盖之间的磨损，减小密封叶轮进水口和平衡环与固定部分的间隙，以减少水的泄漏，提高水泵的效率。

6. 密封部分

IS 型泵的密封部分和 D 型泵吸水侧的密封相同，都采用填料密封。

7. IS 型泵型号的意义

以 IS80-65-160 和 IS80-65-160A 为例。

IS——国际标准离心泵；

80——泵进口直径，mm；

65——泵出口直径，mm；

160——叶轮名义直径，mm；

A——第一次重大改进，叶轮直径第一次切割。

(四) 吊泵

吊泵为多级单吸立式离心泵，泵体固定在悬挂的机架上。这种泵的流量为 50m³/h，扬程范围为 250~270mm。

吊泵专门用于立井凿井时，排除掘进头涌水，工作时吊挂在井筒内紧跟迎头。目前我国生产的吊泵有两种系列，一种是 GDL 系列，其叶轮为闭式叶轮，只适用于排清水；另一种是 NBD 系列，该系列叶轮为半开式叶轮，并且向上呈倒锥形，每级间用螺栓连接，泵轴端用耐酸橡胶作为轴承。图 7-40 所示为 NBD 吊泵的结构图。

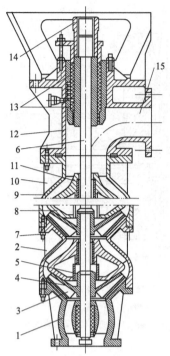

图 7-40　NBD 吊泵结构图

1—下段　2—中段　3—叶轮　4—锥形套筒　5—螺母　6—泵轴　7—螺钉　8—窝形套
9—上段　10—机壳　11—橡胶套筒　12—支承轴箱　13—填料　14—联轴器　15—出水口

 习题与思考题

1. 多级分段式离心泵是由哪些主要部件组成的? 各部件的作用是什么?
2. 导水叶片和返水叶片的作用是什么?
3. 为什么大、小口环磨损后, 会恶化水泵的性能?
4. 吸、排水侧填料各起什么作用? 填料的松紧程度以什么状态为宜? 为什么?
5. 机械密封和浮动环密封一般用在什么情况下? 其密封原理是什么?
6. 离心式水泵产生轴向推力的主要原因是什么? 其平衡的方法有哪些? 适用场合有哪些?
7. 为什么平衡盘可以自动平衡轴向推力? 能否堵塞平衡盘后的回水管?

项目四　离心式水泵在管路中的工作

学习目标

　　了解水泵管路系统和水泵之间的相互关系及影响; 了解水泵串、并联工作的目的及串、并联后的特性; 掌握矿山排水系统管路特性, 能熟练计算管路的特性方程, 并能绘制管路特性曲线和求工况点; 掌握离心式水泵工况调节的原理及方法, 并能在实际中选择运用; 掌握水泵的正常工作条件、经济运行及性能的测定, 并能正确地计算吸水高度; 掌握排水设备的操作、运行、管理及故障的分析、诊断与处理。

　　水泵性能曲线上每一个点都对应一个工况，但是当水泵在管路系统中运行时，在哪一点上工作，不仅取决于水泵本身，还取决于与其连接的管路系统的阻力特性。因此，为确定水泵的实际工作点，必须研究管路特性。

一、排水管路特性

（一）管路特性方程

　　图 7-41 所示为一台水泵与一条管路相连接的排水管路系统。若以 H 表示水泵给水提供的压头，取吸水井水面 0-0 为基准面，列出 1-1 面和排水管出口截面 3-3 的伯努利方程，则

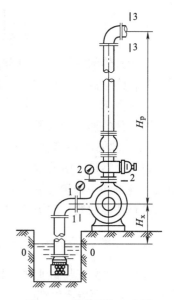

$$\frac{p'_a}{\gamma} + \frac{v_1^2}{2g} + H = (H_x + H_p) + \frac{p_a}{\gamma} + \frac{v_2^2}{2g} + h_w$$

式中　p'_a、p_a——1-1 和 3-3 截面上的大气压，矿井条件下，

图 7-41　排水设备示意图

　　　　　　两者相差很小，可认为相等；

　　H_x、H_p——吸水高度和排水高度（m），两者之和为测地高度或实际扬程 H_{sy}，即 $H_{sy} = H_x + H_p$；

　　v_1——吸水井液面流速（m/s），由于吸水井与水仓相通且液面较大，水流速度很小，可认为 $v_1 = 0$ m/s；

　　v_2——排水管出口处的水流速度（m/s），即排水管的流速 v_p，$v_2 = v_p$；

　　h_w——管路系统的水头损失（m），它等于吸水管水头损失 h_x 和排水管水头损失 h_p 之和。

则

$$H = H_{sy} + \frac{v_p^2}{2g} + h_w \tag{7-45}$$

由流体力学得

$$h_w = h_x + h_p = \left(\lambda_x \frac{l_x}{d_x} + \sum \zeta_x\right)\frac{v_x^2}{2g} + \left(\lambda_p \frac{l_p}{d_p} + \sum \zeta_p\right)\frac{v_p^2}{2g} \tag{7-46}$$

式中　v_x、v_p——吸、排水管路的流速（m/s）；

　　λ_x、λ_p——吸、排水管路的沿程阻力系数；

　　$\sum \zeta_x$、$\sum \zeta_p$——吸、排水管路的局部阻力系数之和；

　　l_x、l_p——吸、排水管路的实际管路长度（m）；

　　d_x、d_p——吸、排水管路的内径（m）。

将式（7-46）代入式（7-45），整理后得

$$H = H_{sy} + RQ^2 \tag{7-47}$$

　　式（7-47）称为排水管路特性方程式。该式表达了通过管路的流量与管路所消耗的压头之间的关系。式中的 R 为管路阻力系数，其计算式为

$$R = \frac{8}{\pi^2 g}\left[\lambda_x \frac{l_x}{d_x^5} + \frac{\sum \zeta_x}{d_x^4} + \lambda_p \frac{l_p}{d_p^5} + (1 + \sum \zeta_p)\frac{1}{d_p^4}\right] \qquad (7\text{-}48)$$

对于具体的管路系统而言，其实际扬程 H_{sy} 是确定的，因而当管路中流过的流量一定时，所需要的压头取决于管路阻力系数 R，即取决于管路长度、管径、管内壁粗糙度及管路附件的形式和数量。

（二）管路特性曲线

将式（7-47）中的 Q 与 H 的对应关系绘制在 Q-H 坐标图上，则得到一条顶点在（0，H_{sy}）处的二次抛物线，即排水管路特性曲线，如图 7-42 所示。

图 7-42　管路特性曲线

二、　离心式水泵的汽蚀和吸水高度

在确定水泵安装高度时，水泵的汽蚀是影响水泵安装高度的重要因素。水泵的安装高度过大时，可能在泵内产生汽蚀。汽蚀出现后，轻者使流量和扬程下降，严重时使泵无法工作。因此，了解产生汽蚀的机理以及如何防止汽蚀的发生对水泵的选型设计和使用是非常必要的。

（一）汽蚀现象

水泵在运转时，若由于某些原因而使泵内局部位置的压力降到低于水在相应温度的饱和蒸汽压时，水就会发生汽化，从水中析出大量汽泡。随着水的流动，低压区的这些汽泡被带到高压区时，会突然凝结。汽泡重新凝结后，体积突然收缩，便使高压区出现空穴。于是四周的高压水以很大的速度去填补这个空穴，此处会产生巨大的水力冲击。此时水的动能变为弹性变形能，由于液体变形很小，根据实验资料，冲击变形形成的压力可高达几百兆帕。在压力升高后，紧接着弹性变形能又转变成动能，此时压力降低，这样不断循环，直至把冲击能转变成热能等能量耗尽为止。这种汽泡破裂凝结发生在金属表面时，就会破坏金属表面。这种在金属表面产生的破坏现象称为汽蚀。

汽蚀时产生的冲击频率很高，每分钟可达几万次，并集中作用在微小的金属表面上，而瞬时局部压力又可达几十兆帕到几百兆帕。叶轮或壳体的壁面受到多次如此大的压力后，会发生塑性变形和局部硬化，并产生金属疲劳现象，使其刚性变脆，很快会产生裂纹与剥落，直至金属表面形成蜂窝状的孔洞。汽蚀的进一步作用可使裂纹相互贯穿，直到叶轮或泵壳蚀坏和断裂，这就是汽蚀的机械剥蚀作用。图 7-43 所示为离心式水泵叶片及叶轮被汽蚀破坏的情况。

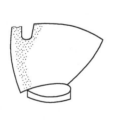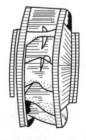

图 7-43　被汽蚀坏的叶片及叶轮

液体产生的汽泡中，还夹杂有一些活泼气体（如氧气），借助汽泡凝结时所释放出的热量，对金属起化学腐蚀作用。

汽蚀发生时，周期性的压力升高和水流质点彼此间的撞击以及对泵壳、叶轮的打击，将使水泵产生强烈的噪声和振动现象，其振动可引起机组基础或机座的振动。当汽蚀振动的频率与水泵固有频率接近时，能引起共振，从而使其振幅大大增加。

在产生汽蚀的过程中，由于水流中含有大量汽泡，破坏了液体正常的流动规律，因而叶轮与液体之间能量交换的稳定性遭到破坏，能量损失增加，从而引起水泵的流量、扬程和效率的迅速下降，甚至出现断流状态。

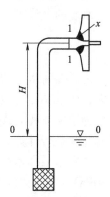

图 7-44　离心泵吸水管简图

（二）吸水高度

吸水高度（或称水泵几何安装高度）是指泵轴线的水平面与吸水池水面标高之差，图 7-44 所示为离心泵吸水管路简图。列出吸水池水面 0-0 与水泵入口截面 1-1 的伯努利方程为

$$\frac{p_a}{\gamma} = H_x + \frac{p_1}{\gamma} + \frac{v_1^2}{2g} + h_x \tag{7-49}$$

式中　H_x——水泵吸水高度或几何安装高度（m）；

p_1——水泵入口处的绝对压力（Pa）；

v_1——水泵入口处的断面平均流速（m/s）；

h_x——吸水管路的水头损失（m）。

整理后，上式可写成

$$H_x = \frac{p_a}{\gamma} - \frac{p_1}{\gamma} - \frac{v_1^2}{2g} - h_x \tag{7-50}$$

或

$$\frac{p_a}{\gamma} - \frac{p_1}{\gamma} = H_x + \frac{v_1^2}{2g} + h_x \tag{7-51}$$

令 $\frac{p_a}{\gamma} - \frac{p_1}{\gamma} = H_s'$，$H_s'$ 为水泵吸入口处的吸上真空度，则

$$H_s' = H_x + \frac{v_1^2}{2g} + h_x \tag{7-52}$$

（三）水泵允许吸上真空度

由式（7-52）可知，水泵是靠吸入口产生的真空吸水的。真空度一部分用于维持水流动时所需的速度水头，一部分用于克服吸水管路中的流动损失，还有一部分要用于提高水位。三者之和越大，所需的真空度就越大。但此真空度不能过大，否则当真空度大到使吸入口绝对压力等于水的相应温度下的汽化压力 p_n 时，水泵会产生汽蚀，此时的吸上真空度称为最大吸上真空度，用 H_{smax}' 表示，即

$$H_{smax}' = \frac{p_a - p_n}{\gamma} \tag{7-53}$$

为使水泵运转时不产生汽蚀，规定水泵允许的吸上真空度，一般在最大吸上真空度的基础上

保留 0.3m 的安全余量，即

$$H_s = H_{smax} - 0.3m \tag{7-54}$$

式中　H_s——允许吸上真空度（m）。

水泵实际运行时产生的吸上真空度，不能超过允许吸上真空度。

最大吸上真空度是由制造厂试验得到的，它是发生汽蚀断裂工况时的吸上真空度。

水泵的允许吸水高度为

$$[H_x] = H_s - \frac{v_1^2}{2g} - h_x \tag{7-55}$$

为了提高水泵的吸水高度，吸入管路的液体的流速不能太高，吸入管路的阻力损失不能太大，所以要尽可能地选择必要的、阻力比较小的局部件。

为了保证离心式水泵运转的可靠性，水泵的几何安装高度应该以运行时可能出现的最大工况流量进行计算。

通常水泵样本中给出的允许吸上真空度，规定是在大气压力 $p_a = 10mH_2O$（$1mH_2O = 9810Pa$）、液体温度为 $t = 20℃$、水泵在额定转速运行条件下测得的。当水泵的使用条件与规定条件不符时，应对样本上提供的允许吸上真空度值进行修正。其换算公式为

$$[H_s] = H_s - \left(10 - \frac{p_a}{\gamma}\right) - \left(\frac{p_n}{\gamma} - 0.24\right) \tag{7-56}$$

（四）汽蚀余量

水泵在运行时，可能因更换了一个吸入装置而导致水泵产生汽蚀，也可能因更换了一台水泵而导致发生汽蚀。由此可见，水泵的汽蚀既与吸入装置系统有关，也与水泵本身吸入性能有关。

近年来，生产厂家引入了另一个表示水泵汽蚀性能的参数，称为汽蚀余量，以符号 NPSH 或 Δh 表示。汽蚀余量分为装置汽蚀余量（或有效汽蚀余量）和临界汽蚀余量（或必需汽蚀余量）。

1. 装置汽蚀余量

装置汽蚀余量是指在水泵吸入口处，单位重量液体所具有的超过饱和蒸汽压力的富裕能量，以符号 Δh_a 表示。根据装置汽蚀余量的定义，其表达式为

$$\Delta h_a = \frac{p_1}{\gamma} + \frac{v_1^2}{2g} - \frac{p_n}{\gamma} \tag{7-57}$$

或

$$\Delta h_a = \frac{p_a}{\gamma} - \frac{p_n}{\gamma} - H_x - h_x \tag{7-58}$$

由式（7-58）可知，装置汽蚀余量是由吸入液面上的大气压力、液体的温度、水泵的几何安装高度和吸入管路的阻力损失的大小决定的，与水泵本身性能无关。在给定的吸入装置系统与吸入条件下，装置汽蚀余量就可以确定。

在吸入液面上的大气压力、液体的温度和水泵的几何安装高度不变时，装置汽蚀余量随流量的增加而下降。不同海拔高度时的大气压值及不同水温时的蒸汽压力值见表 7-1 和表 7-2。

表 7-1 不同海拔高度时的大气压力值

海拔高度/m	−600	0	100	200	300	400	500	600	700	800	900	1000	1500	2000
大气压力/mH₂O	11.3	10.3	10.2	10.1	10.0	9.8	9.7	9.6	9.5	9.4	9.3	9.2	8.6	8.1

表 7-2 不同水温时的饱和蒸汽压力值

水温/℃	0	5	10	15	20	30	40	50	60	70	80	90	100
饱和蒸汽压力压力/mH₂O	11.3	10.3	10.2	10.1	10.0	9.8	9.7	9.6	9.5	9.4	9.3	9.2	8.6

装置汽蚀余量越大，出现汽蚀的可能性就会越小，但不能保证水泵一定不出现汽蚀。

2. 临界汽蚀余量

有效汽蚀余量的大或小，并不能说明水泵是否产生气泡或发生汽蚀。因为有效汽蚀余量仅指液体在水泵吸入口处所具有的超过饱和蒸汽压力的富裕能量，但水泵吸入口处的液体压力并不是水泵内压力最低处的液体压力。液体从水泵吸入口流至叶轮进口的过程中，能量没有增加，但它的压力却还要继续降低。

单位重量液体从水泵吸入口到叶轮叶片进口最低处的压力为饱和蒸汽压时的压力降，称为临界汽蚀余量，也称为泵的汽蚀余量，以符号 Δh_r 表示。也就是说，临界汽蚀余量是水泵内发生汽蚀的临界条件，它是水泵本身汽蚀性能参数，与吸入装置条件无关。

根据伯努利方程可推导得到临界汽蚀余量的公式，即汽蚀基本方程式

$$\Delta h_r = \mu \frac{c_1^2}{2g} + \lambda \frac{w_1^2}{2g} \tag{7-59}$$

式中　c_1——叶片进口前的液体质点的绝对速度（m/s）；

　　　μ——水力损失引起的压降系数，一般取 $\mu = 1.0 \sim 1.2$；

　　　w_1——叶片进口前的液体质点的相对速度（m/s）；

　　　λ——液体绕流叶片端部引起的压降系数，在无液体冲击损失的额定工况点下，$\lambda = 0.3 \sim 0.4$。但在非额定工况点下，λ 是随工况点变化而变化的，目前很难求得，所以 Δh_r 只能用试验的方法确定。

3. 允许汽蚀余量

分析装置汽蚀余量与临界汽蚀余量可知，Δh_a 与 Δh_r 虽然有着本质的区别，但是它们之间存在着不可分割的紧密联系。装置汽蚀余量是在泵吸入口处提供大于饱和蒸汽压力的富裕能量，而临界汽蚀余量是液体从水泵吸入口流至叶轮压力最低点所需的压力降，这压力降只能由装置汽蚀余量来提供。欲使水泵不产生汽蚀，就要使装置汽蚀余量大于临界汽蚀余量，即 $\Delta h_a > \Delta h_r$。

为了保证水泵不产生汽蚀而正常工作，把比临界汽蚀余量高 0.3m 的装置汽蚀余量定义为允许汽蚀余量，即

$$[\Delta h] = \Delta h_r + 0.3\text{m} \tag{7-60}$$

实际装置汽蚀余量应大于或等于允许汽蚀余量，即

$$\Delta h_a \geq [\Delta h] \tag{7-61}$$

4. 允许汽蚀余量与允许吸上真空度的关系

允许吸上真空度为

$$H_s = \frac{P_a}{\gamma} + \frac{v_1^2}{2g} - \frac{P_n}{\gamma} - [\Delta h] \qquad (7\text{-}62)$$

允许吸水高度为

$$[H_x] = \frac{P_a}{\gamma} - \frac{P_n}{\gamma} - [\Delta h] - h_{wx} \qquad (7\text{-}63)$$

三、 离心式水泵工况分析及调节

(一) 水泵工况点

当一台水泵与某一管道系统连接并工作时，把水泵的扬程曲线和管道特性曲线按相同比例画在同一坐标纸上，如图 7-45 所示。

水泵的扬程特性曲线与管路特性曲线有一交点 M，这就是水泵的工作状况点，简称工况点。假设水泵在 M' 点工况下工作，则水泵产生的压头大于管路所需的压头 H_M，这样多余的能量就会使管道内的液体加速，从而使流量增加，直到流量增加到 Q_M 为止。另一方面，假设水泵在 M'' 点工况下工作，则水泵产生的压头小于经管路把水提高到 $H_{M''}$ 所需的压头，这时由于能量不足，管内流速减小，流量随之减少，直到减至 Q_M 为止，所以水泵必定在 M 点工作。总而言之，只有在 M 点才能使压头与流量相匹配，即 $H_{泵} = H_{管}$，$Q_{泵} = Q_{管}$。与 M 点对应的 H_M、Q_M、N_M、η_M、H_{sM} 称为该泵在确定管道中工作时的特性参数值，也称为工况参数。

(二) 水泵正常工作条件

1. 稳定性工作条件

泵在管路上稳定工作时，不管外界情况如何变化，泵的扬程特性曲线与管路特性曲线有且只有一个交点，反之是不稳定的。下面讨论稳定工作条件。

水泵运转时，对于确定的排水系统管路特性曲线基本上是不变的。

对于确定的泵，泵的参数是不变的，泵的特性曲线只随转速而变化。转速与供电电压有关，供电电压在一定范围内是经常变化的，因此有可能出现如下两种极端情况，如图 7-46 所示。

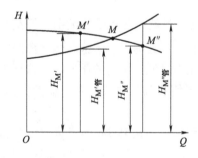

图 7-45　水泵工况点的确定

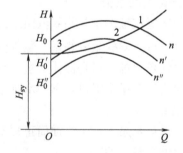

图 7-46　水泵不稳定工作情况

（1）同时出现两个工况点　由于供电电压下降，转速由 n 变化为 n' 时，工况点有 2、3 两个。这样水泵工作时，扬程上、下波动，水量忽大忽小，呈现不稳定的状况。

（2）无工况点　当转速进一步下降到 n''，扬程曲线与管路特性曲线无相交点，即无工况点，水泵无水排出。

上述两种情况均为不稳定工作状况，从图 7-46 可发现，发生上述两种情况的原因是泵在零流量时的扬程小于管路测地高度。因此为保证水泵的稳定工作，泵的零流量扬程应大于管路的测地高度。考虑到供电电压波动是不可避免的，一般下降幅度在 2%~3%，则反映到泵的扬程上下降 5%~10%，因而稳定性工作的条件为

$$H_{sy} \geqslant 0.9H_0 \tag{7-64}$$

2. 经济性工作条件

为了提高经济效益，必须使水泵在高效区工作，通常规定运行工况点的效率不得低于最高效率的 85%，即

$$\eta_{v2} \geqslant 0.85\eta_{max} \tag{7-65}$$

根据式（7-65）划定的区域称为工业利用区，如图 7-47 所示的斜线区域。

3. 不发生汽蚀的条件

由模块七项目二分析可知，为保证水泵正常运行，实际装置的汽蚀余量应大于泵的允许汽蚀余量。

总之要保证水泵的正常和合理工作，必须满足：稳定工作条件；工况点位于工业利用区；实际装置的汽蚀余量大于泵的允许汽蚀余量。

（三）水泵工况点调节

水泵在确定的管路系统工作时，一般不需要调节，但若选择不当，或运行时条件发生变化，则需要对其工况点进行调节。由于工况点是由水泵的扬程特性曲线与管路特性曲线的交点决定的，所以要改变工况点，就可以采用改变管路特性或改变泵的扬程特性的方法来达到。

1. 节流调节

当把排水闸阀关小时，由于在管路中附加了一个局部阻力，则管路特性曲线变陡（图 7-48），于是泵的工况点就沿着扬程曲线朝流量减小的方向移动。闸阀关得越小，附加阻力越大，流量就变得越小。这种通过关小闸阀来改变水泵工况点位置的方法，称为节流调节。把闸阀关小时，水泵需额外增加一部分能量用于克服闸阀的附加阻力。所以，节流调节是不经济的，但是由于此方法简单易行，在生产实践中，可用在临时性及小幅度的调节中，特别是全开闸阀使电动机过负荷时，可采用少量关小闸阀使电动机电流保持在额定电流之下。

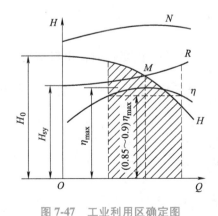

图 7-47 工业利用区确定图　　　　　图 7-48 节流调节时的性能曲线

2. 减少叶轮数目

多级泵由多个叶轮串联而成，其扬程可依据水泵串联工作的理论确定。因此，多级泵的扬程是单级叶轮的扬程乘以叶轮个数，即

$$H = iH_i \tag{7-66}$$

式中　H——多级泵的扬程（m）；

　　　H_i——单级叶轮的扬程（m）；

　　　i——叶轮个数。

当泵的扬程高出实际需要扬程较多时，可采用减少叶轮数调节泵的扬程，使其进入工业利用区进行有效地工作。此法在凿立井时期排水时采用较多。凿立井时，随井筒的延伸，所需的扬程随之发生变化，而吊泵的扬程是一个有级系列，为适应使用需要，往往采用拆除叶轮的办法来解决。

拆除叶轮时只能拆除最后或中间一级，而不能拆除吸水侧的第一级叶轮。因为第一级叶轮拆除后，增加了吸水侧的阻力损失，将使水泵提前发生汽蚀。

拆除叶轮时，泵壳及轴均可保持原状不动，但需要在轴上加一个与拆除叶轮轴向尺寸相同的轴套，以保持整个转子的位置固定不动，另外也可采用换轴和拉紧螺栓的方法。两种方法各有优缺点，前者调整方便，操作简单，工作量小，但对效率有一定的影响；后者调整工作量较大，但对效率影响较小。

3. 削短叶轮直径

削短直径后的叶轮与原叶轮在几何形状上并不相似，但当切割量不大时，可看成近似相似，仍遵循相似定律。

在保持转速不变的情况下，由相似定律可导出切割定律。

1）低比转数叶轮。由于叶轮流道形状窄而长，当切割量不大时，出口宽度基本不变，即故当转速不变时，叶轮外径由 D_2 切割为 D_2' 时，其流量、扬程和功率的变化关系为

$$\frac{Q}{Q'} = \frac{\pi D_2 b_2 C_{2r}}{\pi D_2' b_2' C_{2r}'} = \frac{D_2}{D_2'}\frac{D_{2n}}{D_{2n}'} = \left(\frac{D_2}{D_2'}\right)^2 \tag{7-67}$$

$$\frac{H}{H'} = \frac{\dfrac{1}{g}u_2 C_{2u}}{\dfrac{1}{g}u_2' C_{2u}'} = \frac{D_2}{D_2'} \tag{7-68}$$

2）中、高比转数叶轮。由于流道形状短而宽，当叶片外径变化时，出口宽度变化较大，一般认为叶片出口宽度与外径成反比，即 $\dfrac{b_2}{b_2'} = \dfrac{D_2'}{D_2}$。故当转速不变时，叶轮外径由 D_2 切割为 D_2' 时，其流量、扬程和功率的变化关系为

$$\frac{Q}{Q'} = \frac{\pi D_2 b_2 C_{2r}}{\pi D_2' b_2' C_{2r}'} = \frac{D_{2n}}{D_{2n}'} = \frac{D_2}{D_2'} \tag{7-69}$$

$$\frac{H}{H'} = \frac{\dfrac{1}{g}u_2 C_{2u}}{\dfrac{1}{g}u_2' C_{2u}'} = \left(\frac{D_{2n}}{D_{2n}'}\right)^2 = \left(\frac{D_2}{D_2'}\right)^2 \tag{7-70}$$

由切割定律知，削短叶轮直径后，水泵的扬程、流量和功率将减小，从而使特性曲线改变，则工况点也发生相应变化。在单级泵中使用这种方法可以扩大水泵的应用范围。

这里应当指出，按切割定律得切割后的性能曲线只适合叶轮车削量 $\dfrac{D_2+D_2'}{D_2}\le 5\%$，否则需要通过试验来确定。同时叶轮车削量不能超出某一范围，不然叶轮构造会被破坏，水力效率会严重降低。叶轮车削后，轴承与填料内的损失不变，有效功率则由于叶轮直径变小而减小，因此机构效率也会降低。现综合国内资料把许可的切割范围和效率下降值列入表 7-3 中。

表 7-3　离心式叶轮的叶片最大切割量与效率的关系

比转数	60	120	200	300	350
最大切割量	20%	15%	11%	9%	7%
效率下降量	每切割 10% 下降 1%		每切割 4% 下降 1%		

不同叶轮应当采用不同的车削方式，如图 7-49 所示。

1）低比转数离心泵叶轮的车削量，在两个圆盘和叶片上都是相等的（如果有导水器或在叶轮出口有泄漏环，则只车削叶片，不车削圆盘）。

2）高比数离心泵，叶轮两边车削成两个不同的直径，前盘的直径 D_2' 大于后盘的直径 D_2''，而 $\dfrac{D_2'+D_2''}{2}=D_2$。

低比转数离心泵叶轮车削以后，如果按图 7-50 中的虚线把叶片末端锉尖，可使水泵的流量和效率略微增大。

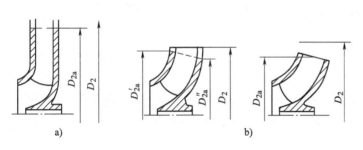

图 7-49　叶轮的车削方式

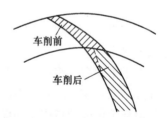

图 7-50　车削前后的叶片末端

四、离心式水泵的联合工作

当单台水泵在管路上工作不能满足排水的流量或扬程需要时，通常采用两台或多台同型号水泵联合工作的方法解决，联合工作的方法有串联和并联两种。

（一）串联工作

两台或两台以上水泵顺次连接，前一台水泵向后一台水泵进水管供水，称为水泵的串联工作。采用串联工作的目的是增加扬程。前一台泵的出口与后一台水泵的进口直接连接，称为直接串联工作。若前一台泵的出水口与后一台泵的进水口中间有一段管子连接则称为间接串联。

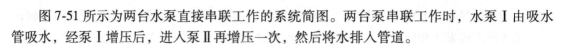

图 7-51 所示为两台水泵直接串联工作的系统简图。两台泵串联工作时，水泵 I 由吸水管吸水，经泵 I 增压后，进入泵 II 再增压一次，然后将水排入管道。

1. 流量

水泵 I 和水泵 II 的流量相等，并且等于管道中的流量，即

$$Q = Q_I = Q_{II}$$

式中　Q、Q_I、Q_{II}——管道、水泵 I 和水泵 II 的流量。

2. 扬程

串联后的等效扬程为水泵 I 和水泵 II 的扬程之和，即

$$H = H_I + H_{II}$$

式中　H_I、H_{II}——水泵 I 和水泵 II 的扬程。

串联后的等效扬程曲线和工况点可用图解法求得。以两台水泵串联为例，先将串联的水泵 I 和水泵 II 的扬程特性曲线画在同一坐标图上，如图 7-51 所示，然后在图上作一系列的等流量线 Q_a、Q_b、Q_c 等，等流量线 Q_a 扬程曲线 I 及扬程曲线 II 分别相交于 H_{aI} 和 H_{aII}，分别代表水泵 I、II 在此流量下的扬程。根据串联的特点，将 H_{aI} 和 H_{aII} 相加，得在此流量下的串联等效扬程 H_a，同理可求得（Q_b, H_b）、（Q_c, H_c）、…。将求得的各点连成光滑曲线，即为串联后的等效泵的扬程特性曲线，如图 7-51 中 I + II 曲线。

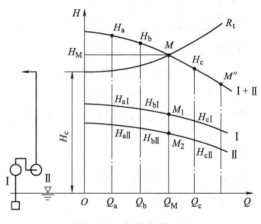

图 7-51　水泵串联工作

将管道特性曲线 R 用同一比例画在图 7-51 上，它与 I + II 曲线的交点 M 即为串联后的等效工况点。

由于串联后，管路流量等于单台泵的流量，由等效工况点引等流量线与扬程特性曲线 I 和 II 分别交于 M_1 和 M_2。M_1、M_2 即分别为水泵 I 和 II 的串联后工况点。

串联工作应注意以下问题：

1）对于泵间隔串联的情况，其等效扬程特性曲线和工况点求法相同，但当前一台泵的扬程排至后一台时，应还有剩余扬程，否则不能进行正常工作。

2）一般选用型号相同或特性曲线相近的水泵进行串联工作。否则因为串联时两泵流量相同，流量较大的水泵必然在低流量下工作，不能发挥其效能，因而很不经济。

3）串联工作时，若有一台泵发生故障，整个系统就得停止工作。

（二）并联工作

两台或两台以上的泵同时向一条管路供水时称为并联工作。并联工作的目的是增加流量。

图 7-52 所示为两台水泵并联工作的系统简图。水泵 I、II 分别由水池吸水，然后分别在泵内加压后，一同输入连接点。由图中可见，并联等效流量等于水泵 I、II 的流量之和，扬程则相等，即

$$Q = Q_{\text{I}} + Q_{\text{II}}$$
$$H = H_{\text{I}} + H_{\text{II}}$$

并联等效扬程曲线和工况点可用图解法求得。

以两台水泵并联为例。先将并联的水泵 I 和 II 的扬程特性曲线画在同一坐标图上，如图 7-52 所示。然后在图上作一系列等扬程线 H_a、H_b、H_c、…等。等扬程线 H_a 和扬程曲线 I 和 II 分别交于 $H_{a\text{I}}$ 和 $H_{a\text{II}}$，对应

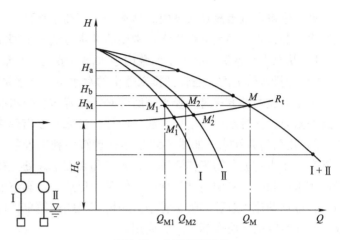

图 7-52　水泵并联工作

的流量为 $Q_{a\text{I}}$、$Q_{a\text{II}}$，$Q_{a\text{I}}$、$Q_{a\text{II}}$ 分别为水泵 I、II 在此扬程下的流量。根据并联的特点，总流量应等于 $Q_{a\text{I}}$ 和 $Q_{a\text{II}}$ 相加。同理可求得（Q_b，H_b）、（Q_c，H_c）、…。将求得的各点连成光滑曲线，即得并联后的等效扬程特性曲线，如图 7-52 中 I + II 曲线。

将管道特性曲线 R 用同一比例画在图 7-52 上。它与 I + II 曲线的交点 M 即为并联后的等效工况点。

由于并联后，等效扬程和每台泵的扬程相等，因此从 M 点引等扬程线与水泵 I、II 的扬程曲线分别交于 M_1、M_2，M_1、M_2 即为水泵 I 和 II 的工况点，如图 7-52 所示，其流量分别为 Q_{M1}、Q_{M2}。

从图 7-52 可以看出，当水泵 I（或 II）单独在同管道工作时，其工况点为 M_1'（或 M_2'），此时的流量为 Q_{M1}'（或 Q_{M2}'）。显然，Q_{M1}'（或 Q_{M2}'）$< Q_M'$，$Q_{M1}' > Q_{M1}$，$Q_{M2}' > Q_{M2}$，H_{M1}'（或 H_{M2}'）$< H_M'$。这是由于两泵并联后，通过管路的总流量增加，管路阻力增大，因而每台泵的流量有所下降。

从图 7-52 可以看出，管道阻力越小，管道特性曲线越平缓，并联效率越高。所以管道特性曲线较陡时，不宜采用水泵并联工作。最后还应指出，两台或多台水泵并联时，各水泵应有相同或相近的特性，特别是泵的扬程范围应大致相同，否则扬程较高的水泵不能充分发挥其效能。因为并联时各泵扬程总是相等的，如果低扬程泵扬程合适，则高扬程泵必然因扬程太低而流量过大，使工况点落在工业利用区之外。

五、　排水设备的运行及管理

（一）离心式水泵的操作

1. 离心式水泵的起动

起动前，除对水泵进行全面检查外（如各部件连接是否牢固，泵轴转动是否灵活，吸水滤网无堵塞，盘车时转轴是否灵活，有无卡住现象等），首先要向泵腔和吸水管灌注引水，并排出泵腔内的空气；然后在关闭排水管上的闸阀的情况下起动电动机。当水泵的转速达到额定转速时，逐渐打开闸阀，并固定在适当的开启位置，使水泵正常运转。

（1）水泵起动前向泵内灌注引水　因为若在泵腔内无水的情况下起动，由于泵腔内空气的密度远比水小，即使水泵转速达到额定值时，如若水泵进水口处不能产生足够吸上真空

度，也无法将水从水池吸入泵内。当水仓水位高于水泵时，水泵处于注满水的状态，无须其他注水装置，否则必须进行注水。常用的注水方法有下列几种：

1）从泵上灌水漏斗处人工向泵内灌水。一般用于水泵初次起动。

2）用排水管上的旁通管把排水管中的存水引回到水泵腔，一般用于水泵再次起动。

采用上述两种方法时，吸水管底部必须设置防止引水漏掉的底阀。而设置的底阀增加了管路的阻力，使排水设备增加了能量消耗，且底阀会出现堵塞而无法吸水的故障。

3）用射流泵注水。如图7-53所示，射流泵利用水泵排水管中的存水作为工作液体或用压缩空气作为射流泵的工作流体，其入口和泵腔最高处连接，出口接到吸水井。射流泵工作时可将水泵和吸水管中的空气抽出，使泵内形成一定真空度，吸水井中的水在大气压力的作用下，可自动流入泵腔和吸水管中。因射流泵结构简单，体积很小，在排水管中存有压力水或有压缩空气的场所得到了广泛应用。

4）利用真空泵注水。用真空泵注水的系统，如图7-54所示，它常用于大型水泵的注水。其抽气速率比射流泵快，可在短时间内使泵灌满水。水环式真空泵是最常用的一种，真空泵转动后，把泵腔内及吸水管中的空气抽出，形成一定真空，泵腔与吸水面形成压差，水就进入泵腔。由于真空泵不受压力水源限制，所以应用相当广泛。

采用后两种方式，可实现无底阀排水，这样可以减小吸水管路的阻力损失，对于水泵节能和防止汽蚀都是有利的，如条件允许应尽置采用。

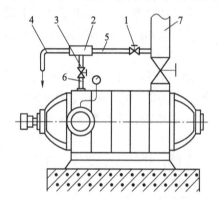

图7-53 用射流泵注水示意图
1—高压阀门 2—混合室 3—低压阀门
4—喷嘴 5—水源管 6—吸管 7—主排水管

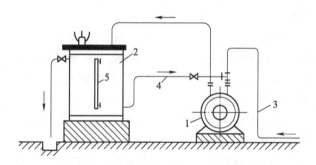

图7-54 用真空泵注水的系统图
1—真空泵 2—水气分离器 3—来自泵的抽气管
4—循环水管 5—水位指示玻璃管

（2）关闭排水管路上闸阀起动 由于闸阀关闭时泵的流量为零，从泵的功率特性曲线可以看出，零流量时泵所需功率最小，电动机的起动电流也最小。所以关闭闸阀起动，可减小起动电流，减轻对电网的冲击。

在起动时，一旦电动机转速达到正常，应迅速地逐渐打开闸阀，而不应在闸阀关闭状态长时间（一般不超过3min）空转，因为这样容易引起泵内的水过热。打开闸阀的过程应注意观察压力表、真空表和电流表的读数是否正常。在开启过程中压力表读数随着闸阀开度的增加而减小，相反真空表读数是增大的，电流表读数也逐渐上升，最后都稳定在相应的位置上。

2. 运行中的注意事项

1）经常注意电压、电流的变化。当电流超过额定电流，电压超过额定电压的±5%时，应停止水泵，检查原因，进行处理。

2）检查各部轴承温度是否超限（滑动轴承温度不得超过65℃，滚动轴承温度不得超过75℃）。检查电动机温度是否超过铭牌规定值；检查轴承润滑情况是否良好（油量是否合适，油环转动是否灵活）。

3）检查各部螺栓及防松装置是否完整齐全，有无松动。

4）注意各部声响及振动情况，有无由于汽蚀而产生的噪声。

5）检查填料密封情况，填料箱温度和平衡装置回水管的水量是否正常。

6）经常注意观察压力表、真空表和吸水井水位的变化情况，检查底阀或滤水器插入水面深度是否符合要求（一般以插入水面0.5m以下为宜）。

7）按时填写运行记录。

3. 离心式水泵的停泵

停泵时，首先关闭排水管上的闸阀，而后关闭真空表的旋塞，再按停电钮，停止电动机。若不如此，则会因逆止阀的突然关闭，而使水流速度发生突变，产生水击。严重时会击毁管路，甚至击毁水泵。

停机后，还应关闭压力表旋塞，并及时清除在工作中发现的缺陷，查明疑点，做好清洁工作。如水泵停车后在短期内不工作，为避免锈蚀和冻裂，应将水泵内的水放空，若水泵长期停用，则应对水泵施以油封。同时每隔一定时期，电动机空运转一次，以防受潮。空转前应将联轴器分开，让电动机单独运转。

（二）排水设备的常见故障诊断及处理

排水设备工作时发生故障，势必影响排水工作的进行，严重时影响正常生产。因此，必须掌握诊断故障的基本方法，以求准确、迅速地排除故障。

排水设备的故障可分为两类，一类是泵本身的机械故障，另一类是排水系统的故障。因为水泵不能脱离排水系统而孤立工作，当排水系统发生故障时，虽不是水泵本身的故障，但能在水泵上反映出来。

1. 泵内存有空气

此时，真空表和压力表读数都比正常值小，常常不稳定，甚至降到零。因为泵内存在空气时，压头会显著降低，流量也会急剧下降。

泵内存有空气是由吸水系统不严密引起的，容易发生漏气的部位及原因有：吸水管系统连接处不严，填料箱密封不严，真空表接头松动，吸水管插入水中的部分过浅等。

此外，当吸水管与水泵安装位置不合适时，由于吸水管最高处不能完全充满水，有空气憋在里面，水泵也不能正常工作。

应特别注意，离心式水泵转速降低或反转，也有类似征兆，两表读数偏小，但比较稳定。

2. 吸水管堵塞

此时，真空表读数比正常值大，压力表读数比正常小。因为吸水管堵塞，吸水管阻力增加，也就加大了吸上真空度，所以真空表读数比正常值大。同时由于流量减小，排出阻力便减小，因此压力表读数比正常值小。

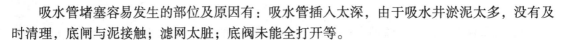

吸水管堵塞容易发生的部位及原因有：吸水管插入太深，由于吸水井淤泥太多，没有及时清理，底闸与泥接触；滤网太脏；底阀未能全打开等。

3. 排水管堵塞

此时，压力表读数比正常值大，真空表读数比正常值小。因为排水管堵塞，使排水管阻力增大，因而压力表读数上升；又因排水管阻力增大，使流量减小，故真空度下降。排水管堵塞发生的部位及原因为排水阀门未打开或开错阀门。

4. 水泵叶轮堵塞

此时，压力表和真空表读数均比正常读数小。因为叶轮堵塞后，都会使扬程曲线明显收缩，则工况点向流量减小的方向移动，扬程减小故压力表和真表的读数均比正常读数小。

5. 排水管破裂

此时，一般是压力表读数下降，真空表读数突然上升。这是因为排水管破裂后，排水管阻力减少，使流量增大，从而造成真空度上升。

从两表读数来看，同吸水管堵塞时真空度增大，压力表读数下降一样，但是排水管破裂往往是突然发生的，因此两表读数变化比吸水管堵塞时要快一些。另外，流量增大会引起负荷增加，与吸水管堵塞引起负荷降低的情况可从声响、电流表读数的变化加以区别。在这种情况下，应立即停泵，查明原因。

排水管路破裂的原因，主要是管路焊接质量不高、钢管锈蚀严重、操作中突然开闭闸阀而引起水击等。只要严格执行操作规程，认真检查管路的锈蚀情况并定期试压，就能避免事故的发生。

6. 泵产生汽蚀

一般来讲，泵产生汽蚀时，真空表和压力表读数常常不稳定，比正常值小，有时甚至降到零。但由于引起泵产生汽蚀的直接原因不同，所以两表的变化规律也不完全相同。若吸水管严重堵塞时，使真空表读数增大，但真空度过大，超过泵的允许吸上真空度时，便会引起汽蚀，这时真空度降低，甚至降到零。若泵的允许吸上真空度本来就低（或泵安装位置过高），刚打开排水闸阀就可能产生汽蚀，这时真空度不一定是先增加后降低，往往是一开始就低下来，甚至为零。若排水管破裂发生在泵站的附近时，使真空表读数增加太多，超过了泵的允许吸上真空度而产生汽蚀，这时真空表读数的变化情况是突然升高，然后又下降。

防止和消除汽蚀方法有以下几种。

1）从泵的设计上看，应尽量减小允许汽蚀余量 $[\Delta h]$，从而使 H_a 值增大。

2）从吸水装置的设计上看，一是尽量减小吸水管路水头损失，即减少吸水管长度、减少吸水管附件（如底阀）、增大吸水管径，二是降低实际几何安装高度。

3）从操作使用上看，减少吸水管路损失，具体方法是关小水泵排水闸阀，使系统的流量减小，吸水管的水头损失随之减小。

六、 离心式水泵的性能测定

水泵性能测定是测定其特性曲线，即扬程特性曲线、功率特性曲线和效率特性曲线。以便将全面的水泵性能资料提供给用户。产品样本给出的特性曲线，系产品鉴定时测得的，成批投产后一般只做抽样测定，因此每台水泵的实际特性不一定和产品样本给出的特性曲线完全相符。因此当新水泵安装好后，应测定该水泵的特性曲线（Q-H，Q-N，Q-η），以作为以后对照检查的依据。当投入使用后，每年应测定一次，以检验水泵的运行状况，保证水泵经济、合理地运行。

（一）测定原理和方法

图 7-55 所示为水泵在排水系统工作时的测定方案图。其测定原理是：逐渐改变闸阀开度，以改变管路阻力，使管路特性曲线逐步改变，则工况点也随着变化。工况点移动的轨迹即为泵的扬程特性曲线，只要每改变一次闸阀位置的同时，测出该工况点的扬程、流量、功率和转速。改变 n 次工况点，则可测 n 组数（H_1、Q_1、N_1、n_1），（H_2、Q_2、N_2、n_2），…，（H_i、Q_i、N_i、n_i），…，（H_n、Q_n、N_n、n_n），如图 7-56 所示。

当各测点的转速不同时，应该根据比例定律，将各点测得的参数换算为水泵在同一转速（一般为额定转速 n_e）下的参数，即

$$\begin{cases} H_{ei} = \left(\dfrac{n_e}{n_i}\right) H_i \\[2mm] Q_{ei} = \left(\dfrac{n_e}{n_i}\right) Q_i \\[2mm] N_{ei} = \left(\dfrac{n_e}{n_i}\right) N_i \end{cases} \quad (7\text{-}71)$$

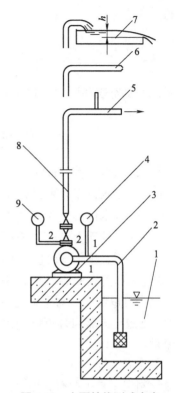

图 7-55 水泵性能测试方案
1—吸水井 2—吸水管 3—水泵
4—真空表 5—均压管 6—喷嘴
7—水堰 8—排水管 9—压力表

对应各工况点的效率可用下式求出

$$\eta_{ei} = \frac{\gamma Q_{ei} H_{ei}}{N_{ei}} \quad (7\text{-}72)$$

这样根据换算后各工况点的参数及计算所得的效率，可绘出额定转速下的特性曲线。

这里应该指出，对于安装在特定管路中的水泵，要想通过测试获得全特性曲线是不可能的，因为当闸阀全部开启时，对应的工况点为 M，如图 7-56 所示，其对应流量和扬程为 Q_M、H_M，在这种情况下，要想得到比 Q_M 还大的流量是不可能的，所以水泵特性曲线只能测到 M 点。

要想获得水泵在全流量下的特性，只有降低测地高度 H_{sy}。这在实验室条件下是可以做到的。

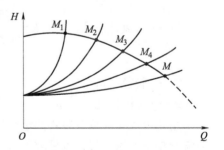

图 7-56 扬程特性曲线测试原理

（二）性能参数的测量及计算方法

1. 扬程的测定

水泵的扬程为单位重量的水经过水泵时所获得的能量。对图 7-55 所示的排水系统，列水泵进口处安有真空表的 1-1 断面和出口处安有压力表的 2-2 断面间有能量输入的伯努利方

程，得

$$z_1 + \frac{p_1}{\gamma} + \frac{v_1^2}{2g} + H = z_2 + \frac{p_2}{\gamma} + \frac{v_2^2}{2g}$$

考虑到真空表和压力表的安装高度差及表的读数，上式可写成

$$H = \Delta Z + \frac{p_b + p_v}{\gamma} + \frac{8Q^2}{\pi^2 g}\left(\frac{1}{d_p^4} - \frac{1}{d_x^4}\right) \tag{7-73}$$

式中　H——水泵扬程（m）；

　　　p_b——排水口压力表读数（Pa）；

　　　p_v——吸水口真空度读数（Pa）；

　　　γ——水的重力密度（N/m³）；

　d_p、d_x——吸、排水管内径（m）；

　　　ΔZ——压力表中心与真空表中心的高度差（m）。

由上式可以看出，对于确定的排水系统 γ、ΔZ、d_p 和 d_x 是已知的，只要测得 p_b、p_v 和流量 Q，通过上式就可计算出扬程 H，p_b 和 p_v 可以从压力表和真空表上直接读出，因此关键是测流量。

2. 流量的测量

流量测定工具主要有文德里流量计、孔板或喷嘴、水堰、超声波流量计和均压管等。

（1）文德里流量计孔板、喷嘴测量装置　文德里流量计孔板、喷嘴装置的工作原理：在管道内装入文德里流量计孔板或喷嘴节流件，当水流过节流件时，在节流件前后产生压差，这一压差通过取压装置可用液柱式压差计测出。当其他条件一定时，节流件前后产生的差压值随流量而变，两者之间有确定的关系。根据伯努利方程得出的计算公式

$$Q = \mu K \sqrt{\Delta p} \tag{7-74}$$

式中　μ——流量修正系数，通常 $\mu = 0.95 \sim 0.98$；

　　　Δp——节流件前后压差，$\Delta p = (\gamma_g - \gamma)\Delta h$；

　　　K——节流件尺寸常数，$K = \sqrt{\frac{2}{\rho}}\dfrac{\pi D^2}{4}\dfrac{1}{\sqrt{\left(\frac{D}{d}\right)^4 - 1}}$；

　　　D——管径（m）；

　　　d——节流件孔径（m）。

采用孔板或喷嘴测量装置测定流量是一种比较简单、可靠的方法，仪表的价格也较低。一般流量较小时用孔板，流量较大时用喷嘴。孔板和喷嘴的尺寸、形状及加工已标准化，并且同时规定了它们的取压方式和前后直管段的要求，其流量和压差之间的关系及测量误差可按国家标准直接计算确定。

（2）水堰　在水槽中安装一板状障碍物（堰口板），让水从障碍物上流过，则其上游的水位被抬高，这种装置称为水堰。按堰口形状可分为全宽堰、矩形堰和三角堰三种，通过水堰上游的水位高度，可求得流量。测流量堰口的参数及流量计算公式见表7-4。

表 7-4 测流量堰口参数及流量计算公式

堰口名称	三角堰	矩形堰	全宽堰
图样			
计算流量公式	$Q = ch^{5/2}(\text{L/s})$ 式中，流量系数 $c = 1354 + \dfrac{4}{h} + \left(140 + \dfrac{200}{\sqrt{z}}\right) \times$ $\left(\dfrac{h}{B} - 0.09\right)^2$	$Q = ch^{3/2}b(\text{L/s})$ 式中，流量系数 $c = 1785 + \dfrac{2.95}{h} + 237\dfrac{h}{z} -$ $428\sqrt{\dfrac{(B-b)h}{b \cdot z}} + 34\sqrt{\dfrac{B}{z}}$	$Q = ch^{3/2}B(\text{L/s})$ 式中，流量系数 $c = 1785 + \left(\dfrac{2.95}{h} + 237\dfrac{h}{z}\right)(1-\varepsilon)$ 式中，ε 为修正系数 $z \leqslant 1$ 时，$\varepsilon = 0$ $z > 1$ 时，$\varepsilon = 0.55\ (z-1)$
流量系数 c 的适用范围	$B = 0.5 \sim 1.2\text{m}$ $z = 0.1 \sim 0.75\text{m}$ $h = 0.07 \sim 0.26\text{m}$ （$h = B/3$ 以内）	$B = 0.5 \sim 6.3\text{m}$ $b = 0.5 \sim 5.0\text{m}$ $z = 0.15 \sim 3.5\text{m}$ $\dfrac{bz}{B^2} \geqslant 0.06$ $h = 0.03 \sim 0.45\sqrt{b}\,\text{m}$	$B \geqslant 0.5\text{m}$ $z = 0.3 \sim 2.5\text{m}$ $h = 0.03 \sim 2\text{m}$ $h \leqslant B/4$

3. 轴功率 N

轴功率一般可以用功率表测出电动机输入功率 N_d，然后按下式算出轴功率 N，即

$$N = N_d \eta_d \eta_e \qquad (7\text{-}75)$$

式中　η_d——电动机效率，可以从电动机效率曲线查出；

　　　η_e——传动效率，直接传动时 $\eta_0 = 1$。

电动机输入功率 N_d 可用电压表、电流表和功率因数表（$\cos\varphi$ 也可根据说明书或有关资料估算）的读数来计算

$$N_d = \sqrt{3UI\cos\varphi} \qquad (7\text{-}76)$$

式中　U——电源电压（电压表读数）（V）；

　　　I——输入电动机的电流（电流表读数）（A）；

　　$\cos\varphi$——电动机的功率因数，由功率因数表测得或根据有关资料估算。

电动机输入功率 N_d 还可用三相或两个单相功率表测得。

4. 转速 n

可用机械式转速表或感应式光电转速仪直接测出泵轴的转速，也可用闪光测速法（又

称为日光灯测速法）。闪光拥速法是利用日光灯闪光频率和泵轴转动频率（转速）间的关系进行测速的。测量时首先在轴头上画好黑白相间的扇形图形（图 7-57），白（或黑）扇形的块数要与电动机的极数相对应，可用下式求得

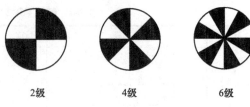

图 7-57　轴头测速圆盘示意图

$$m = \frac{60f}{n_0} \times 2 \qquad (7\text{-}77)$$

式中　f——日光灯源（电动机电源）的频率（Hz）；

n_0——电动机同步转速（r/min）。

用与电动机同电源的日光灯照射电动机轴头，当电动机旋转时，轴头扇形块的闪动频率与日光灯的闪光频率相近，由于电动机的实际转速总是低于其同步速度，扇形块向与电动机实际旋转方向相反的方向徐徐转动，以秒表记下一分钟内扇形块转过的转数 n'，则电动机实际转速 n 为

$$n = n_0 - n' \qquad (7\text{-}78)$$

（三）性能测定中的注意事项

测定前应根据水泵及管路系统的具体条件拟定测定方案，选择测定装置和仪表，并对仪表进行必要的检查和校准，参加测定的人员要有明确的分工和统一的指挥。

测定时闸阀至少要改变 5~7 次，即至少有 5~7 个测点，条件允许时设 8~10 个测点，特别是在水泵工作区域和最高效率点附近应多设几个测点。

在操作上，闸阀可以由大到小（闸阀可由全开而逐渐关闭），也可以由小到大，这两种方法可以交替进行，以便相互校对，修正其特性曲线。

在记录读数时，每改变一次工况，应停留 2~3min，待各表上的读数稳定后，同时读取记录各参数值，并及时整理，发现问题应及时补测。

 习题与思考题

1. 产生汽蚀现象的原因是什么？它对泵的工作有哪些危害？如何防止汽蚀现象的产生？

2. 吸水高度、吸上真空度和汽蚀余量之间的关系如何？

3. 为什么说水泵特性曲线与管路特性曲线的交点就是水泵的工况点？水泵铭牌上标记的是什么工况参数？

4. 水泵的正常工作条件是什么？水泵的工业利用区怎么确定？

5. 采用减少叶轮个数调节多级水泵工况点时，为什么不能拆除吸水侧叶轮？应当拆除哪一个？

6. 为什么水泵的性能曲线较平缓，管路特性曲线较陡时，串联运转增加扬程的效果越显著？

7. 为什么水泵的性能曲线较陡，管路特性曲线较平缓时，并联运转增加流量的效果越显著？

8. 装在吸水面上的离心式水泵，为什么在起动前必须要先向泵和吸水管内充满水？

9. 有一台运转中 200D43×7 型离心式水泵，其排水口压力表读数 $p_b = 25.5 \times 10^5$ Pa，吸水口真空表读数 $p_v = 0.294 \times 10^5$，真空表表盘中心至压力表表盘中心之间的垂直高度 $\Delta Z = 0.4$m，当忽略吸水管和排水管直径的差值时，求该水泵产生的扬程为多大？

项目五 排水设备的选型与计算

一、设计的原始资料和任务

（一）原始资料

1）矿井开拓方式。

2）同时开采水平数、各水平正常和最大涌水量及时间。

3）井口标高和各开采水平的标高。

4）矿水的密度、泥砂含量及化学性能（pH 值）。

5）沼气等级、供电电压。

6）井筒及井底车场布置图。

7）矿井年产量和服务年限。

（二）设计任务

1）确定排水系统。

2）选择排水设备。

3）给出指标经济核算。

4）绘制水泵房布置图。

5）绘制斜子管道布置图。

6）绘制管路系统图。

二、选型设计的步骤和方法

　　选型设计要根据《煤矿安全规程》和《煤炭工业矿井设计规范》，在保证及时排除矿井涌水的前提下，使排水总费用最小，选择最优方案。

（一）排水系统的确定

　　在煤矿生产中，单水平开采通常采用集中排水，两个水平同时开采时，应根据矿井的具体情况进行具体分析，综合基建投资、施工、操作和维修管理等因素，经过技术和经济比较后，确定最合理的排水系统。

（二）水泵的选型

　　根据《煤矿安全规程》的要求，水泵必须有工作、备用和检修水泵，其中工作水泵应能在 20h 内排出矿井 24h 的正常涌水量（包括充填水及其他用水）。备用水泵的排水能力应不小于工作水泵排水能力的 70%。工作和备用水泵的总排水能力，应能在 20h 内排出矿井 24h 的最大涌水量。检修水泵的排水能力应不小于工作水泵排水能力的 25%。水文地质条件复杂或有突水危险的矿井，可根据具体情况，在主泵房内预留安装一定数量水泵的位置，或另外增加排水能力。

1. 水泵必须排水能力计算

根据《煤矿安全规程》的要求，在正常涌水期工作水泵必须满足的排水能力为

$$Q_B \geqslant 24/20 q_z = 1.2 q_z \tag{7-79}$$

在最大涌水期，工作和备用水泵必须满足的排水能力为

$$Q_{Bmax} = 24/20 q_{max} = 1.2 q_{max} \tag{7-80}$$

式中　Q_B——工作水泵具备的总排水能力（m^3/h）；

　　　Q_{Bmax}——工作和备用水泵具备的总排水能力（m^3/h）；

　　　q_z——矿井正常涌水量（m^3/h）；

　　　q_{max}——矿井最大涌水量（m^3/h）。

2. 估算水泵所需扬程

由于水泵和管路均未确定，无法确切知道所需的扬程，所以需进行估算，即

$$H_B = H_{sy}\left(1 + \frac{0.1 \sim 0.2}{\sin\alpha}\right) \tag{7-81}$$

或

$$H_B = \frac{H_{sy}}{\eta_g} \tag{7-82}$$

式中　H_{sy}——测地高度，即吸水井最低水位至排水水管出口间的高度差，一般可取井底与地面标高差+4（井底车场与吸水井最低水位距离）（m）；

　　　α——管路铺设倾角；

　　　η_g——管路效率。当管路在立井中铺设时，$\eta_g = 0.9 \sim 0.89$；当管路在斜井中铺设，$\alpha > 30°$时，$\eta_g = 0.83 \sim 0.8$；$\alpha = 20° \sim 30°$时，$\eta_g = 0.8 \sim 0.77$；$\alpha < 20°$时，$\eta_g = 0.77 \sim 0.74$。

3. 水泵的型号及台数选择

（1）水泵型号的选择　依据计算的工作水泵排水能力 Q_B、估算的所需扬程、原始资料给定的矿水物理化学性质和泥砂含量，从产品样本中选择能够满足排水要求、工作可靠、性能良好、符合稳定性工作条件、价格低的所有型号的泵。若 pH<5，在进入排水设备前采取降低水的酸度措施在技术上有困难或经济上不合理时，应选用耐酸泵；若矿水泥砂含量太大，应考虑选择 MD 型耐磨泵。符合上述条件的可能有多种型号，应全部列出，待选择了配套管路并经过技术经济性比较后，最终确定泵的型号。

（2）水泵级数的确定　水泵级数可根据估算的所需扬程和已选出的水泵单级扬程计算，即

$$i = \frac{H_B}{H_i} \tag{7-83}$$

式中　H_i——单级水泵的额定扬程（m）。

应该指出，计算的 i 值一般来说不是整数，取大于 i 的整数当然可以满足要求，但取小于 i 的整数有时也能达到要求，此时应同时考虑两种方案，通过技术经济性比较后，方能确定其级数。

（3）水泵台数的确定　根据《煤矿安全规程》的规定，当 $q_z>50\text{m}^3/\text{h}$ 时，若工作水泵的台数为 n_1，则备用水泵的台数 n_2 为 $n_2'=0.7n_1$ 和 $n_2''=1.2q_{max}/Q-n_1$（Q 为泵的旧管工况流量，求得工况点前可用额定流量预选）两个计算值中取较大值，然后再偏上取整值。检修水泵的台数 $n_3=0.25n_1$ 偏上取整值。因此水泵的总台数 $n=n_1+n_2+n_3$。

对于水文地质条件复杂的矿井，可根据情况增设水泵或在泵房内预留安装水泵的位置。

（三）管路的选择

1. 管路趟数的确定

根据《煤矿安全规程》的规定，管路必须有工作的和备用的，其中工作管路的能力应能配合工作水泵在 20h 内排出矿井 24h 的正常涌水量。工作和备用管路的总能力，应能配合工作和备用水泵在 20h 内排出矿井 24h 的最大涌水量。涌水量小于 $300\text{m}^3/\text{h}$ 的矿井，排水管不得少于两趟。

排水管路趟数在满足《煤矿安全规程》的前提下，以不增加井筒直径为原则，一般不宜超过四趟。

2. 泵房内管路布置形式的选择

泵房内管路布置主要取决于泵的台数和管路趟数，图 7-58 所示为矿井中常用的三台泵二趟管路和五台泵三趟管路的布置方式。其共同特点是任意 1 台水泵都要与任意 1 条管路相连接。

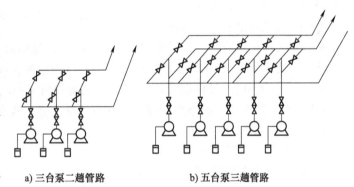

a) 三台泵二趟管路　　　　b) 五台泵三趟管路

图 7-58　泵房内管路布置图

3. 管材的选择

管材选择的主要依据是管道所需承受的压力。由于矿井排出的水一般进入水池或水沟，因此压力与井深成正比。通常情况下，井深不超过 200m，多采用焊接钢管；井深超过 200m 时多采用无缝钢管。当压力小于 $1\times10^6\text{Pa}$ 时，多采用铸铁管。吸水管一般选用无缝钢管。

4. 管径的确定

选择排水管径要考虑在一定的流量下，使运转费用和初期投资费用两者之和最低的管径。由于管路的初期投资费用与管径成正比，而运转所需的电耗与管径成反比。因此若管径选择偏小，水头损失大，电耗高，但初期投资少；若管径选择偏大，水头损失小，电耗低，但所需的初期投资费用高。因此，管径是确定运转费用和初期投资费用在总费用中所占比重的决定因素，选择时应综合两方面考虑找出最佳的管径。

1）排水管内径计算。

$$d_p' = \sqrt{\frac{4Q}{3600\pi v_p}} = 0.0188\sqrt{\frac{Q}{v_p}} \tag{7-84}$$

式中　d_p'——排水管内径（m）；

Q——排水管中的流量（m^3/h）；

v_p——排水管内的流速，通常取经济流速 $v_p=1.5\sim2.2m/s$ 来计算。

2）吸水管内径计算。为了提高吸水性能，防止气蚀发生，吸水管直径一般比排水管直径大一级，流速在 $0.8\sim1.5m/s$ 范围内，因此吸水管内径为

$$d'_x = d'_p + 0.025m \tag{7-85}$$

根据计算的内径，查阅相关手册选取标准管径。由于钢管规格中，对同一外径有多种壁厚，因此选择管径时，根据井深选用标准管壁厚度。一般可选用管壁厚度较薄的一种，再进行验算确定。

5. 管壁厚度验算

管子内径确定后，其管壁厚度也就确定了。但此厚度能否满足承压要求，需按下式进行验算。

$$\delta \geqslant 0.5d_p\left(\sqrt{\frac{\sigma_z + 0.4p}{\sigma_z - 1.3p}} - 1\right) + C \tag{7-86}$$

式中　δ——管壁厚度（cm）；

d_p——所选标准管内径（cm）；

σ_z——管材许用应力。焊接钢管 $\sigma_z=60MPa$，无缝钢管 $\sigma_z=80MPa$；

p——管内水压（MPa），考虑流动损失，作为估算 $p=0.011H_B$；

C——附加厚度，焊接钢管 $C=0.2cm$，无缝钢管 $C=0.1\sim0.2cm$。

所选标准壁厚应等于或略大于按上式计算所得的值，吸水管壁厚不需验算。

（四）工况点确定及校验

1. 管路特性方程及特性曲线确定

对于选定的管路系统，可应用管路特性方程式得

$$H = H_{sy} + KRQ^2 \tag{7-87}$$

式中　K——考虑水管内径由于污泥淤积后减小而引起阻力损失增大的系数，对于新管，$K=1$；对于挂污管径缩小 10% 的旧管，取 $K=1.7$，一般要同时考虑 $K=1$ 和 $K=1.7$ 两种情况；

R——管路阻力损失系数，即

$$R = \frac{8}{\pi^2 g}\left[\lambda_x\frac{l_x}{d_x^5} + \frac{\sum\zeta_x}{d_x^4} + \lambda_p\frac{l_p}{d_p^5} + \left(1 + \sum\zeta_p\right)\frac{1}{d_p^4}\right] \tag{7-88}$$

l_x、l_p——吸、排水管的长度（m）；

d_x、d_p——吸、排水管的内径（m）；

λ_x、λ_p——吸、排水管的沿程阻力系数，对于流速其值可按舍维列夫公式计算，即

$$\lambda = \frac{0.0021}{d_{0.3}} \tag{7-89}$$

$\sum\zeta_x$、$\sum\zeta_p$——吸、排水管附件局部阻力系数之和，根据排水管路系统中局部件的组成，用表 7-5 查取各附件局部阻力系数。

表 7-5 排水管路各种局部管件阻力损失系数表

名称		图样	局部阻力系数							备注
三通	直流三通		0.1							速度用进入三通前的速度
	转弯三通	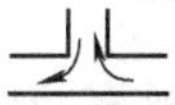	1.5							
	汇流三通	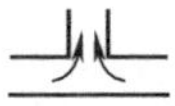	3							
	分支三通		1.5							
异径管	渐扩	A_1 A_2	$\xi=K\left(\dfrac{A_2}{A_1}-1\right)^2$	α	8°	10°	12°	15°	20°	25°	速度按大头
				K	0.14	0.16	0.22	0.30	0.42	0.62	
	渐缩	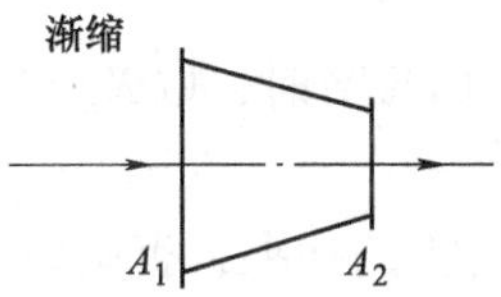 A_1 A_2	1							速度按大头

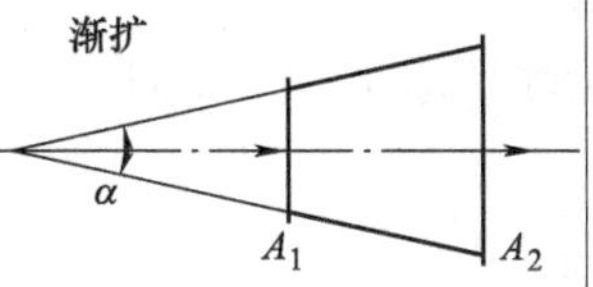

已知 H_{sy} 和 R，则根据式（7-87）绘制出新管和旧管两种状态下的管路特性曲线，如图 7-42 所示。

2. 确定工况点

将求得的两条管路特性曲线绘制在水泵扬程曲线上。由于一般样本上泵的性能曲线是指单级泵的性能曲线，如果选择的是多级水泵，必须先换算为多级水泵的扬程曲线。把管路特性曲线与泵的扬程曲线按同一坐标画在一起，得到工况点 M_1、M_2，从而得出新、旧管两组工况点参数值（Q_{M1}、H_{M1}、N_{M1}、η_{M1}、H_{sM1}）和（Q_{M2}、H_{M2}、N_{M2}、η_{M2}、H_{sM2}）。根据《煤矿井下排水设计技术规定》，水泵工况点的效率 η_{M1}、η_{M2} 一般不低于70%，允许吸上真空度 H_{sM} 不宜小于5m。

3. 工况点校验计算

1）排水时间。管路挂垢后，水泵的流量最小，因此应按管路挂垢后工况点流量校核。

正常涌水时，工作水泵 n_1 台同时工作时每天的排水小时数为

$$T_z=\frac{24q_z}{n_1Q_{M2}}\leqslant 20 \qquad (7-90)$$

最大涌水时，工作水泵 n_1 台与备用水泵 n_2 台同时工作时每天的排水小时数为

$$T_{\max} = \frac{24 q_{\max}}{(n_1 + n_2) Q_{M2}} \leqslant 20 \tag{7-91}$$

如在最大涌水期时是多台水泵和多趟管路并联工作，则式（7-91）中的分母应采用并联运行的工况流量值。

2）经济性。工况点效率应满足 $\eta_{M1} \geqslant 0.85 \eta_{\max}$，$\eta_{M2} \geqslant 0.85 \eta_{\max}$。

3）稳定性。$H_{sy} \leqslant (0.9 \sim 0.95) i H_0$，其中 H_0 为单级零流量扬程。

4）吸水高度。在新管状态时，允许吸上真空度最小，因此应根据新管工况点 H_{sM1} 进行计算校核。

$$[H_x] = [H_{sM1}] - \frac{8}{\pi^2 g} \left(\lambda_x \frac{l_x}{d_x^5} + \frac{\sum \zeta_x + 1}{d_x^4} \right) Q_{M1}^2 \tag{7-92}$$

其中，$[H_{sM1}] = H_{sM1} - \left(10 - \dfrac{p_a}{\gamma} \right) - \left(\dfrac{p_n}{\gamma} - 0.24 \right)$。

当所选吸水高度 $H_x \leqslant [H_x]$ 时，满足不产生汽蚀条件。

5）电动机功率。为确保运行可靠，电动机功率应由新管工况点确定，即

$$N_d' = K_d \frac{\gamma Q_{M1} H_{M1}}{1000 \times 3600 \times \eta_{M1}}$$

或

$$N_d' = K_d N_{M1} \tag{7-93}$$

式中　K_d——电动机容量富余系数，一般当水泵轴功率大于 100kW 时，取 $K_d = 1.1$；当水泵轴功率为 10~100kW 时，取 $K_d = 1.1 \sim 1.2$。

计算出电动机功率 N_d'，应等于或小于所选水泵配套电动机的功率，否则要更换配套电动机。

（五）经济指标计算

1. 全年排水电耗

全年排水电耗 $E(kW \cdot h/年)$ 为

$$E = \frac{\gamma Q_{M2} H_{M2}}{1000 \times 3600 \times \eta_{M2} \eta_c \eta_d \eta_w} (n_z T_z r_z + n_{\max} T_{\max} r_{\max}) \tag{7-94}$$

式中　n_z、$n_{\max}$——年正常和最大涌水期水泵的工作台数；

　　　r_z、$r_{\max}$——正常和最大涌水期水泵的工作昼夜数；

　　　T_z、$T_{\max}$——正常和最大涌水时期水泵的工作昼夜数；

η_c、η_d、η_w——电动机效率、电网效率、传动效率。

2. 吨水百米电耗

吨水百米电耗 $e_{t \cdot 100}(kW \cdot h/t)$ 为：

$$e_{t \cdot 100} = \frac{H_{M2}}{3.673 \eta_{M2} \eta_c \eta_d \eta_w H_{sy}} = \frac{1}{3.673 \eta_{M2} \eta_c \eta_d \eta_w \eta_g} < 0.5 \tag{7-95}$$

吨水百米电耗与水泵效率、传动效率、电动机效率、管路效率的乘积成正比，它反映了矿井排水系统各个环节的总效率，是一种能够比较科学、全面地评价排水设备运行情况的经济指标。《煤矿井下排水设计技术规定》规定，排水设备吨水百米电耗应小于 $0.5kW \cdot h$，

否则便认为是低效设备，不予采用。

排水总费用主要包括水泵运行费用、设备初期总投资、初期基建总投资和其他费用。为寻求最优方案，应对满足可行性条件的每一种方案分别计算上述四项费用。总费用最少的方案为最优方案，即为选型设计时应采用的方案。

例 7-2　有一开拓方式为竖井的矿井，其副井的井口标高为 +18.5m，开采水平标高为 -500m。正常涌水量为 700m³/h，最大涌水量为 1100m³/h，持续时间 70d。矿井为中性，重力密度为 10006N/m³，水温为 15℃。该矿井属于低瓦斯矿井，年产量 1.2Mt。试选择可行的排水方案。

解：

1. 排水系统的选择

从给定的条件，只需要在井底车场副井附近设立中央泵房，将井底所有矿水集中直接排至地面。

2. 水泵的选择

1）水泵必须具备的排水能力。

正常涌水期　　　$Q_B \geqslant 1.2q_z = 1.2 \times 700\text{m}^3/\text{h} = 840\text{m}^3/\text{h}$

最大涌水期　　　$Q_{max} \geqslant 1.2q_{max} = 1.2 \times 1100\text{m}^3/\text{h} = 1320\text{m}^3/\text{h}$

2）水泵所需扬程估算。

$$H_B = \frac{H_{sy}}{\eta_g} = \frac{500 + 18.5 + 4}{0.9}\text{m} = 580.5\text{m}$$

3）初选水泵。

从泵产品目录中选取 D450-60×10 型泵，其额定流量 $Q_e = 450\text{m}^3/\text{h}$，额定扬程 $H_e = 600\text{m}$，则

工作泵台数 $n_1 = \dfrac{Q_B}{Q_e} \geqslant \dfrac{840}{450} = 1.87$，取 $n_1 = 2$。

备用水泵台数 $n_2 \geqslant 0.7n_1 = 0.7 \times 2 = 1.4$ 和 $n_2 \geqslant \dfrac{Q_{max}}{Q_e} - n_1 = \dfrac{1320}{450} - 2 = 0.93$，故取 $n_2 = 2$。

检修泵台数 $n_3 \geqslant 0.25n_1 = 0.25 \times 2 = 0.5$，故取 $n_3 = 1$。

因此，共应选择五台水泵。

3. 管路的选择

1）管路趟数及泵房内管路布置形式。根据泵的总台数，选用典型的五泵三趟管路系统，两条管路工作，一条管路备用。正常涌水时，两台泵向两趟管路供水，最大涌水时，只要三台泵同时工作就能达到在 20h 内排出 24h 的最大涌水量，故从减少能耗的角度可采用三泵向三趟管路供水，从而可知每趟管路内流量 Q_e 等于泵的流量。

2）管路材料。由于井深远大于 200m，确定采用无缝钢管。

3）排水管内径。

$$d_p' = 0.0188\sqrt{\frac{Q}{v_p}} = 0.0188\sqrt{\frac{450}{1.5 \sim 2.2}}\text{m} = (0.269 \sim 0.326)\text{m}$$

预选 φ325×13 无缝钢管，则排水管内径 $d_p = (325 - 2 \times 13)\text{mm} = 299\text{mm}$。

4）壁厚验算。

$$\delta \geqslant 0.5d_{\mathrm{p}}\left(\sqrt{\frac{\sigma_{\mathrm{z}}+0.4p}{\sigma_{\mathrm{z}}-1.3p}}-1\right)+C$$

$$= \left[0.5 \times 29.9 \times \left(\sqrt{\frac{80+0.4 \times 0.011 \times 580.5}{80-1.3 \times 0.011 \times 580.5}}-1\right)+0.15\right] \mathrm{cm}$$

$$= 1.24\mathrm{cm} \leqslant 1.3\mathrm{cm}$$

因此所选壁厚合适。

5）吸水管径。根据选择的排水管径，吸水管选用 $\phi351 \times 8$ 无缝钢管。

4. 工况点的确定及校验

1）管路系统。管路布置参照图7-58b所示的方案。这种管路布置方式任何一台水泵都可以经过三趟管路中任一趟排水，管路系统组成如图7-59所示。

2）估算管路长度。排水管长度可估算为 $l_{\mathrm{p}} = H_{\mathrm{sy}}+(40 \sim 50)\mathrm{m} = (562.5 \sim 572.5)\mathrm{m}$，取 $l_{\mathrm{p}} = 570\mathrm{m}$，吸水管长度可估算为 $l_{\mathrm{x}} = 7\mathrm{m}$。

3）管路阻力系数 R 的计算。

① 沿程阻力系数计算如下。

吸水管 $\lambda_{\mathrm{x}} = \dfrac{0.021}{d_{\mathrm{x}}^{0.3}} = \dfrac{0.021}{0.335^{0.3}} = 0.0291$

排水管 $\lambda_{\mathrm{p}} = \dfrac{0.021}{d_{\mathrm{p}}^{0.3}} = \dfrac{0.021}{0.299^{0.3}} = 0.0302$

② 局部阻力系数。吸、排水管附件及其阻力系数分别列于表7-6、表7-7中。

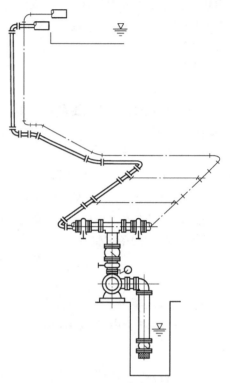

图7-59　排水管路系统

表7-6　吸水管附件及局部阻力系数

附件名称	数量	局部阻力系数
底阀	1	3.7
90°弯头	1	0.294
异径管	1	0.1
合计		$\sum\zeta_{\mathrm{x}} = 4.094$

表7-7　排水管附件及局部阻力系数

附件名称	数量	局部阻力系数
闸阀	2	$2 \times 2.6 = 5.2$
逆止阀	1	1.7
转弯三通	1	1.5

（续）

附件名称	数量	局部阻力系数
90°弯头	4	4×0.294=1.176
异径管	1	0.5
直流三通	4	4×0.7=2.8
30°弯头	2	2×0.294×30/90=0.196
合计		$\sum\zeta_x=8.392$

$$R = \frac{8}{\pi^2 g}\left[\lambda_x \frac{l_x}{d_x^5} + \frac{\sum\zeta_x}{d_x^4} + \lambda_p \frac{l_p}{d_p^5} + \left(1 + \sum\zeta_p\right)\frac{1}{d_p^4}\right]$$

$$= \left[0.0291 \times \frac{7}{0.335^5} + \frac{4.094}{0.335^4} + 0.0301 \times \frac{570}{0.299^5} + (1 + 8.392)\frac{1}{0.299^4}\right] s^2/m^5$$

$$= 721.89 s^2/m^5 = 5.57\times10^{-5}h^2/m^5$$

4）管路特性方程。

新管 $\quad H_1 = H_{sy} + RQ^2 = 5.225m + 5.57\times10^{-5}h^2/m^5 \times Q^2$

旧管 $\quad H_1 = H_{sy} + 1.7RQ^2 = 5.225m + 9.469\times10^{-5}h^2/m^5 \times Q^2$

5）绘制管路特性曲线并确定工况点。

根据求得的新、旧管路特性方程，取8个流量值求得相应的损失，列入表7-8中。

表7-8 管路特性参数表

$Q/(m^3/h)$	200	250	300	350	400	450	500	550
H_1/m	524.7	526.0	527.5	529.3	531.4	533.8	536.4	539.3
H_2/m	526.3	528.4	531.0	534.1	537.7	541.7	546.2	551.1

利用表7-8中各点数据绘出管路特性曲线，如图7-60所示，新、旧管路特性曲线与扬程特性曲线的交点分别为 M_1 和 M_2，即为新、旧管路水泵的工况点。由图中可知：新管的工况点参数为 $Q_{M1}=522m^3/h$，$H_{M1}=538m$，$\eta_{M1}=0.79$，$H_{aM1}=5.4m$，$N_{M1}=980kW$；旧管的工况点参数为 $Q_{M2}=500m^3/h$，$H_{M2}=547m$，$\eta_{M2}=0.8$，$H_{aM2}=5.4m$，$N_{M2}=980kW$，因 η_{M1}、η_{M2} 均大于0.7，允许吸上真空度 $H_{sM1}=5.5$，符合要求。

6）校验计算。

① 排水时间的验算。

由旧管工况点验算。正常涌水时，若采用两台泵两条管路排水，则

$$T_z = \frac{24q_z}{n_1 Q_{m2}} = \frac{24\times700}{2\times500}h = 16.8h \leqslant 20h$$

最大涌水时，采用四台泵三条管路排水，并联等效管的总损失系数为

$$R' = R/9 = 6.36\times10^{-6}h^2/m^5$$

作并联等效管路特性曲线与四台泵并联等效泵的扬程曲线，交点为等效泵工作点。反推两求得每台泵的工况点。以该工况点的流量 $Q=500m^3/h$（作图计算略）代入下式，得

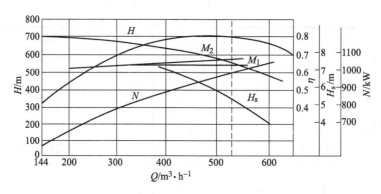

图 7-60 水泵工况点

$$T_{max} = \frac{q_{max}}{(n_1 + n_2)Q_{M2}} = \frac{24 \times 1100}{(2+2) \times 500}h = 13.2h \leq 20h$$

实际工作时，只要 3 台水泵同时工作即能完成在 20h 内排出 24h 的最大涌水量。

② 经济性校核。

工况点效率应满足　　　$\eta_{M1} = 0.79 \geq 0.85\eta_{max} \geq 0.85 \times 0.8 = 0.68$

$$\eta_{M2} = 0.8 \geq 0.68$$

③ 稳定性校核。

$$H_{sy} = 522.5 \leq 0.9H_0 = 0.9 \times 700m = 630m$$

④ 经济流速的校核。

吸水管中流速　　$v_x = \frac{Q}{900\pi d_x^2} = \frac{522}{900 \times \pi \times 0.335^2}m/s = 1.65m/s$

排水管中流速　　$v_p = \frac{Q}{900\pi d_p^2} = \frac{522}{900 \times \pi \times 0.299^2}m/s = 2.07m/s$

吸、排水管中水的流速都在经济流速之内，满足要求。

⑤ 吸水高度校核。

取 $p_a = 9.81 \times 10^4 Pa$，$p_n = 0.235 \times 10^4 Pa$，$\gamma = 9.81 \times 10^3 N/m^3$，则允许吸水高度为

$$[H_x] \leq H_{sM1} - \left(10 - \frac{p_a}{\gamma}\right) - \left(\frac{p_a}{\gamma} - 0.24\right) - \frac{8}{\pi^2 g}\left(\lambda_x \frac{l_x}{d_x^5} + \frac{\sum \zeta_x + 1}{d_x^4}\right)Q_{M1}^2$$

$$[H_x] = \left[5.4 - \left(10 - \frac{98100}{9810}\right) - \left(\frac{2350}{9810} - 0.24\right) - \frac{8}{\pi^2 \times 9.8}\left(\frac{0.0291 \times 7}{0.335^5} + \frac{4.094 + 1}{0.335^4}\right)\left(\frac{522}{3600}\right)\right]m$$

$$= 4.61m$$

实际吸水高度 $H_x = 4m < [H_x]$，吸水高度满足要求。

⑥ 电动机功率计算。

$$N_d' = K_d \frac{\gamma Q_{M1} H_{M1}}{1000 \times 3600 \times \eta_{M1}} = 1.1 \times \frac{9800 \times 522 \times 538}{1000 \times 3600 \times 0.79}kW = 1064kW$$

水泵配套电动机功率为 $N_d = 1250kW$，大于计算值，所以满足要求。

7) 电耗计算。

① 全年排水电耗。

$$E = \frac{\gamma Q_{M2} H_{M2}}{1000 \times 3600 \times \eta_{M2} \eta_c \eta_d \eta_w} (n_z T_z r_z + n_{max} T_{max} r_{max})$$

$$= \left[\frac{9800 \times 500 \times 547}{1000 \times 3600 \times 0.8 \times 1 \times 0.95 \times 0.95} \times (2 \times 16.8 \times 295 + 4 \times 13.2 \times 70) \right] kW \cdot h/年$$

$$= 1.403 \times 10^7 kW \cdot h/年$$

②　吨水百米电耗校验。

$$e_{t100} = \frac{H_{M2}}{3.673 \eta_{M2} \eta_c \eta_d \eta_w H_{sy}}$$

$$= \frac{547}{3.673 \times 0.8 \times 1 \times 0.95 \times 0.95 \times 522.5} kW \cdot h/(t \cdot 100)$$

$$= 0.395 kW \cdot h/(t \cdot 100) < 0.5 kW \cdot h/(t \cdot 100)$$

习题与思考题

1. 选择排水系统的原则是什么？对一个具体的矿井条件，若有两种排水系统的方案，应如何优选排水系统？

2. 吸水管的内径为何比排水管内径大？吸水管的壁厚为何不需验算？

3. 为什么要用初期工况点 M_1 所对应的轴功率 N_{M1} 来验算电动机容量？

4. 某矿年产量 60 万 t，竖井开拓，井深 200m，采用集中排水系统。矿井正常涌水量为 220m³/h，最大涌水量为 320m³/h，正常涌水量和最大涌水量的天数各为 295d 和 70d，矿水呈中性，密度为 1020kg/m³，试选择排水设备。

模块八

通风设备

通风机是将原动机的机械能转变为其他能量的机械，广泛应用于国民经济的各个方面，是矿井四大固定设备之一，被誉为矿井"肺脏"。煤矿的开采和生产主要是地下作业，生产过程中会产生大量的有毒气体和矿尘，为了保障井下工作人员的身体健康和生命安全，减少生产事故的发生，保证正常生产，必须在煤矿生产中采取通风措施。本模块讲述了矿井通风设备的作用、结构、工作原理及性能，通风设备的运行、维护、故障原因分析与处理，选型设计的原则、步骤、方法等内容。

项目一 概 述

> ### 学习目标
>
> 了解矿井空气的形成、成分和性质，以及矿井安全生产对井下空气成分的规定和要求；掌握矿井通风的方式以及矿井通风设备的分类、作用、结构、工作原理及性能参数。

一、矿井空气

煤矿生产是地下作业，环境条件复杂。由于生产过程中，有毒气体和矿尘的大量产生，以及水分的蒸发和散热作用等因素的影响，使矿井空气的成分、温度、湿度等发生了一系列的变化，形成恶劣的气候条件。因此，为保护煤矿工作人员的身体健康和生命安全，减少事故的发生，保证正常生产，必须对矿井进行通风。矿井通风的作用就是不断地向井下各个工作地点供给足够的新鲜空气，保证井下空气的含氧量，稀释并排出各种有害、有毒及具有放射性、爆炸性的气体和粉尘；调节井下空气的温度和湿度，保持井下空气有合适的气候条件，给井下工作人员营造一个良好的工作环境，以便提高劳动生产率。

我国《煤矿安全规程》规定，井下空气成分必须符合下列要求：

1）掘进工作面的进风流中，氧气浓度不得低于 20%。

2）有人工作或可能有人到达的井巷，二氧化碳浓度不得大于 0.5%，总回风流中，二氧化碳浓度不得超过 1%。

3）矿井内空气中一氧化碳浓度不得超过 0.0024%，爆破后通风机连续运转条件下，CO 浓度降至 0.02% 时才可以进入工作面。

4）二氧化氮的浓度不超过 0.00025%，二氧化硫的浓度不得超过 0.0005%，硫化氢浓度不得超过 0.00066%。

5）作业场所中空气中粉尘允许浓度：含游离二氧化硅大于 10% 者，不得超过 $2mg/m^3$；小于 10% 者，不得超过 $10mg/m^3$。

6）采掘工作面空气温度不得超过 27℃，机电设备硐室的空气温度不能超过 30℃；矿井通风系统的有效风量率不得低于 60%。

二、矿井通风设备的作用

矿山通风设备的作用是向井下输送新鲜空气，稀释和排除有毒、有害气体，调节井下所需风量、温度和湿度，改善劳动条件，保证安全生产。其中通风机就是依靠输入的机械能，提高气体压力并排送气体，它是一种从动的流体机械。

三、矿井通风的方式

矿井通风系统是保证为井下各工作地点提供新鲜空气，排出污浊空气的通风网络、通风动力和通风控制设施的总称。矿井通风方式按进、回风井在井田内的位置不同，通常分为自然通风和机械通风。

（1）自然通风 利用井下、井上空气温度不同及出风井与进风井的压差使空气流动。其特点：

1）压差小，不稳定。

2）受季节、气候、环境影响大。

（2）机械通风 利用通风设备强制风流按一定的方向流动，即从进风井进入，从出风井流出。机械通风具有安全可靠，便于控制调节等特点。《煤矿安全规程》规定，矿井必须采用机械通风。通风机是机械通风的主要设备，其通风方式分为抽出式和压入式两种，如图 8-1 所示。

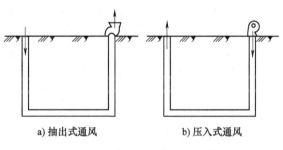

a) 抽出式通风   b) 压入式通风

图 8-1 矿井通风方式示意图

1）抽出式通风。将通风机进风口与引风道相连，将井下的污浊空气抽至地面。在风机开动后，风硐中的空气被抽出产生负压，空气从进风井流入井下，经出风井排出，又称负压通风。当通风机发生故障停止运转后，井下空气的压力会自行升高，可抑制瓦斯的涌出，所以我国煤矿常采用抽出式通风。

2）压入式通风。将通风机安设在进风井井口附近，并利用风硐与进风井连接，通风机运转后，地面新鲜空气被压入井下，污浊的空气经出风井排出，又称正压通风。《煤矿安全规程》中规定，掘进巷道必须采用矿井全风压通风或局部通风机通风。煤巷、半煤岩巷和有瓦斯涌出的岩巷的掘进通风方式应采用压入式，不得采用抽出式；如果采用混合式，必须制订安全措施。瓦斯喷出区域和煤（岩）与瓦斯突出煤层的掘进通风方式必须采用压入式。

两种通风方式的比较：抽出式比较安全，一般采用抽出式通风方式。

四、矿井通风设备及其要求

矿井通风系统包括通风机、电气设备、扩散器及反风装置等。其中设备分主通风设备、局部通风设备、分区通风设备。

矿井生产中对主要通风设备的要求：

1）必须安装在地面，装有风机的井口必须封闭严密。

2）主要通风系统必须装置两套同等能力的通风机，其中一套备用，且备用风机须能在10min内起动。

3）为保证通风设备的用电，必须设置两条专用供电线路。

4）生产矿井主要通风机必须装有反风设施，并能在10min内改变巷道中的风流方向，且反风风量不应小于正常风量的40%。

5）装有主通风机的出风井口必须装防爆门，其面积不得小于该井筒横断面积，并且必须正对风流方向。

6）主通风机因检修、停电等原因需停机时，必须制订停风措施，并报经批准。

7）噪声应控制在国家标准范围内，如超过允许值，应配备消声装置或采取相应的措施。

8）整个通风系统应有较高的效率。

9）尽可能采用自动控制装置。

五、矿井通风设备的类型和工作原理

（一）矿井通风设备的类型

空气在井巷中流动需克服通风阻力，因而必须提供通风动力，才能促使空气流动，实现矿井通风，矿井通风动力由通风机提供。矿井通风机的分类：

1）按气流的流动方向分：离心式、轴流式、混流式。

2）按作用和安装形式分：主通风机、局部通风机。

3）按容积的变化方式分：往复式、回转式。

4）按风机的出口压力分：低压风机（全压小于1000Pa）、中压风机（全压1000~3000Pa）、高压风机（全压3000~15000Pa）。

5）按进风口数目分：单侧吸入、双侧吸入。

6）按叶片结构形式分：机翼型叶片、直接型叶片、弧形叶片。

（二）通风机的工作原理

1. 离心式通风机的工作原理

如图8-2所示，离心式通风机主要由

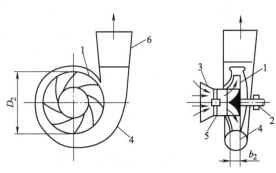

图8-2　离心式通风机结构示意图
1—叶轮　2—轴　3—进风口　4—机壳
5—前导器　6—锥形扩散器

叶轮、轴、进风口、前导器、螺线形机壳、锥形扩散器等组成。叶轮固定在轴上，形成通风机的转子，并支承在轴承上。

离心通风机工作时，动力机（主要是电动机）驱动叶轮在蜗形机壳内旋转，叶轮流道中的空气在叶片作用下随叶轮一起转动，在离心力的作用下能量升高，并由叶轮中心沿径向流向叶轮外缘，经螺线形机壳和锥形扩散器排至大气。同时，在叶轮中心和进口处形成真空（或负压），外部空气在大气压力作用下经进风口进入叶轮，形成连续流动。

2. 轴流式通风机的工作原理

如图 8-3 所示，轴流式通风机主要由叶轮（由轮毂和叶片组成）、轴、圆筒形外壳（由集流器和流线体组成）、整流器、环形扩散器等组成。

轴流式通风机工作时，当电动机通过轴带动叶轮旋转时，由于叶片为机翼形，并以一定的角度安装在轮毂上，轮片正面（排出侧）的空气在叶片的推动下能量增大，经扩散器被排至大气。同时，叶轮背面（入口侧）形成真空（负压），外部空气在大气压力作用下，经进风口进入叶轮，形成连续风流。

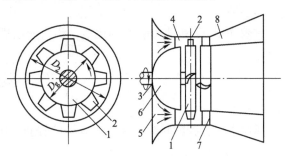

图 8-3 轴流式通风机结构示意图

1—轮毂 2—叶片 3—轴 4—外壳 5—集流器
6—流线体 7—整流器 8—环形扩散器

（三）离心式通风机与轴流式通风机的区别

离心式通风机中的空气沿叶轮的轴向进，径向出；轴流式通风机中的空气沿叶轮的轴向进，轴向出。

（1）结构方面

1）轴流式风机比旧式离心风机结构尺寸小，重量轻；与新型离心式风机相比则差不多。

2）轴流式风机结构复杂，维修较困难。

3）轴流式风机噪声大，需安装消声措施。

（2）效率方面 离心式风机最高效率比轴流式高，但平均效率低于轴流式。

（3）通风机调节方面 轴流式风机调节方法多，经济性好；离心式风机较差。

（4）特性方面 轴流式通风机特性曲线陡斜，适用于矿井阻力变化大而风量变化不大的矿井；离心式风机则相反。

（5）起动方式 轴流式风机起动时可关闭闸门也可不关，起动负荷变化不大；离心式风机必须关闭闸门起动，以减小起动负荷。

（四）通风机的主要工作参数

1. 风量

单位时间通风机输送的空气的体积，用 Q 表示，单位为 m^3/s、m^3/min、m^3/h。

2. 风压

单位体积气体通过通风机后所获得的总能量（包括静压和动压）称为风压，用 H 表示，单位为 $Pa(N/m^2)$。

3. 功率

（1）有效功率　指单位时间内气体从通风机获得的能量，即通风机的输出功率，单位为 kW，用 N_x 表示。

$$N_x = \frac{QH}{1000} \tag{8-1}$$

（2）轴功率　通风机的输入功率，即通风机的输入功率，单位为 kW，用 N 表示。

4. 效率

有效功率 N_x 和轴功率 N 的比值，称为通风机的效率，用 η 表示。

$$\eta = \frac{QH}{1000N} \tag{8-2}$$

5. 转速

通风机每分钟的转数，称为通风机的转速，用 n 表示，单位为 r/min。

 习题与思考题

1. 《煤矿安全规程》对通风机有什么要求？其功用是什么？
2. 简述矿井通风设备的作用及类型。
3. 矿井通风的方式有哪些？其区别是什么？
4. 试述离心式通风机和轴流式通风机各自的组成及工作原理。
5. 简述矿井通风机的工作参数及其定义。

项目二　通风机的构造及反风装置

学习目标

掌握离心式通风机、轴流式通风机及对旋式通风机的结构组成、各组成部分的作用、型号意义及工作原理；掌握矿用通风机反风装置的结构及工作原理，以及对通风机反风的要求和意义。

一、离心式通风机的构造

矿用离心式通风机主要有 4-72-11 型、G4-73 型和 K4-73 型，前两者多用于中、小型矿井，后者常用于大型矿井。

（一）4-72-11 型离心式通风机

图 8-4 所示为 4-72-11 型离心式通风机的结构示意图，该型号通风机由叶轮、轴、集流器（进风口）和外壳、传动部分等组成。

1. 叶轮

4-72-11 型离心式通风机叶轮由前盘面、后盘面、叶片和轮毂等零件焊接或铆接组成。

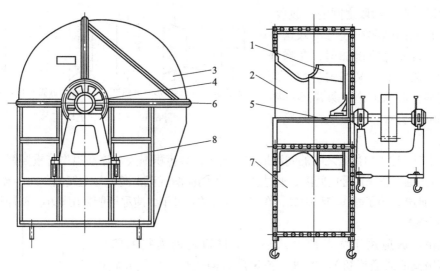

图 8-4 4-72-11 型离心式通风机结构示意图

1—叶轮 2—进风口 3—机壳 4—带轮 5—轴 6—轴承 7—出风口 8—轴承座

叶轮由 10 个中空后弯机翼型叶片、双曲线形前盘和平板形后盘组成。

叶片形式有圆弧形、平板形、机翼形。矿用风机多采用后弯叶片，安装角一般为 18°～ 75°，G4-72 型和 K4-73 型离心式通风机安装角一致，均为 45°。叶轮的叶片数目与安装角和叶轮外径对内径的比值有关，通过试验可以找到某一最佳值，G4-72 型和 K4-73 型离心式通风机的叶轮叶片数目均为 10 片。

叶轮由优质锰钢制成，并经静平衡和动平衡校正，其空气动力性能良好。运转平稳高效，噪声低。全压效率可达到 91%。

2. 机壳（螺壳）

通风机外壳的作用是汇集从叶轮流出的气流，并输送到外壳的出口，并将气体的部分动压转变为静压。

4-72-11 型离心式通风机从 No. 2. 8～No. 20 共有十一种机号，其机壳的截面呈螺旋状，机壳分为两种形式：No. 2. 8～No. 12 的机壳焊接为整体结构，不能拆开。No. 16 和 No. 20 风机的机壳为三开式，即上、下部分可分开，上半部分又可分为左、右两部分，各部分之间用螺栓连接，便于拆卸和维修；机壳的断面均为矩形。通风机的出风口位置可根据生产需要进行调整。

螺壳的型线与其中气流要求有关。假定气流在所有径向截面中的流速保持常数，其螺壳的型线应是阿基米德螺线；若假定叶轮出口绝对速度在圆周方向上的分量，即旋绕速度 C2u 的分布规律为 C2uR＝常数，则螺壳的型线为对数螺旋线。实际生产常用四段圆弧构成的近似曲线代替。

3. 集流器（进风口）

离心式通风机一般装有进风口集流器（位置见图 8-4），其作用是保证气流均匀、平稳地进入叶轮，使叶轮得到良好的进气条件，减少流动损失和降低进口涡流噪声。集流器的结构形式如图 8-5 所示。

常用的集流器结构形式是锥弧形的，它的前半部分是圆锥形的收敛段，后部是近似双曲线的扩散段，前后两段之间的过渡段，是收敛度较大的喉部。气流进入这种集流器后，首先是缓慢加速，在喉部形成高速气流，而后又均匀扩散，均匀地充满整个叶轮流道。集流器的喉部形状和喉部直径，对通风机效率有较大影响。

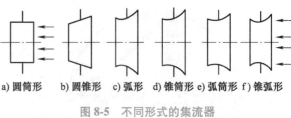

a) 圆筒形　b) 圆锥形　c) 弧形　d) 锥筒形 e) 弧筒形 f) 锥弧形

图 8-5　不同形式的集流器

集流器与叶轮入口部分之间的间隙形式和大小，对容积损失和流动损失有重要影响。G4-72型和K4-73型通风机采用径向间隙，通过这种间隙的泄漏气流方向，与主气流方向一致，不会干扰主气流。此外，为了减少容积损失，在工艺允许的条件下，应尽可能采用较小的间隙尺寸。

4. 进气箱

进气箱一般应用于大型离心式通风机进口之前需接弯管的场合（如双吸离心式通风机）。因进气流速度方向变化，会使叶轮进口的气流很不均匀，故在进口集流器之前安装进气箱，可改善这种状况。进气箱通道截面最好做成收敛状，并在转弯处设过渡倒角，如图 8-6 所示。

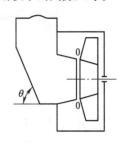

5. 出风口

图 8-6　进气箱形状

机壳出风口除有八个基本位置外，其出风口角度可调（间隔15°、30°、45°等）。No2.8～No12 九种通风机的出风口角度可调，No. 16 和 No. 20 两种通风机的出风口有三种固定位置，即为右 0°、右 90°、右 180°和左 0°、左 90°、左 180°。这两种通风机的出风口位置不能调整，其出风口的位置如图 8-7 所示。

6. 传动部分

传动部分由轴、轴承和带轮等组成。将叶轮装在主轴的一端，称为悬臂式，其主要优点是拆卸方便。对于双吸式或大型单吸式离心式风机，一般将叶轮放在两轴承中间，称为双支承式，其主要优点是运转比较平稳。目前，我国对离心式通风机的传动方式进行了规范，总体上有 A、B、C、D、E、F 六种传动结构形式，其具体形式如图 8-7 和表 8-1 所示。

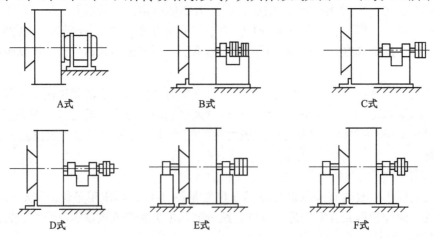

A式　　　　　　　B式　　　　　　　C式

D式　　　　　　　E式　　　　　　　F式

图 8-7　离心式通风机传动结构型式

表 8-1　离心式通风机传动方式

代号	A	B	C	D	E	F
传动方式	无轴承，电动机直联传动	悬臂支承，带轮在轴承中间	悬臂支承，带轮在轴承外侧	悬臂支承，联轴器传动	双支承，带轮在外侧	双支承，联轴器传动

4-72-11 型通风机的传动方式有 A、B、C、D 四种方式，No. 16 和 No. 20 为矿井常用的两种通风机，采用 B 式传动，即悬臂支承，带传动，带轮在两轴承中间，如图 8-7 所示。轴承装有温度计，采用润滑脂润滑。

4-72-11 型通风机的旋向有两种，如图 8-8 所示。即"右旋"和"左旋"。从电动机带轮一端正看，叶轮按顺时针方向旋转的称为"右旋通风机"，以"右"表示；叶轮按逆时针方向旋转的称为"左旋通风机"，以"左"表示。

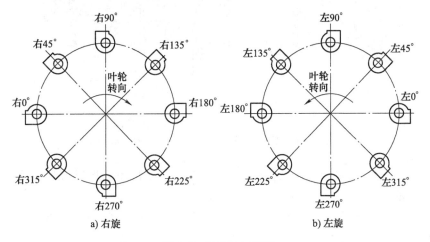

图 8-8　出风口示意图

7. 型号意义

以 4-72-11No. 20B 右 90°说明其型号的意义：

4——通风机最高效率点全压系数为 0.4；

72——通风机的比转数为 72；

1——叶轮为单侧进风；

1——设计序号；

No. ——机号前冠用符号；

20——叶轮直径为 2000mm；

B——传动方式为 B 式（离心式通风机的传动方式有六种：A——无轴承箱；B——支承带；C——悬臂带；D——悬臂联轴节；E——中间支承，带悬臂；F——中间支承，悬臂联轴节）。

右——右旋；

90°——出风口方向。

（二）G4-73-11 型离心式通风机

1. 用途

主要用于锅炉通风，单侧进风；也可用于中、小型矿井的通风。

2. 型号

No. 8～No. 28 共 12 种。

3. 结构

图 8-9 所示为该型通风机结构图，主要由叶轮、机壳、进风口、前导器和传动部分组成。

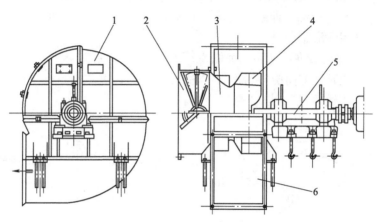

图 8-9　G4-73-11 型离心式通风机的结构

1—机壳　2—前导器　3—进风口　4—叶轮　5—轴　6—出风口

（1）叶轮　叶轮由 12 个后弯机翼形叶片、弧锥形前盘和平板形后盘组成，并经静平衡、动平衡校正，运转平稳，噪声低，全压效率高，可达 93%。

（2）机壳　机壳用普通钢板焊接而成，并制成三种不同形式，No. 8～No. 12 机壳为整体焊接式，No. 14～No. 16 为两开式，No. 18～No. 28 机壳为三开式。

（3）进风口与前导器　进风口为锥弧形，与 4-72-11 型相同，用螺栓固定在通风机入口侧。

前导器装在进风口前面，如图 8-9 所示。前导器上安装导流叶片为 8～12 片，采用平板形较多，叶片可在 0°（全开）到 90°（全闭）范围内调整，以调整通风机进风的方向和进风量，进而调节通风机的风量和风压。

（4）传动部分　传动部分由轴、轴承、联轴器等组成。传动方式为 D 式传动，即悬臂支承，弹性联轴器传动，传动效率较高。

（5）型号意义　以 G4-73-11 型 No. 25D 右 90° 为例说明其型号的意义：

G——锅炉通风机；

4——通风机最高效率点全压系数为 0.4；

73——通风机的比转数为 73；

1——叶轮为单侧进风；

1——设计序号；

No.——机号前冠用符号；

25——叶轮直径为 2500mm；

D——传动方式为 D 式；

右——右旋；

90°——出风口方向。

（三）K4-73-01 型离心式通风机简介

1. 用途

主要为大型矿井通风设计的大风量通风机，双侧进风。

2. 机型

分为 4 个机号：No. 25、No. 28、No. 32、No. 38。

3. 结构（图 8-10）

1）叶轮由前盘、中盘和中盘两侧各 12 个后弯机翼形叶片组成，并焊接成整体。

2）进风口前有进风箱。

3）机壳上部分用钢板焊接而成，下部用混凝土浇筑；进风口为收敛式流线型，制成三开式结构，便于拆装。

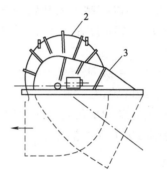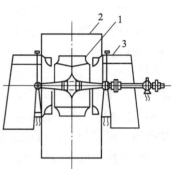

图 8-10　K4-73-01 型离心式通风机的结构
1—叶轮　2—外壳　3—进风口

4）传动方式为 F 式，即双支承，联轴器传动。传动轴为实心短轴，两端用滚动轴承支承，轴两端均可与电动机连接。

5）该通风机具有强度高、运转平稳、高效等特点。

二、轴流式通风机构造

（一）2K60 型轴流式通风机的构造

2K60 型轴流通风机是一种高效率、低噪声、可反转反风的通风机，既适用于新建矿井，也适用于老矿更新改造。主要结构由叶轮、导叶（前导叶、中导叶、后导叶）、外壳、进风口（集流器、疏流罩）、传动部分以及出口处的扩散风筒等组成，如图 8-11 所示。其有 No. 18、No. 24、No. 28、No. 32 四个机号。

1. 叶轮

叶轮是由固定在轴上的轮毂和以一定角度安装其上的叶片组

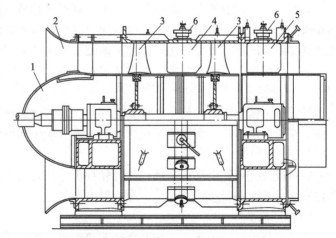

图 8-11　2K60 型轴流式通风机结构图
1—流线体　2—集流器　3—叶轮　4—中导叶　5—后导叶　6—强轮

成。叶片的形状为中空梯形，横断面为机翼形，沿高度方向可做成扭曲形，以消除和减小径向流动从而减小损失。叶轮的作用是增加空气的全压。叶轮有一级和二级两种，二级叶轮产生的风压是一级两倍。整流器安装在每级叶轮之后，为固定轮。其作用是整直由叶片流出的旋转气流，减小动能和涡流损失。

叶片均匀布置在轮毂上呈扭曲状，数目一般为 14 或 7 片，也可装成一级 14 片、二级 7 片。叶片越多，风压越高；叶片安装角在轮毂的不同半径处具有不同的安装角度，一般在 15°~45°范围内每间隔 5°进行调整。安装角越大，风量和风压越大。轴流式通风机的主要零件大都用钢板焊接或铆接而成。

2. 导叶

1）前导叶。风机设有前导叶，用以控制进入叶轮的气流方向，达到调节特性的目的。此导叶可分为两段，头部固定不动，尾部可以摆动。这样，外界气流可以较小的冲击进入前导叶，而后改变方向进入叶轮。

2）中导叶。在多级轴流式通风机中级间设置。它的作用是将第一级叶轮流出的旋转方向的气流，整定为轴向并引入第二级叶轮。

3）后导叶。作用是将第二级叶轮流出的旋转气流整定为近似轴向流出，剩余的旋绕速度使气流不仅沿轴向，而且是沿螺线方向在扩散器中流动，有利于改善扩散器的工作性能，且使气流速度下降，以提高静压。

注意：

1）导叶的形式以前多采用圆弧形叶片，现在多采用机翼形叶片，中、后导叶还采用扭曲机翼形叶片。

2）导叶的数目（前导叶、中导叶、后导叶）应与叶轮叶片数互为质数，以避免气流通过时产生同期扰动。

3）导叶可调装置可调节导叶安装角度，实现反转返风，且返风量可超过正常风量的 60%。

3. 进风口（集流器和疏流罩）

集流器是叶轮前外壳上的圆弧段。疏流罩罩在轮毂前面，其形状为球面或椭球面。集流器和疏流罩的作用是使气流顺利地进入通风机的环行入口流道，并在叶轮入口处形成均匀的速度场，由集流器与疏流罩构成断面逐渐缩小的进风通道，使进入叶轮的风流均匀，过流断面变小，以减少入口流动损失，提高通风机效率。

4. 扩散器

扩散器由锥形筒心和筒壳组成，呈环形，装在通风机出口侧。扩散器过流断面是逐渐扩大的，流速逐渐降低，可使通风机出口的一部分动压转换为静压，以提高通风机的静效率。

5. 外壳

通风机外壳呈圆筒形，重要的是叶轮外缘与外壳内表面的径向间隙应尽可能地减小。通常在 0.01~0.06mm 之间。

6. 传动部分

传动部分由轴、轴承、支架和联轴器等组成。轴承采用滚动轴承，用油脂润滑，并装有铂热电阻测温装置，接二次仪表壳做遥测记录和超温报警。传动轴两端用齿轮联轴器分别与通风机和电动机连接。

7. 型号意义

以 2K60-4 No. 28 为例说明型号意义。

2——两级叶轮；

K——矿用通风机；

60——通风机轮毂直径与叶轮直径比的 100 倍；

4——设计序号；

No. ——机号前冠用符号；

28——通风机叶轮直径为 2800mm。

（二）对旋式通风机

对旋式通风机是一种新型轴流式通风机。与传统轴流式通风机相比较，对旋式通风机具有高效率、高风压、风量大、性能好、噪声低、运行方式多、安装检修方便等优点。通风机结构组成如图 8-12 所示。

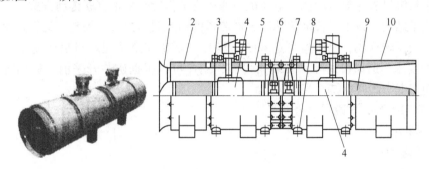

图 8-12　FBDⅡ系列对旋式局部通风机结构

1—集流器　2—前消声筒　3—注油杯　4—隔爆电动机　5—通风机壳
6—Ⅰ级叶轮　7—Ⅱ级叶轮　8—放油杯　9—扩散器　10—消声层

1. 工作原理

工作时两级工作叶轮分别由两个等容量、等转速、旋转方向相反的隔爆电动机驱动。当气流通过集流器进入第一级叶轮获得能量后，再经过第二级叶轮升压排出。两级工作叶轮互为导叶，经第一级后形成的旋转速度，由第二级反向旋转消除并形成单一轴向气流排出。

2. 型号含义

目前，作为煤矿主通风机使用的对旋式通风机主要有 BD 或 BDK 系列矿用防爆节能高效通风机。局部通风机主要有 FDC-l No. 6/30 型、DSF-6. 3/60 型、KDF 型等。

下面以 BDK 65A-8No. 26 型对旋式通风机为例，说明其型号含义：B 表示防爆型风机；D 表示对旋式结构通风机；K 表示矿用通风机；65 表示轮毂比的 100 倍；A 表示通风机叶片数目配比为 A 种；8 表示通风机配用 8 级电动机；26 表示通风机的机号，叶轮直径为 2600mm。

（三）FBCZ 系列防爆轴流式通风机简介

FBCZ 系列通风机为单级防爆轴流式主要通风机，是根据中、小型煤矿的通风网络参数设计的，适用于通风阻力较小的中、小型矿井。该系列有 FBCZ40 和 FBCZ54 两种机型，其外形结构如图 8-13 所示，主要由集流器、机壳、电动机、叶轮、扩散器等部件组成。

该型号的通风机由一台隔爆型电动机驱动，电动机安装在通风机的筒体中，并由隔流腔

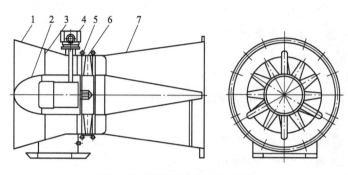

图 8-13 FBCZ 通风机结构图

1—集流器 2—导流体 3—进风管 4—电动机 5—铜环 6—叶轮 7—扩散器

使电动机周围的冷却风流和矿井排出的污风相隔离。隔流腔的进风道和排风道与机壳外的大气相通，用新鲜风流冷却电动机。电动机与通风机工作叶轮采用直联传动方式，提高了传动效率，简化了结构，减少了长轴传动和 S 形流道的通风阻力损失，提高了运行效率。该型号的通风机直接反转反风，反风量可达 60%，满足《煤矿安全规程》对反风量不小于正常供风量 40% 的要求。通风机的叶片安装角可调，用户可以根据矿井开采前、后期所需风量进行调整.使工况点始终保持在高效区。

以 FBCZ54-6 No. 16 说明型号意义。

F——风机；

B——隔爆型；

C——抽出式；

Z——主要通风机（主扇）；

54——通风机轮毂与叶轮直径比的 100 倍；

6——电动机极数（6 极）；

No.——机号前冠用符号；

16——通风机叶轮直径为 1600mm。

（四）FBCDZ 系列双叶轮对旋轴流式通风机简介

FBCDZ 系列双叶轮对旋轴流风机是节能型轴流式主通风机，适用于通风阻力较大的中、大型煤矿，主要由集流器、一级风机、二级风机、扩散器、圆变方接头、消声器、扩散塔等部件组成，并可根据用户需要装配扩散塔和消声装置，如图 8-14 所示。电动机座在 315 以上者可装配不停车加油装置、轴承测温装置及手动制动装置。通风机底座设有托轮，在预设的轨道上可沿轴向或非轴向移动，各部件用螺栓连接，便于检修。

FBCDZ 系列通风机采用电动机与叶轮直连方式减少了"S"形风道等通风阻力损失，提高了效率，也降低了"S"形风道带来的安全隐患及维护麻烦，提高了运转安全性。通风机的两级工作叶轮按相反方向旋转，一、二级叶片互为导叶，无定式导叶片，减少了导叶的能耗，简化了结构，提高了效率。通风机选配优质风机专用隔爆型电动机，电动机置于具有一定耐压性的隔流腔内，使电动机与矿井含瓦斯的风流相隔离，隔流腔设有与大气自动通风的风道，便于散热和导流。这样既增加了电动机防爆性能，又有利于电动机散热，从而增加了通风机运行的安全性。

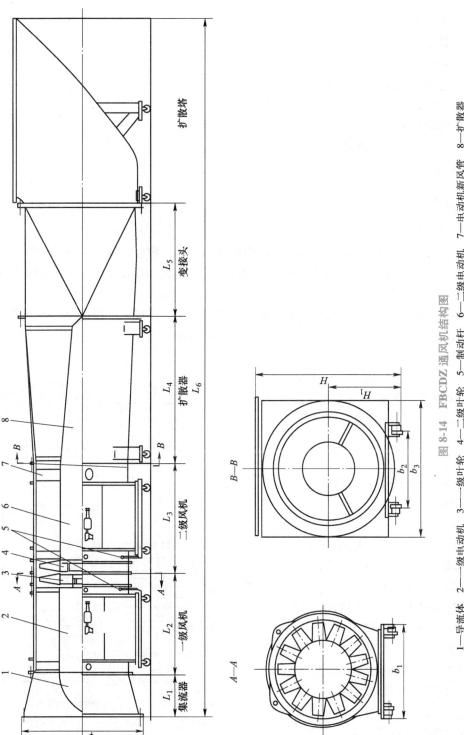

图 8-14　FBCDZ 通风机结构图

1—导流体　2—一级电动机　3——级叶轮　4—二级叶轮　5—制动杆　6—二级电动机　7—电动机新风管　8—扩散器

以 FBCDZ54-6-No. 24 为例说明型号的意义。

F——风机；

B——隔爆型；

C——抽出式；

D——双叶轮对旋式；

Z——主要通风机（主扇）；

54——通风机轮毂与叶轮直径比的 100 倍；

6——电动机极数（6 极）；

No.——机号前冠用符号；

24——通风机叶轮直径，dm。

三、矿用通风机的反风

（一）反风的意义

根据实际需要人为地临时改变通风系统中的风流方向，称为反风。用于反风的各种机电设备称为反风设备。例如矿井发生火灾时，为防止火灾蔓延到重要地区，必须立即采取改变风流方向的反风措施。

反风装置是引导正常风流反向流动的装置，由反风门、反风道、慢速绞车等组成，是矿井通风机必须装置的安全设备，也是灾变急救的重要设施。

（二）对反风的要求

《煤矿安全规程》规定：生产矿井主要通风机必须装有反风设施，必须能在 10min 内改变巷道中的风流方向。

（三）离心式通风机的反风

图 8-15 所示为两台离心式通风机反风布置图。

反风时，打开水平风门 13，使通风机入口与大气相通；关闭竖直风门，即关闭引风道；提起反风门 6，关闭扩散器，使通风机出口与反风道相通。新鲜空气由水平风门和进风道进入通风机，通过通风机出口进入反风道，被压入矿井，实现反风。反风风流按图 8-15 虚线箭头方向流动。

（四）轴流式通风机的反风

反转反风是通过改变通风机叶轮的旋转方向来改变风流方向的。这种方法只限于可反转反风的轴流式通风机。目前，我国生产的 2K 系列、

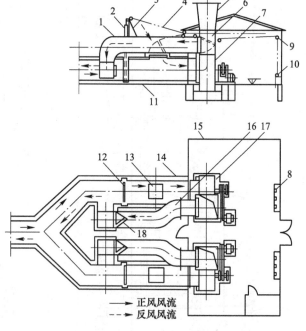

图 8-15 两台离心式通风机反风布置图

1、16—反风道 2、12—竖直风门 3—竖直风门架
4—升降风门钢丝绳 5—扩散器 6—反风门
7、17—通风机 8、10—风门绞车 9—滑轮组
11、14—进风道 13—水平风门 15—通风机房 18—检查门

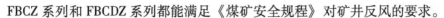

FBCZ 系列和 FBCDZ 系列都能满足《煤矿安全规程》对矿井反风的要求。

2K60 型反风时，先切断电源，制动，然后利用传动装置使中、后导叶转动 150°，改变电源相位使电动机与通风机反转，完成反风。2K56 型不需转动中、后导叶，即可反转反风。

FBCZ 系列和 FBCDZ 系列通风机改变电源相位，是电动机和通风机反转，即可进行反风。

 习题与思考题

1. 简述离心式通风机和轴流式通风机的结构及各部分的作用。
2. 试比较离心式通风机和轴流式通风机的特点和性能。
3. 说明离心式通风机和轴流式通风机型号的意义。
4. 简述矿井通风机反风装置的组成、工作原理及其反风的意义。
5. 比较离心式通风机和轴流式通风机反风工作的特点。

项目三　通风机的特性曲线

学习目标

　　掌握通风机的技术性能、类型特性曲线和个体特性曲线；能够根据条件参数正确地绘制通风机的特性曲线；掌握通风机特性曲线在实际中的应用。

　　通风机的性能通常用曲线形式给出。对于轴流式通风机特性曲线，目前国内的做法有两种：一种是给定叶轮直径和工作转速，绘出不同安置角度时标准空气下的通风机装置的静压随流量变化的曲线，并同时在压力曲线上绘出等静压效率曲线，通风机的轴功率则通过计算得到。另一种方法是不仅绘出静压曲线和等效率曲线，还绘制出轴功率曲线。通风机的特性曲线有类型特性曲线和个体类型曲线。特性曲线直观地反映了通风机的特性，便于选型和使用。离心式通风机选型常用类型特性曲线，轴流式通风机选型常用个体特性曲线，所以，这里主要介绍离心式通风机的类型特性曲线和轴流式通风机的个体特性曲线。

一、通风机的类型特性曲线

　　满足相似条件，即满足几何相似、运动相似与动力相似的通风机称为同类型或同系列通风机。相似的通风机有共同的特性，反映其共同特性的曲线称为类型特性曲线。同类型的通风机在相似工况下其风量系数 $\bar{Q}$、风压系数 $\bar{H}$、功率系数 $\bar{N}$ 相等，称为类型系数。一个风量系数 $\bar{Q}$ 对应一个风压系数 $\bar{H}$ 和功率系数 $\bar{N}$。以风量系数 $\bar{Q}$ 为横坐标，以风压系数 $\bar{H}$ 和功率系数 $\bar{N}$ 为纵坐标，就可作出类型特性曲线。下面介绍类型系数。

（一）类型系数

1. 风压系数

对于几何相似、运动相似、动力相似的通风机，称为同类型（同系列）通风机。同类

型通风机在相似工况下存在

$$\overline{H} = \frac{H}{\rho u_2^2} \qquad (8-3)$$

式中　$\overline{H}$——通风机的风压系数；

　　　H——通风机的风压（Pa）；

　　　ρ——空气密度（kg/m³）；

　　　u_2——叶轮外圆周速度（m/s）。

2. 风量系数

$$\overline{Q} = \frac{Q}{\frac{\pi}{4} D_2^2 u_2} \qquad (8-4)$$

式中　$\overline{Q}$——风量系数；

　　　Q——通风机的风量（m³/s）；

　　　D_2——叶轮直径（m）。

3. 功率系数

$$\overline{N} = \frac{N}{\frac{\pi}{4} \rho D_2^2 u_2^3} \qquad (8-5)$$

式中　$\overline{N}$——功率系数；

　　　N——通风机功率（kW）。

（二）类型特性曲线

　　类型特性曲线是在该类型（或系列）的某一通风机的个体特性曲线上选取一些点，用上述公式计算出对应点的风量系数、风压系数与功率系数（效率不变），以风量系数为横坐标，以风压系数和功率系数为纵坐标（效率曲线相同）作出该类通风机的类型特性曲线，如图8-16所示。

1. 离心式通风机的类型特性曲线

　　图8-16所示的4-72-11型通风机的类型特性曲线是按No. 5与No. 10模型换算的。实线代表按No. 5模型换算的No. 5、No. 5.5、No. 6、No. 8四种机号的类型特性曲线。虚线代表No. 10模型换算的No. 10、No. 12、No. 16、No. 20四种机号的类型特性曲线。No. 5以下机号通风机按实测样机性能换算。表8-2为4-72-11型通风机的技术性能。

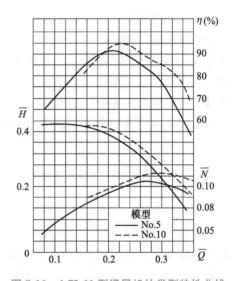

图8-16　4-72-11型通风机的类型特性曲线

　　图8-17所示为带前导器的G4-73-11型通风机类型特性曲线，表示了在前导器开启不同角度下的类型曲线。表8-3为该型通风机的技术性能。

表 8-2　4-72-11 型通风机的技术性能

机号	叶轮直径/mm	转速/(r/min)	全压范围/Pa	风量范围/(m³/h)	轴功率/kW
No. 16B	1600	560	961~1214	64000~89500	24.8~28.3
		630	1218~1538	72000~100700	35.3~40.3
		710	1549~1957	81100~113500	50.5~57.7
		800	1969~2489	91400~127900	72.2~82.5
		900	2497~3157	102800~143900	102.8~117
No. 20B	2000	450	961~1216	100000~144000	37.3~43.6
		500	1177~1491	110000~153000	51~60
		560	1491~1884	124500~180000	71.9~84.7
		630	1874~2374	134000~202000	102~120
		710	2482~3012	157500~227500	147~173

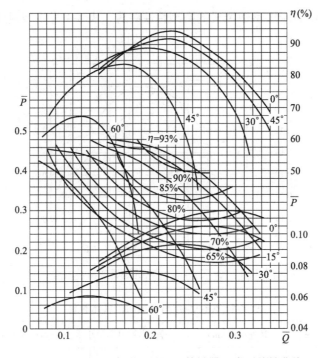

图 8-17　G4-73-11 型通风机（前导器）类型特性曲线

表 8-3　G4-73-11 型通风机的技术性能

机号	叶轮直径/mm	转速/(r/min)	全压范围/Pa	风量范围/(m³/h)	轴功率/kW
No. 180D	1800	480	1187~1678	77000~144000	43.5~57.6
		580	2060~2659	97000~18100	86.5~114
		730	3257~4601	127000~238000	198~262
No. 20D	2000	580	1462~2060	105000~196000	73.5~97.5
		730	2325~3277	133000~248000	147~194
		960	4042~6670	175000~326000	339~450

（续）

机号	叶轮直径/mm	转速/(r/min)	全压范围/Pa	风量范围/(m³/h)	轴功率/kW
No. 22D	2200	480	1216~1717	116000~217000	67~88.5
		580	1776~2502	141000~263000	118~157
		730	2815~3973	177000~332000	237~313
		960	4866~6876	233000~434000	538~712
No. 25D	2500	480	1579~2217	171000~318000	128~168
		580	2296~3237	206000~384000	224~293
		730	3649~5140	260000~484000	449~595
No. 28D	2800	480	1972~2776	239000~446000	204~298
		580	2865~4042	289000~540000	394~521
		730	4542~6406	365000~680000	795~1052

图 8-18 所示为 K4-73-01 型通风机的类型特性曲线，表 8-4 为该型通风机的技术性能。

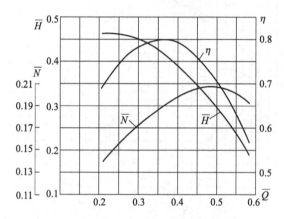

图 8-18　K4-73-01 型通风机的类型特性曲线

表 8-4　K4-73-01 型通风机的技术性能

机号	叶轮直径/mm	转速/(r/min)	全压范围/Pa	风量范围/(m³/h)	功率/kW
No. 25	2500	500、600、700	2158~4709	418000~680000	400~1500
No. 28	2800	375、500、600、750	1570~5886	440000~878000	300~2000
No. 32	3200	375、500、600	1962~5297	680000~1100000	600~2500
No. 38	3800	375、500	2845~4905	1100000~1500000	1200~3000

2. 轴流式通风机的类型特性曲线

图 8-19、图 8-20 所示分别为 FBCZ 和 FBCDZ 系列防爆轴流式通风机的类型特性曲线。图中表示了不同叶片在不同安装角度下的类型特性，并绘制了等效率曲线和反风特性。

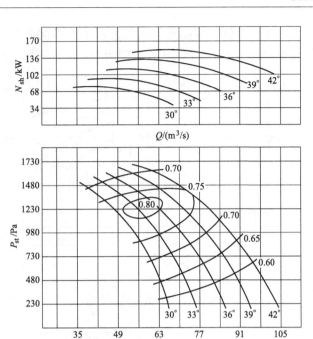

图 8-19 FBCZ 系列防爆轴流式通风机类型特性曲线

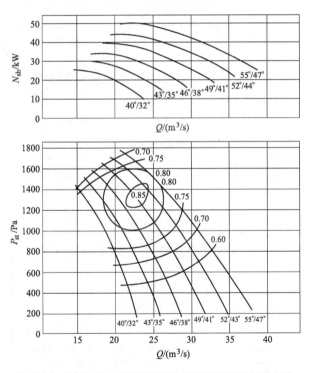

图 8-20 FBCDZ 系列防爆轴流式通风机类型特性曲线

二、通风机的个体特性曲线

通风机的个体特性曲线表示通风机的个体特性，图 8-21、图 8-22 所示分别为 FBCZ40-6

No. 15 和 FBCDZ54-8 No. 24 的个体特性曲线。图中表示了在不同叶片安装角度下的静压特性、轴功率特性和等效率曲线。表 8-5 和表 8-6 分别为上述两种通风机的技术性能参数。

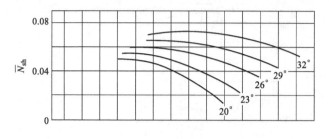

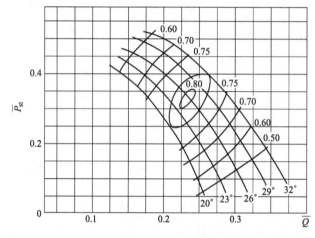

图 8-21　FBCZ40-6 No. 15 通风机个体特性曲线

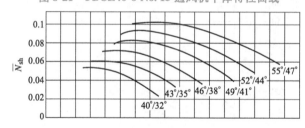

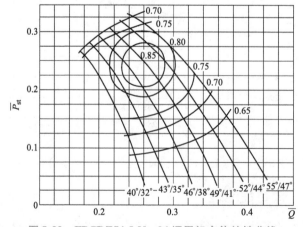

图 8-22　FBCDZ54-8 No. 24 通风机个体特性曲线

表 8-5　FBCZ 系列防爆轴流式通风机的技术性能（摘录）

机号	风量范围/（m³/s）	风压范围/Pa	配用电动机型号	转速/（r/min）	功率/kW
FBCZ54-4 No. 10	6.8~17	150~900	YBFe160L-4	1450	15
FBCZ54-4 No. 12	11.5~30	220~1300	YBFe225M-4	1450	45
FBCZ54-6 No. 15	15~39	170~910	YBFe280S-6	980	45
FBCZ54-6 No. 18	27~67	220~1310	YBFe315L1-6	980	110
FBCZ40-4 No. 10	9~22	120~720	YBFe160L-4	1450	15
FBCZ40-4 No. 12	16.5~38	170~1050	YBFe225M-4	1450	45
FBCZ40-6 No. 10	6~14.5	60~330	YBFe132M2-6	980	5.5
FBCZ40-6 No. 15	22~49	110~710	YBFe250M-6	980	37
FBCZ40-6 No. 19	42~100	180~1170	YBFe315L1-6	980	110

表 8-6　FBCDZ 系列防爆轴流式通风机的技术性能（摘录）

机号	风量范围/（m³/s）	风压范围/Pa	配用电动机型号	转速/（r/min）	功率/kW
FBCDZ54-6 No. 12	12~26	400~1500	YBFe200L1-6	980	18.5×2
FBCDZ54-6 No. 16	28.3~62.8	702~2650	YBFe315S-6	980	75×2
FBCDZ54-6 No. 20	55~123	1096~4141	YBFe335L1-6	980	220×2
FBCDZ40-6 No. 15	16~40	98~1746	YBFe250M-6	980	37×2
FBCDZ40-6 No. 17	22~75	116~2237	YBFe315S-6	980	75×2

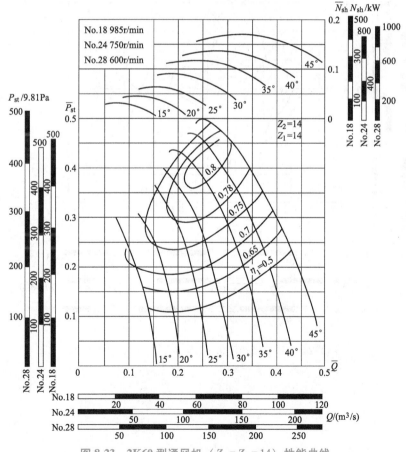

图 8-23　2K60 型通风机（$Z_1 = Z_2 = 14$）性能曲线

图 8-23、图 8-24 和图 8-25 所示分别为 2K60 型通风机的三个机号 No.18、No.24 和 No.28 在不同叶片安装角度下的类型特性和个体特性，图中绘出了叶片安装角度不同时的静压特性曲线、轴功率曲线以及等效率曲线。

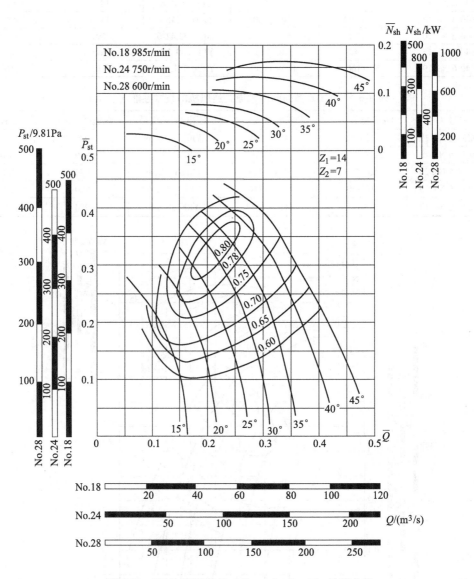

图 8-24　2K60 型通风机（$Z_1 = 14$，$Z_2 = 7$）性能曲线

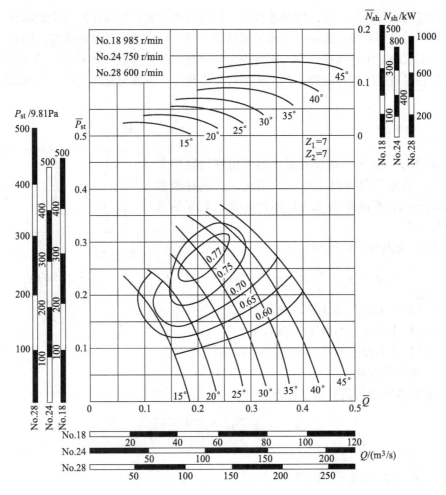

图 8-25　2K60 型通风机（$Z_1 = 7$，$Z_2 = 7$）性能曲线

习题与思考题

1. 什么是矿井通风机的类型特性曲线？其意义是什么？
2. 类型系数都包括哪些？说明其意义。
3. 说明类型特性曲线和个体特性曲线是怎样转换的。

项目四　通风机在网路中的工作分析

学习目标

　　能够对通风机在网路中的工作情况进行分析；掌握通风机的工况点计算方法和通风机的工业利用区；掌握通风机工况调节的方法及在实际中的应用。

每一台通风机都是和一定的网路连接在一起进行工作的。气流在网路中流动时，因克服网路中的各种阻力需要消耗能量，而通风机则是给空气提供能量补给的设备，因此，通风机的工作状态不仅决定于通风机本身，同时决定于网路的各种参数（如长度、截面等）。

所以有必要对通风机在网路上的工作进行分析研究。下面对抽出式矿井通风机的工作进行分析。

一、工作分析

图 8-26 所示为通风系统简化后，通风机在网路中工作的示意图。在通风机网路上取三个断面，进风井断面 Ⅰ-Ⅰ、通风机入口断面 Ⅱ-Ⅱ 和出口断面 Ⅲ-Ⅲ，利用伯努利方程进行分析。

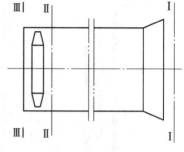

Ⅰ-Ⅰ 和 Ⅱ-Ⅱ 断面的伯努利方程为

$$p_a = p_2 + \frac{\rho}{2}v_2^2 + h \tag{8-6}$$

图 8-26　通风机在网路中工作示意图

式中　p_a——Ⅰ-Ⅰ 断面上的风压（Pa）；

$\quad\quad p_2$——Ⅰ-Ⅰ 断面上的风压（Pa）；

$\quad\quad v_2$——Ⅰ-Ⅰ 断面上的平均风速（m/s）；

$\quad\quad h$——通风网路阻力（Pa）。

Ⅱ-Ⅱ 和 Ⅲ-Ⅲ 断面的伯努利方程为

$$H + p_2 + \frac{\rho}{2}v_2^2 = p_a + \frac{\rho}{2}v_3^2 \tag{8-7}$$

式中　H——通风机产生的风压（Pa）；

$\quad\quad v_3$——Ⅲ-Ⅲ 断面的平均风速（m/s）。

由式（8-6）和式（8-7）联立求解得到

$$H = h + \frac{\rho}{2}v_3^2 \tag{8-8}$$

通风机产生的风压，一部分用于克服通风网路的阻力 h，称为静压 H_j；另一部分以速度能的形式 $\frac{\rho}{2}v_3^2$ 损耗在大气中，称为动压 H_d。通风机产生的风压称为全压 H。

$$H = H_j + H_d = h + \frac{\rho}{2}v_3^2 \tag{8-9}$$

通风机产生的全压包括静压和动压两部分；静压所占比例越大，这台通风机克服网路阻力的能力也就越大。因此，在设计和使用通风机时，应努力提高通风机产生静压的能力。

二、通风网路的特性曲线

（一）网路的特性方程

通风网路的阻力包括沿程阻力和局部阻力。所以

$$H_j = \left(\lambda \frac{l}{d} + \sum \xi\right)\frac{\rho}{2S^2}Q^2 = R_j Q^2 \tag{8-10}$$

式中 S——通风网路过流断面面积（m^2）;

　　R_j——通风网路的静阻力系数（$N \cdot s^2/m^8$）;

　　式（8-10）为通风网路的静阻力特性方程。对于轴流式通风机，厂家一般给出静压特性曲线，所以选择轴流式风机，通风网路特性方程要用静压特性方程。

$$H = H_j + H_d = \left(R_j + \frac{\rho}{2S_3^2} \right) Q^2 = RQ^2 \tag{8-11}$$

式中 S_3——III-III断面面积，即出口断面面积（m^2）;

　　R——通风网路的全阻力系数（$N \cdot s^2/m^8$）;

　　式（8-11）为通风网路的全压特性方程。对于离心式通风机，厂家给出的是全压特性方程，所以，选择离心式通风机，通风网路的特性方程要用全压特性方程。

（二）通风网路的特性曲线

　　把式（8-10）和式（8-11）表示的曲线分别绘制在 H_j-Q 和 H-Q 坐标上，即得通风网路的静阻力特性曲线和全阻力特性曲线。

三、通风机的工况点与工业利用区

（一）通风机的工况点

　　每一台通风机都必须和一定的网路连接在一起才能进行工作。此时通风机所产生的风量，就是从网路中流过的风量，通风机所产生的风压，就是网路所需要的风压，通风机特性曲线图上，该风量和风压所对应的点，称为通风机的工况点，如图 8-27 所示。工况点对应的参数称为工况参数，包括通风机的风量 Q_M、风压 H_M（或 H_{jM}）、轴功率 n_M 和效率 η_M。

　　离心式风机厂家一般只给出全压特性曲线，因此，网路的特性方程要用全阻力特性方程。但利用扣除动压后的静压特性方程得到的工况点，其风量是相等的。

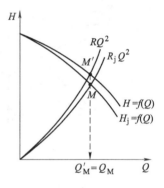

图 8-27 通风机工况点

　　对于轴流式通风机，厂家提供的曲线是静压特性曲线，因此网路特性也应采用静阻力特性曲线，直接获得静压工况点 M。

（二）通风机的工业利用区

　　通风机的工业利用区是为保证通风机的稳定性和经济性而划定的。

　　通风机稳定工作的条件是 $H_j \leqslant 0.9H_{jmax}$。

　　通风机的经济工作条件是工况点的静效率应大于或等于通风机最大静效率的 0.8 倍，最小不低于 0.6，即 $\eta_M \geqslant 0.8\eta_{jmax}$ 或 $\eta_{jM} \geqslant 0.6$。

　　通风机特性曲线上，既满足稳定性又满足经济性要求的范围，称为通风机的工业利用区。通风机的工业利用区如图 8-28 和图 8-29 所示。

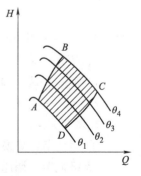

图 8-28 轴流式通风机工业利用区

四、通风机的工况调节

一般情况下，矿井开采初期，通风网路阻力较小。随着开采深度的增加，网路阻力不断增大，所需风量有时也要增加。因此，在矿井开采过程中，通风网路的参数是变化的，为了适应这种变化，通风机的工况应具有可调节性。调节的途径有改变网路的特性曲线和改变通风机的特性曲线两种。

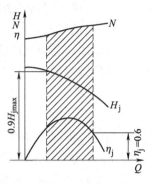

图 8-29　离心式通风机工业利用区

（一）改变网路特性曲线调节法

改变网路特性曲线调节法也称为阀门节流阀，即适当关闭竖直风门，使通风网路的阻力增大，以减小流量，如图 8-30 所示。

在开采初期，通风网路的阻力较小，网路特性曲线平滑，因此，这时的风量大于矿井实际需要的风量，如不进行调节将会造成能量损失。适当关闭阀门可以使工况点左移，风量减小，辅助功率减小。随着开采深度的增加，可将闸门逐渐开大。

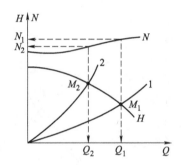

图 8-30　闸门节流法调节示意图

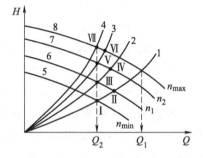

图 8-31　改变叶轮转速调节法示意图

（二）改变通风机特性曲线调节法

1. 改变通风机叶轮转速调节法

（1）调节原理　调节原理为比例定律，如图 8-31 所示。

$$\frac{Q'}{Q} = \frac{n'}{n}、\frac{H'}{H} = \left(\frac{n'}{n}\right)^2、\frac{N'}{N} = \left(\frac{n'}{n}\right)^3 \qquad (8-12)$$

式中　Q、Q'——调节前、后的风量（m^3/s）；

　　　　H、H'——调节前、后的风压（Pa）；

　　　　N、N'——调节前、后的轴功率（kW）；

　　　　n、n'——调节前、后的转速（r/min）。

（2）调节方法

1）阶段调节：更换带轮或电动机。

2）无级调节：调速型液力耦合器或串激调速电动机。

注意：转速不能超过叶轮圆周速度允许值。

（3）特点　调节范围较宽，在网路特性不变的情况调节时，效率不变。阶段调速的调节机构简单，但必须在停机时操作；无级调速机构复杂、投资大，但调节性能好，节电效果明显，其投资很快可以得到补偿，且能在不停机情况下完成调节工作。

2. 前导器调节法

通风机的理论压头方程为 $H_1 = \rho(u_2 c_{2u} - u_1 c_{1u})$，$c_{1u}$ 为叶轮入口处的圆周分速度，c_{1u} 改变，风压也相应改变。改变装在通风机入口处的前导器角度，可使风压增大或减小。当前导器叶片角度为负值时，c_{1u} 为正，风压减小；当前导器叶片角度为正时，风压增大，风量也有一定的变化，从而达到调节的目的。调节时，利用特性曲线调节到需要的角度。这种调节方法方便，但调节范围窄，适用于辅助调节。

3. 改变轴流式通风机叶片安装角度调节法

轴流式通风机叶片安装角一般可调。在不同安装角度下，通风机的特性曲线不同。厂家一般都给出在不同安装角度下的特性曲线。把通风网路特性曲线作在通风机的特性曲线上，和不同角度的风压特性相交。根据矿井需要的风量，把叶片安装角调节到需要的角度。如图 8-32 所示，初期网路特性曲线为 1，叶片安装角度调节到 26°，工况点为 M_1；随着开采深度的增加，网路的阻力增大，网路的特性曲线上移动，可采用 29°，工况点为 M_2。角度调节一般大一些，以免随

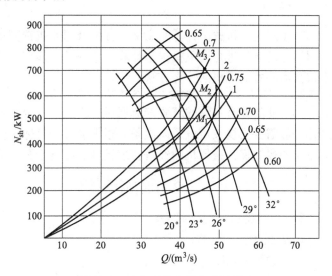

图 8-32 改变叶片安装角度调节法

开采深度的增加，网路阻力稍有增加而产生风量不足的现象。

4. 改变轴流式通风机级数和叶片数目调节法

如果矿井通风采用两级轴流式通风机，在开采初期风压大于实际需要，则可以把最后一级叶轮叶片全部拆下，以降低风压，达到调节风量、降低能耗的目的。

在叶片数目为偶数时，也可把叶轮叶片均匀对称地拆下几片，达到降低风压、降低能耗的目的。

通风机是矿井用电量较大的设备，为保证矿井通风的安全和经济，通风机应经常进行调节。上述方法不是单一的调节法，在调节时，可采用多种方法进行综合调节。

 习题与思考题

1. 怎样保证通风机工作的稳定性和经济性？
2. 简述通风机工况点与工业利用区。
3. 选择不同类型的通风机，通风网路采用哪种特性方程？
4. 为什么要工况调节？通风机工况调节的方法有哪些？比较各调节方法的特点和适用情况。
5. 什么是通风机的全压、静压和动压？
6. 通风机入口断面负压为 1200Pa，风速为 30m/s，出口断面风速为 15m/s，求该通风机产生的全压、

静压和动压。

7. 某矿井通风需要的风量为 $40m^3/s$，负压为 1350Pa，不考虑其他损失，求该矿井网路特性方程，并作出特性曲线。

项目五 通风设备的选型与计算

为了使矿井有足够的新鲜气流通过，新建矿井都需要装设通风设备，而改建或延深的矿井，一般需要更换或增设通风设备。根据矿井的具体条件，选择合适的通风设备，对于矿井的正常通风和保证通风机的经济合理运转，有着十分重要的意义。

一、选型设计的任务和原始资料

（一）选型设计的任务和要求

1. 选型设计的任务

1）选择通风机。

2）通风机初、末期运行工况确定与验算。

3）确定通风机性能调节方法。

4）选择通风机的拖动电动机。

5）进行通风设备运行经济性核算。

6）设计方案的技术经济性论证。

7）选择通风机的电气控制设备。

8）通风机附属设备的设计。

9）确定设备组合方案。

10）通风机房机电设备布置要求及简图。

2. 选型设计的要求

1）主要通风系统必须装置两套同等能力的通风机（包括电动机），其中一套工作，一套备用。备用通风机必须能在 10min 内开动。

2）在一个井筒中应尽量采用单一通风机工作制。如因规格限制，设备供应困难，或在所需风量较大，网路阻力较小的矿井，可考虑两台同等能力的通风机（包括电动机）并联运转，另备用一台相同规格的通风机，但必须校验通风机工作的稳定性，并作出并联运转的特性曲线。

3）所选通风机应满足第一水平各个时期的负压变化，并适当照顾下一水平的通风要求。当负压变化较大时，可考虑分期选择电动机，但初装电动机的使用年限不宜少于 10 年。

4）所选用的通风机在整个服务年限内，不但能供给矿井所需风量，还应使其在较高效率下经济运转，并有一定的余量。轴流式通风机在最大设计负压和风量时，叶片安装角一般至少比允许范围小 5°；离心式通风机的设计转速一般应小于允许最大转速的 90%。

5）通风设备（包括风道、风门）的漏风损失，当风井不作提升用途时，按需风量的 10%～15% 计算；以箕斗井回风时，按 15%～20% 计算；以罐笼井回风时，按 25%～30% 计算。通风设备各部阻力之和一般取 100～200Pa。采用无风机式空气加热装置时，应计入该装置的负压损失。轴流式通风机采用消声装置后，应将风阻值增加 50～80Pa。

6）电动机的备用能力依轴功率的大小而异。当轴功率在 150kW 以下时，宜采用 1.2 倍计；当轴功率在 150kW 以上时，宜采用 1.1 倍计。在计算电动机容量时，还需计入机械传动效率（2K60 型通风机例外），当用联轴器直联时，$\eta_c = 0.98$，用三角带传动时，$\eta_c = 0.95$。

（二）选型设计的原始资料

1）矿井沼气等级。

2）矿井年产量。

3）当地全年气候温度概况（是否需要加装空气加热装置）。

4）矿井通风系统。

5）矿井通风机工作方式（压入式、抽出式）。

6）矿井各通风井初、末期所需风量和风压。

7）矿井供电电压等级及电价。

8）可供选择的机电设备产品样本。

9）预定安装通风机的井口地面情况。

10）矿井其他特殊要求。

二、通风机的选型设计

选型设计的方法和步骤既与通风机的类型（即性能曲线）有关，又受通风系统的影响。对于轴流式通风机，厂家主要提供的是静压特性曲线；对于离心式通风机，厂家既供给全压特性曲线，也提供类型特性曲线。因此两种类型通风机，在不同通风系统中的选型设计方法和步骤不完全相同，现分别介绍如下。

（一）轴流式通风机的选型设计

按个体特性曲线选择轴流式通风机。

1. 通风机必须提供的风量的估算

若已知矿井所需风量为 Q_k，则通风机必须产生的风量为

$$Q = KQ_k \tag{8-13}$$

式中　K——通风设备的漏风系数。当风井不作提升井时，$K = 1.1～1.15$；兼作箕斗提升井时，$K = 1.15～1.20$；兼作罐笼提升井时，$K = 1.25～1.30$；

　　Q——矿井通风必须产生的风量（m^3/s）；

　　Q_k——矿井所需风量（m^3/s）。

2. 通风机必须提供的风压估算

轴流式通风机必须产生的静压为

$$H_{jmax} = h_{max} + \Delta h \tag{8-14}$$

$$H_{jmin} = h_{min} + \Delta h \tag{8-15}$$

式中　H_{jmax}、H_{jmin}——轴流式通风机必须产生的最大静压和最小静压（Pa）；

　　　　h_{max}、h_{min}——矿井最大负压和最小负压（Pa）；

　　　　Δh——通风设备阻力，一般取 100~200Pa；若井筒保暖采用无通风机式空气加热装置，还应计入该装置的阻力；若装置有消声器，还应另加 50~80Pa。

3. 预选通风机

根据 H_{jmax}、H_{jmin} 和 Q，从通风机产品样本中预选出较为合适的通风机。如同时有几种通风机都能满足要求，则应做方案比较。

4. 确定通风机的工况点

按 H_{jmax}、H_{jmin} 和 Q 求出最大网路阻力损失系数 R_{jmax} 和最小网路阻力损失系数 R_{jmin} 为

$$R_{jmax} = \frac{H_{jmax}}{Q^2} \tag{8-16}$$

$$R_{jmin} = \frac{H_{jmin}}{Q^2} \tag{8-17}$$

由 R_{jmax} 和 R_{jmin}，可以确定出矿井开采末期与初期的网路特性曲线方程式分别为

末期　　　　　　　　　　　$H_{jmax} = R_{jmax}Q^2 \tag{8-18}$

初期　　　　　　　　　　　$H_{jmin} = R_{jmin}Q^2 \tag{8-19}$

根据式（8-18）和式（8-19），用描点作图法在所预选的通风机特性曲线图上，绘出末期和初期网路特性曲线，即得末期和初期的工况点，即静压特性曲线与网路特性曲线的交点，并找出工况参数。工况参数应满足矿井风量和负压的要求。若选择得当，工况点应在通风机的高效区内。

由于轴流式通风机的叶片安装角度的间隔为 5°，因此，当工况点不在 5°的整倍数角度上时，应偏大取与 5°成倍数的安装角。如图 8-33 所示，若根据矿井条件工况点应为 A 点，其安装角在 20°~25°之间，按上述规定，应取安装角为 25°的工况点 B。

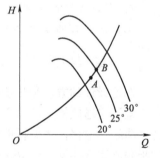

图 8-33　叶片安装角度的确定

5. 功率的计算

1）在开采初期和末期，通风机的轴功率为

初期　　　　　　　　　　　$P_{min} = \dfrac{H'_{jmin}Q'}{1000\eta'_j} \tag{8-20}$

末期　　　　　　　　　　　$P_{max} = \dfrac{H''_{jmax}Q''}{1000\eta''_j} \tag{8-21}$

式中　H'、H''——开采初期和末期工况点所对应的静压（Pa）；

　　　　Q'、Q''——开采初期和末期工况点所对应的风量（m^3/s）；

　　　　η'_j、η''_j——开采初期和末期工况点所对应的静效率。

2）在开采初期和末期，电动机的输出功率为

初期
$$P''_{\mathrm{dmin}} = \frac{P_{\min}}{\eta_{\mathrm{c}}} \tag{8-22}$$

末期
$$P''_{\mathrm{dmax}} = \frac{P_{\max}}{\eta_{\mathrm{c}}} \tag{8-23}$$

式中　η_{c}——传动效率，$\eta_{\mathrm{c}} = 0.98$。

3）电动机容量的确定。当 $P'_{\mathrm{dmin}} < 0.6 P''_{\mathrm{dmax}}$ 时，说明在通风机的整个服务年限内，轴功率变化较大，若采用一台大容量的电动机，则长期不能满载运行。为了改善功率因数，可选取两台容量不同的电动机，但初装电动机的服务年限不得少于 10 年。其初期和末期的电动机容量可分别按下式计算：

初期
$$P_{\mathrm{dmin}} = (1.1 \sim 1.2) \sqrt{P'_{\mathrm{dmin}} P''_{\mathrm{dmax}}} \tag{8-24}$$

末期
$$P_{\mathrm{dmax}} = (1.1 \sim 1.2) P''_{\mathrm{dmax}} \tag{8-25}$$

式中　$1.1 \sim 1.2$——考虑预计通风阻力不精确的备用系数。

当 $P'_{\mathrm{dmin}} \geqslant 0.6 P''_{\mathrm{dmax}}$ 时，说明通风机在整个服务年限内的轴功率变化不大，可按式（8-24）选用一台电动机。

当选用同步电动机时，无论何种情况，电动机容量都按式（8-25）确定。

6. 年耗电量的计算

通风机的平均年电耗 W（单位为 $\mathrm{kW \cdot h/}$ 年）按下式计算

$$W = \frac{P'_{\mathrm{dmin}} + P''_{\mathrm{dmax}}}{2\eta_{\mathrm{d}}\eta_{\omega}} \times 24 \times 36 \tag{8-26}$$

式中　η_{d}——电动机效率，可取 0.9 或从电动机产品样本上查取；

　　　η_{ω}——电网效率，一般取 0.95。

7. 吨煤通风电耗量计算

$$W_{\mathrm{dm}} = \frac{W}{A} \tag{8-27}$$

式中　W_{dm}——吨煤通风电耗量（$\mathrm{kW \cdot h/t}$）；

　　　A——矿井年产量（$\mathrm{t/}$年）。

（二）离心式通风机的选型设计

按类型特性曲线选择离心式通风机。

1. 通风机风量的估算

若已知矿井所需风量 Q_{k}，则通风机应产生的风量按前面公式计算，即

$$Q = kQ_{\mathrm{k}} \tag{8-28}$$

2. 通风机风压的估算

因国产离心式通风机，制造厂不供应扩散器，且产品样本上提供的是全压特性曲线，所以在选型设计中应做出扩散器设计，同时考虑增设扩散器后的损失。因此，离心式通风机必须产生的最大全压和最小全压为

$$H_{\max} = h_{\max} + \Delta h + h_{\mathrm{qz}} = 1.05(h_{\max} + \Delta h) \tag{8-29}$$

$$H_{\min} = h_{\min} + \Delta h + h_{\mathrm{qz}} = 1.05(h_{\min} + \Delta h) \tag{8-30}$$

式中 h_{qz}——阻力损失。合理的扩散器的阻力损失一般为通风机全压的5%左右。

一个设计合理的离心式通风机的扩散器，其阻力损失入一般不大于通风机全压的10%。根据确定的通风机类型和机号，找出该通风机的出口面积（即扩散器的入口面积），然后按下式计算出扩散器的阻力损失。

$$h_{qz} = \xi_k \frac{\rho}{2} \left(\frac{Q}{S} \right)^2 \tag{8-31}$$

式中 ξ_k——扩散器损失系数，即装置扩散器后与装置扩散器前的损失比。根据扩散器设计理论可知，当扩散角 α 和扩散器出口与入口面积比 n 值一定时，ξ_k 即为定值。当确定 h_{qz} 后，按公式即可求得 H_{max} 和 H_{min}。

3. 确定叶轮的外圆周速度

通风机叶轮的外圆周速度为

$$u = \sqrt{\frac{h_{max}}{\rho \overline{H}_M}} \tag{8-32}$$

式中 u——通风机叶轮的外圆周速度（m/s）；

$\overline{H}_M$——所选类型通风机在最高效率时的全压系数，可由类型特性曲线查取。

4. 确定通风机叶轮直径

通风机叶轮的直径为

$$D = \sqrt{\frac{4Q}{\pi u \overline{Q}_M}} \tag{8-33}$$

式中 D——通风机叶轮的直径（m）；

$\overline{Q}_M$——所选类型通风机在最高效率时的风量系数，可由类型特性曲线查取。

由上式计算得到叶轮直径 D' 后，再按通风机性能规格表选取标准通风机的叶轮直径 D，但必须注意所选的通风机应与前面预选的机号一致。如不一致，则通风机的出口面积 S 与前述不同，因而使通风机的出口速度和扩散器的损失均有所变化。

5. 确定通风机的工况点

由于使用的是通风机的类型特性曲线，故需先求得无因次网路特性曲线，然后才能求得工况点。

按通风网路特性曲线方程式有

$$H_{max} = R_{max} Q^2$$

$$\frac{H_{max}}{\rho u^2} \rho u^2 = R_{max} \frac{Q^2}{\left(\frac{\pi}{4} D^2 u \right)^2} \left(\frac{\pi}{4} D^2 u \right)^2$$

$$H'_{max} = R_{max} \left(\frac{\pi}{4} \right)^2 \frac{D^4}{\rho} \overline{Q}^2$$

令

$$\overline{R}_{max} = R_{max} \left(\frac{\pi}{4} \right)^2 \frac{D^4}{\rho}$$

则

$$\overline{H}_{max} = \overline{R}_{max} \overline{Q}^2 \tag{8-34}$$

式中 $\overline{H}_{max}$——对应于通风机必须产生的最大全压 H_{max} 下的风压系数；

$\overline{R}_{max}$——对应于最大网路阻力损失系数 R_{max} 下的无因次阻力系数；

$\overline{Q}$——通风机的风量系数。

同理可得

$$\overline{H}_{min} = \overline{R}_{min}\overline{Q}^2 \qquad (8\text{-}35)$$

式中 $\overline{H}_{min}$——对应于通风机必须产生的最小全压 H_{min} 下的风压系数；

$\overline{R}_{min}$——对应于最小网路阻力损失系数及 R_{min} 下的无因次阻力系数，显然有

$$\overline{R}_{min} = R_{min}\left(\frac{\pi}{4}\right)^2 \frac{D^4}{\rho} \qquad (8\text{-}36)$$

式（8-34）和式（8-35）即为对应于最大网路阻力和最小网路阻力的无因次网路特性曲线方程式。用描点作图法将它们绘于通风机的类型特性曲线图上，所得的两交点 A、B（图 8-34），即为通风机的无因次工况点。

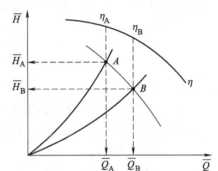

图 8-34　通风机的无因次工况点

6. 通风机转速的计算

为了提高离心式通风机运转的经济性，一般采用改变转速法来调节通风机的工况点。因此，必须计算出对应于最大全压与最小全压的工况点时的转速。

在图中，对应于工况点 A 的叶轮外圆周速度为

$$u_A = \sqrt{\frac{H_{max}}{\rho\overline{H}_A}} \qquad (8\text{-}37)$$

式中 u_A——通风机转速（m/s）；

$\overline{H}_A$——最大全压时，通风机无因次工况点 A 的风压系数。

按式（8-37）所求得的叶轮外圆周速度 u_A 应小于所选通风机最大允许速度 u_y 的 0.9 倍。对 4-72-11 型离心式通风机，当叶轮用的是锰钢材料时，u_y 为 110m/s。

对应于工况点 A 的通风机转速为

$$n_A = \frac{60u_A}{\pi D} \qquad (8\text{-}38)$$

式中 n_A——对应于工况点 A 的通风机转速（r/min）；

对应于工况点 B 的叶轮外圆周速度为

$$u_B = \frac{H_{min}}{\rho\overline{H}_B} \qquad (8\text{-}39)$$

式中 $\overline{H}_B$——最小全压时，通风机无因次工况点 B 的风压系数。

对应于工况点 B 的通风机转速为

$$n_B = \frac{60u_B}{\pi D} \qquad (8\text{-}40)$$

7. 功率的计算

应于工况点 A 和 B 的通风机轴功率分别为

A 点
$$P_{\max} = \frac{H''_{\max} Q''}{1000 \eta''}$$
(8-41)

B 点
$$P_{\min} = \frac{H'_{\min} Q'}{1000 \eta'}$$
(8-42)

式中 $H''_{\max}$、$H'_{\min}$——开采末期和初期工况点 A 和 B 所对应的全压（Pa）；

Q''、Q'——开采末期和初期工况点 A 和 B 所对应的风量（m^3/s）；

η''、η'——开采末期和初期工况点 A 和 B 所对应的效率。

对应于末期工况点 A 和初期工况点 B 的电动机输出功率分别为

A 点
$$P''_{\text{dmax}} = \frac{P_{\max}}{\eta_c} = \frac{H''_{\max} Q''}{1000 \eta'' \eta_e}$$
(8-43)

B 点
$$P'_{\text{dmin}} = \frac{P_{\min}}{\eta_c} = \frac{H'_{\min} Q'}{1000 \eta' \eta_e}$$
(8-44)

式中 η_c——传动效率。用联轴器直联时，$\eta_c = 0.98$；用三角带传动时，$\eta_c = 0.95$。

电动机容量按前述原则确定，即按式（8-24）和式（8-25）进行计算。

8. 年耗电量的计算

通风机的平均年电耗量按式（8-26）计算。

9. 吨煤通风电耗量计算

吨煤通风电耗量按式（8-27）计算。

 习题与思考题

1. 简述通风机选型设计的要求及步骤。

2. 某矿井为低瓦斯矿井，年产量为 100 万 t，服务年限为 20 年。矿井所需风量为 85m³/s，所需最大负压为 2200Pa，最小负压为 1750Pa，按个体特性曲线选择轴流式通风机。

3. 某矿井为低瓦斯矿井，年产量为 80 万 t，服务年限为 20 年。矿井所需风量为 50m³/s，所需最大负压为 1900Pa，最小负压为 1400Pa，按类型特性曲线选择离心式通风机。

项目六 通风机的常见故障、排除方法及完好标准

学习目标

掌握通风机的常见故障、产生原因及排除方法；熟知通风机的完好标准。

一、通风机的常见故障、产生原因及排除方法

通风机的故障可分为机械故障和性能故障。通风机的机械故障又包括机械振动、润滑系统故障和轴承故障等几个方面。一般地说，通风机的机械故障，是由通风机的装配与安装以及通风机的制造质量所引起的，而通风机的性能故障，往往与通风机工作的管路系统相联系。通风机的常见故障、产生故障的原因以及排除方法见表8-7。

表8-7　通风机常见故障、产生原因及排除方法

常见故障	产生故障的原因	排除故障的方法
叶轮损坏或变形	1. 叶片表面或铆钉头腐蚀或磨损 2. 铆钉和叶片松动 3. 叶轮变形后歪斜过大，使叶轮径向圆跳动或轴向圆跳动过大	1. 如系个别损坏，应更换个别零件；如系过半损坏，应换叶轮 2. 用小冲子紧住，如仍无效，则需更换铆钉 3. 卸下叶轮后，用铁锤矫正，或将叶轮平放，压轴盘某侧边缘
机壳过热	在阀门关闭的情况下，通风机运转时间过长	停车，待冷却后再开车
密封圈磨损或损坏	1. 密封圈与轴套不同轴，在正常运转中磨损 2. 机壳变形，使密封圈一侧磨损 3. 转子振动过大，其径向振幅之半大于密封径向间隙 4. 密封齿内进入硬质杂物，如金属屑、焊渣等 5. 推力轴衬熔化，使密封圈与密封齿接触而磨损	先消除外部影响因素，然后更换密封圈，重新调整和找正密封圈的位置
油压过低、供油量减少或中断，轴承油温升高	1. 油环轴承箱内油量过多或过少，或油环制造质量过劣，使油环不能转动或带油过少 2. 油箱内油面下降，低于最低油位 3. 油泵或油管中的润滑油在停车过程中冻结 4. 安装时将轴衬给油口方向弄反或未对正，轴承润滑油进口处节流圈孔径过小或堵塞 5. 油泵或管道上机件发生故障	1. 调节油量，修理或更换油环 2. 立即加油，使油面升高 3. 更换和清洗冻结的润滑油 4. 安正轴衬，适当加大节流圈孔径，清除污垢 5. 检查油泵或管道上的机件，排除故障
转速符合，压力过高，流量减小	1. 通风机旋转方向相反 2. 气体温度过低，或气体含有杂质，使气体重度增大 3. 进风管道或出风管道堵塞 4. 出风管道破裂或法兰密封不严 5. 叶轮入口间隙过大或叶片严重磨损 6. 通风机轴与叶轮松动 7. 导向器装反 8. 通风机选择时，全压不足	1. 改变转向，改变电动机电源接法 2. 提高气体温度，降低气体的重度 3. 消除堵塞 4. 修补管道，紧固法兰 5. 调整叶轮入口间隙或更换叶轮 6. 检修紧固叶轮 7. 重装导向器 8. 改变通风机转速，进行通风机性能调节，不能调节时，需重选通风机

二、通风机的完好标准

通风设备的完好标准见表8-8。

表 8-8　通风机的完好标准

项目	完好标准
机体	1. 机体防腐良好，无明显的变形、裂纹、剥落等缺陷 2. 机壳结合面及轴穿过机壳处，密封严密，不漏风 3. 轴流式通风机 1）叶轮轮毂、导叶完整齐全，无裂纹，叶片导叶无积尘，至少每半年清扫一次 2）叶轮保持平衡，可停在任何位置 3）叶片安装角度一致，用样板检查，误差不大于±1° 4. 离心式通风机 1）叶轮铆钉不松动，焊缝无裂纹，拉杆紧固牢靠 2）叶轮与进风口的配合符合厂家规定，如无规定应符合下述要求： ①搭接式：搭接长度不小于叶轮直径的1%，径向间隙不大于叶轮直径的3‰ ②对接式：轴向间隙不大于叶轮直径的5‰ 3）叶轮无积尘，至少每半年清扫一次 4）叶轮保持平衡，可以停在任何位置
电动机	符合《电动机完好标准》
联轴节	1. 端面间隙及同轴度应符合完好标准规定 联轴器端面间隙和同轴度 （单位：mm） 2. 弹性圆柱销式联轴器弹性圈外径与联轴器销孔内径差不应超过 3mm。柱销螺母应有防松装置 3. 齿轮式联轴器齿圈的磨损量不应超过原齿圈的20%，键和螺栓不松动 4. 蛇形弹簧式联轴器的弹簧不应有损失，厚度磨损不应超过原厚的10%
高低压电控设备及监测设备	应符合《高压开关柜完好标准》《低压开关柜完好标准》《低压防爆开关完好标准》《控制设备完好标准》《监测设备完好标准》
反风设施	1. 通风机反风门及电动机反转开启灵活，风门关闭严密 2. 反风装置能在 10min 内完成反风任务 3. 风门绞车符合小绞车完好标准，并随时起动，运转灵活 4. 钢丝绳固定牢靠，涂油防锈，断丝数每捻距内不超过25% 5. 导绳轮转动灵活

联轴器端面间隙和同轴度表（单位：mm）

类型	外形尺寸	端面间隙	两轴同轴度
弹性圆柱销式	—	设备最大轴向圆跳动量加 2~4	≤0.5
齿轮式	≤250	4~7	≤0.20
	250~500	7~12	≤0.25
	500~900	12~18	≤0.25
蛇形弹簧式	≤200	设备最大轴向圆跳动量加 2~4	≤0.10
	200~400	—	≤0.20
	400~700	—	≤0.30
	700~1350	—	≤0.50

（续）

项目	完好标准
安全保护及仪表	1. 防爆门 1）防爆门面积不得小于出风口断面积，并正对出风口风流风向 2）防爆门应严密，重锤应悬挂得当，能正确开启关闭 2. 转动及带电裸露部分有保护栅栏和警示牌 3. 水柱计、电流表、电压表、电度表、温度计等仪表齐全，指示准确，并每年进行一次校验。通风机、电动机各轴承有超温报警，每周试验一次 4. 过电流和无压释放保护装置动作可靠，整定合格，每半年试验整定一次 5. 高压电动机装设避雷装置 6. 防护用具齐全，有绝缘靴、绝缘手套、绝缘台、符合电压等级的验电笔，有接地线
运行	1. 运转无异响，无异常振动 2. 轴承箱冷却水管及连接处在试验压力不低于 0.4MPa 时不漏水，且畅通无阻

模块九
空气压缩设备

空气压缩设备是一种以空气为介质，为风动机械提供压力能，驱动风动机械工作的动力设备，广泛应用于矿山采掘、机械加工制造、自动化生产线等众多的工业领域。

空气具有很好的可压缩性和弹性，适宜作为功能传递中的介质，输送安全方便、不凝结、对人和环境无害，虽然风动机械的效率较低，但过载能力强，适合用于冲击性和负荷变化很大的工作，在湿度大、气温高、灰尘多的环境中，也能很好地操作和使用，并且无触电危险，特别适合于煤矿井下的生产条件。

项目一 概 述

学习目标

了解空气压缩机在工业和采矿领域中的作用及应用；掌握空气压缩机的类型及其工作特点；掌握空气压缩机在煤矿开采中的设备组成及作用。

一、压缩空气的应用及特点

自然界的空气具有可压缩性，经空气压缩机做机械功压缩后压力提高的空气称为压缩空气。空气经压缩机压缩后，体积缩小，压力增高，消耗外界的功。一经膨胀，体积增大，压力降低，并对外做功。因此可以利用压缩空气膨胀对外做功的性质驱动各种风动工具和机械，从事生产活动，因此压缩空气被作为动力源得到广泛的应用。

在工业生产和建设中，压缩空气是一种重要的动力源，用于驱动各种风动机械和风动工具，如风钻、风动砂轮机、喷砂、喷漆、溶液搅拌、粉状物料输送等；压缩空气也可用于控制仪表及自动化装置、科研试验、产品及零部件的气密性试验；压缩空气还可分离生产氧、氮、氩及其他稀有气体等。与其他能源比，它具有下列明显的特点：清晰透明，输送方便，没有特殊的有害性能，没有起火危险，不怕超负荷，能在许多不利环境下工作，空气在地面上到处都有，取之不尽。

在矿山生产中，除电能外，压缩空气是比较重要的动力源之一。目前矿山使用着各种风动机具，如凿岩机、风镐、锚喷机及气锤等，都是利用空压机产生的压缩空气来驱动机器做功。利用压缩空气作动力源比用电能有如下优点。

1）在有沼气的矿井中，使用压缩空气作动力源可避免产生电火花引起爆炸，比电力源安全。

2）矿山使用的风动机具，如凿岩机、风镐等大部分是冲击式机械，往复速度高、冲击强，适宜切削尖硬的岩石。

3）压缩空气本身具有良好的弹性和冲击性能，适合在变负载条件下作动力源，比电力有更大的过负荷能力。

4）风动机械排出的废气可帮助通风和降温，改善工作环境。

5）以压缩空气力动力源的缺点是压气设备本身的效率较低，而压缩空气又是二次能源，所以运行费用较高。

由于矿山生产的特殊条件，如温度高、湿度大、粉尘多、含有沼气等有害气体，为确保矿山安全生产，压缩空气是矿山不可缺少的动力。

二、矿井空气压缩系统

矿井空气压缩设备也称为空压机站，一般设在地面，用管道把压缩空气送入井下，沿大巷、上山或下山到工作面，驱动凿岩机（风钻）、风镐、装载机、凿岩台车等风动机具工作。如图9-1所示，它主要由空压机、电动机、空气过滤器、气罐、冷却器、输气管道、安全保护装置等部分组成。

图9-1所示为矿井空气压缩设备系统示意图。其工作过程是：电动机12带动空压机工作后，外部空气从进气管1进入空气过滤器2，过滤后的空气进入空压机的第一级压缩气缸（低压缸4），然后进入中间冷却器5，冷却后的空气进入第二级压缩气缸（高压缸6）再次被压缩，之后的高压、高温空

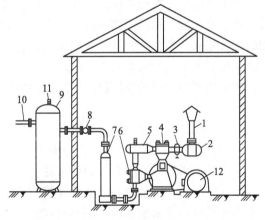

图9-1　矿井空气压缩设备系统示意图

1—进气管　2—空气过滤器　3—调节阀
4—低压缸　5—中间冷却器　6—高压缸
7—后冷却器　8—逆止阀　9—气罐
10—压气管路　11—安全阀　12—电动机

气经过后冷却器7冷却后进入气罐9，最后，气罐上的压气管路10将压缩空气送至用气点。为使设备安全、正常运转，系统中还包括调节阀3、安全阀11等元件。

三、空气压缩机的类型及其特点

压缩空气是工业现代化的基础产品，而空气压缩机就是提供气动系统中气源动力的核心设备，它是将原动（通常是电动机）的机械能转换成气体压力能的装置，是压缩空气的气压发生装置。

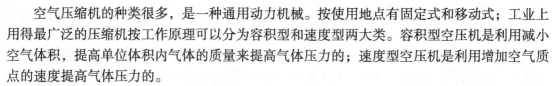

空气压缩机的种类很多，是一种通用动力机械。按使用地点有固定式和移动式；工业上用得最广泛的压缩机按工作原理可以分为容积型和速度型两大类。容积型空压机是利用减小空气体积，提高单位体积内气体的质量来提高气体压力的；速度型空压机是利用增加空气质点的速度提高气体压力的。

1. 容积型压缩机

容积型压缩机的压缩原理是利用可以移动的容器壁来减小气体所占据的封闭工作空间的容积，以达到使气体分子接近的目的，使气体压力升高。容积型压缩机在结构上又分往复式和回转式。

往复式压缩机主要有活塞式，它是通过活塞在气缸中做往复运动，经过吸、排气阀的控制，实现吸气、压缩、排气三个过程。实现活塞往复运动的是曲柄连杆机构。

回转式压缩机主要有滑片式压缩机和螺杆式压缩机等。

2. 速度式空压机

速度式压缩机的原理是通过机械高速转动使气体分子得到一个很高的速度，然后又让气体分子减速运动，使动能转化为压力能。速度式压缩机又分为离心式和轴流式两种。它们都是靠高速旋转的叶片对气体的动力作用，使气体获得较高的速度和压力，然后在蜗壳或导叶中扩压，得到高压气体。

用来压缩空气的压缩机，习惯上称为空气压缩机，简称空压机。国产空压机有活塞式、滑片式、螺杆式、轴流式和离心式（或透平式）。目前，在一般空气压缩机站中，最广泛采用的是活塞式。螺杆式和滑片式空压机最近几年也在大力发展中。在大型空气压缩机站中，较多采用了离心式和轴流式空压机。

矿山生产中常用的空压机是活塞式和螺杆式。

（一）活塞式空压机

1. 活塞式空压机的类型

1）按气缸中心线的相对位置分类。

立式空压机：气缸中心线铅垂布置（图9-2a）。

卧式空压机：气缸中心线水平布置（图9-2b），图9-2g所示为M型空压机（气缸工作水平布置并分布在曲轴两侧，相邻两列的曲轴为180°，图9-2h所示为H型空压机（电动机置于机身一侧）。

角度式压缩机：气缸中心线与水平线成一定角度布置，按气缸排列所呈形状又分为L型、V型，W型、S型等，分别如图9-2c～f所示。

立式或单列、平列的卧式因电耗大，已基本被淘汰；角度式空压机的结构比较紧凑，动力平衡性较好。L形空压机除了具有角度式的优点外，运转比V型、W型更为平稳，因而在我国以固定式空气压缩机作为动力的，采用L形较普遍。对称平衡型空气压缩机是根据活塞力平衡原则来排列气缸位置的，其突出优点是将惯性力较完全地予以平衡，从而可以提高转速，零部件体积小，重量轻，便于制造，且降低了空气压缩机和电动机的造价，节省钢材。

2）按活塞在气缸中的作用分类。

单作用式（单动式）：气缸内只有活塞一侧进行压缩循环（图9-2a）。

双作用式（双动式）：气缸内活塞两侧同时进行压缩循环（图9-2b）。

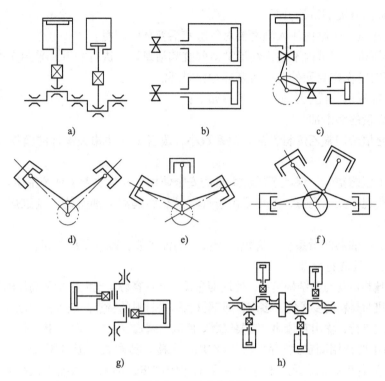

图 9-2 活塞式空压机

3）按气体达到终了压力压缩级数分类。

单级空压机：气体经一级压缩到达终了压力。

两级空压机：气体经两级压缩到达终了压力。

多级空压机：气体经两级以上压缩到达终了压力。

4）按气缸的冷却方式分类。

水冷式空压机：用水对空压机各部分进行冷却，多用于大型空压机上。矿用排气量为 $18\sim10\text{m}^3/\text{min}$ 的压缩机都是水冷。

风冷式空压机：用大气对空压机自然冷却，多用于小型空压机上。排气量为 $10\text{m}^3/\text{min}$，一般采用空气冷却，称为风冷式。

5）按排气压力大小分类。

低压空压机：排气压力在 1.0MPa 以内。

中压空压机：排气压力为 $1\sim10$MPa。

高压空压机：排气压力为 $10\sim100$MPa;

超高压空压机：排气压力在 100MPa 以上。

6）按排气量大小分类。

微型：排气量在 $1.0\text{m}^3/\text{min}$ 以内。

小型：排气量为 $1.0\sim10\text{m}^3/\text{min}$。

中型：排气量为 $10\sim100\text{m}^3/\text{min}$。

大型：排气量在 $100\text{m}^3/\text{min}$ 以上。

7）按气缸内有无润滑油分类。

有润滑空压机：气缸内注入润滑油对气缸和活塞环间润滑。

无润滑空压机：气缸内不注入润滑油对气缸和活塞环间进行润滑，采用充填聚四氟乙烯这种自润滑材料制作密封元件——活塞环和密封环。

无油润滑空压机的优点有很多，列举如下：

1）节省大量的润滑油。

2）由于充填聚四氟乙烯材料的摩擦系数小，改善了气动相关零件的磨损情况，延长了使用寿命。

3）净化了压缩空气，保证了风动机具的安全使用，并且改善了环境卫生。

4）气缸实现了无油润滑，避免了由于气缸过热引起润滑油燃烧、气缸爆炸的危险，有利于安全运转。

5）取消了注油器润滑系统，避免了跑油、漏油事故，减少了维修量。

2. 活塞式空压机的特点

活塞式空压机的优点是结构简单，使用寿命长，并且容易实现大容量和高压输出。在一般压力范围内空压机对材料的要求低，多用普通钢材和铸铁材料的特点。缺点是振动大，噪声大，且因为排气为断续进行，输出有脉动，需要气罐。所以活塞式空压机一般适用于中、小排气量。

目前矿山主要使用固定式、两级、双作用、水冷、活塞式 L 形空压机。

近年来，随着生产的发展，科学技术及工艺的进步，活塞式压缩机也得到了很大发展，提高了耐久性及工作可靠性，提高了连续运转时间，最长可达 800h，由于在设计、材料、工艺等方面进行了改进，从而延长了气阀、填料、活塞环等易损件的寿命，降低了功率消耗，提高了转数；使压缩机的尺寸及质量大大减小，在一定压力范围内实现了无油润滑，使被压缩的气体不再被油污染。对中、小型压缩机实现了机组化，采用弹性支承以代替基础，使机器的安装及基建费用大大降低，另外对噪声进行了严格控制。

（二）螺杆式压缩机

1. 螺杆压缩机的类型

按其运行方式的不同，螺杆压缩机可分为无油螺杆压缩机和喷油螺杆压缩机两类。

无油螺杆压缩机又称为干式螺杆压缩机，在这类机器的吸气、压缩和排气过程中，被压缩的气体介质不与润滑油相接触，两者之间有着可靠的密封。另外，无油机器的转子并不直接接触，相互间存在一定的间隙。阳转子通过同步齿轮带动阴转子高速旋转，同步齿轮在传输动力的同时，还确保了转子间的间隙。

在喷油螺杆压缩机中，大量的润滑油被喷入所压缩的气体介质中，起着润滑、密封、冷却和降低噪声的作用，喷油螺杆压缩机中不设同步齿轮，一对转子就像一对齿轮一样，由阳转子直接带动阴转子，所以喷油螺杆压缩机的结构更为简单。

2. 螺杆压缩机的特点

（1）优点　螺杆压缩机具有一系列独特的优点。

1）可靠性高。螺杆压缩机零部件少，没有易损件，因而它运转可靠，寿命长，大修间隔期可达 4~8 万 h。

2）操作维护方便。螺杆压缩机自动化程度高，操作人员不必经过长时间的专业培训，可实现无人值守运转。

3）动力平衡好。螺杆压缩机没有不平衡惯性力，机器可平稳地高速工作，可实现无基础运转，特别适合作移动式压缩机，体积小、重量轻、占地面积少。

4）适应性强。螺杆压缩机具有强制输气的特点，容积流量几乎不受排气压力的影响，不发生喘振现象，在宽阔的范围内能保持较高效率，在压缩机结构不做任何改变的情况下，适用于多种工况。

5）无油压缩。无油螺杆压缩机可实现绝对无油地压缩气体，能保持气体洁净，可用于输送不能被油污染的气体。

（2）缺点　螺杆压缩机并不完善，有很多缺点制约了它的应用，有待于不断改进。

1）造价高。螺杆压缩机的转子齿面是一空间曲面，需利用特制的刀具，在价格昂贵的专用设备上进行加工；另外，对螺杆压缩机气缸的加工精度也有较高的要求。所以，螺杆压缩机的造价较高。

2）系统复杂。喷油螺杆压缩机的油路系统比较复杂，把喷入的油从被压缩介质中分离出来，具有一定的难度。

3）不能用于高压场合。螺杆压缩机依靠间隙密封气体，另外由于转子刚度等方面的限制，只能用于中、低压范围。

4）噪声大。螺杆压缩机齿间容积周期性地与吸、排气孔相连通，会导致较强的中、高频噪声，必须采取消声减噪措施。

3. 螺杆压缩机发展和应用

用可靠性高的螺杆式空压机取代易损件多、可靠性差的活塞式空压机，已经成为必然趋势。

目前，螺杆压缩机广泛应用于矿山、化工、动力、冶金、建筑、机械、制冷等工业部门。无油螺杆压缩机的排气量范围为 $3 \sim 1000 \mathrm{m}^3/\mathrm{min}$，单级压比为 $1.5 \sim 3.5$。喷油螺杆压缩机的排气量范围为 $0.2 \sim 100 \mathrm{m}^3/\mathrm{min}$，单级压比可达 14，排气压力可达 $2.5 \times 10^6 \mathrm{Pa}$。

（三）滑片式空压机

1. 滑片式压缩机工作原理

滑片式压缩机的构造与工作原理如图 9-3 所示。

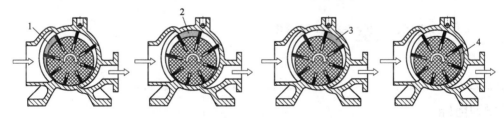

图 9-3　滑片式压缩机构造及工作原理简图
1—进气　2—开始压缩　3—压缩中　4—排气

滑片式压缩机是由气缸部件、壳体和冷却器等主要部分组成。气缸部件主要零件为气缸、转子和滑片。气缸是圆筒形，上面开有进、排气口，气缸内有一个偏心安置的转子，转子上开有若干径向的滑槽，内置滑片，滑片在其中做相对滑动。转子轴通过联轴器与电动机轴直连，当转子旋转时，滑片在离心力的作用下，静压在气缸圆周的内壁上。气缸、转子、滑片和气缸前后气缸盖组成了若干封闭的小室，依靠这些小室在旋转中容积周期变化，完成容积型压缩机所必需的几个工作过程，即吸入、压缩、排出和膨胀过程。也就是说，转子旋转时产生容积变化，实现空气压缩。因此，它与活塞式压缩机一样，属于容积型类型。

空气经由过滤器及调节比例阀而吸入，该调节阀主要用于调节空气缸转子、滑片形成的压力腔。转子旋转相对于气缸呈偏心式运转、阀片安装在转子的槽中，通过离心力将滑片推至气缸壁，高效的注油系统能够确保压缩机的冷却及润滑剂的最小损耗量，在气缸壁上形成的一层薄薄的油膜，以防止金属部件之间直接接触而造成磨损。在压缩过程中，压缩机转子的滑片与气缸之间容积不断减少，压缩后的油气混合气经机械分离和过滤分离，使压缩空气中含油量低于0.0002%。经净化后的压缩空气进入散热器冷却，冷却后所形成的凝结水经电子凝结水排泄装置的分离器而排出。

转子中心与气缸中心的偏心距为 $0.05 \sim 0.1D$；气缸长度为 $1.5 \sim 2D$（D 为气缸直径），滑片厚度为3mm，片数8～24片不等。

目前我国生产的滑片式压缩机多数为二级。压缩机由电动机直接驱动，且装在同一个机座上。一级转子通过齿轮联轴器直接带动二级转子；二级气缸吸入端与一级气缸压出端连通。

2. 滑片式压缩机的特点

优点：结构比较简单，易损件少，因此使用、维护和运转方便，检修工作量少、使用寿命长、结构紧凑、重量较轻。

缺点：密封较困难，效率较低。

滑片式空压机的排气量为 $0.5 \sim 500 \text{m}^3/\text{min}$，排气压力可达4.5MPa。在低压、中小流量范围内有很广阔的应用前景。

习题与思考题

1. 空压机效率较低，为什么它在矿山工业生产中仍得到广泛应用呢？
2. 矿山压气设备主要由哪些部分组成？
3. 按结构特点，活塞式空压机及螺杆式空气压缩机是如何分类的？
4. 简述滑片式空气压缩机的组成及工作原理。
5. 简述空气压缩机的特点及适用范围。

项目二　活塞式空气压缩机

学习目标

掌握活塞式空压机的工作原理和工作参数；掌握活塞式空压机的型号含义、工作循环理论及其影响因素；掌握活塞式空压机的两级压缩理论及其工作循环方式；掌握L型空压机的结构组成和各组成部分的作用及工作原理。

一、活塞式空压机的工作原理和工作参数

（一）工作原理

图9-4所示为活塞式空气压缩机工作原理图，电动机转动时，通过曲柄和连杆机构，将

转动变为活塞的往复运动。

当活塞从气缸的左端向右运动时，气缸左腔容积逐渐增大，压力降低，当低于缸外大气压力时，外界空气推开吸气阀进入气缸，直至充满气缸，这个过程称为吸气过程。

当活塞开始返回运动时，吸气阀关闭，随着活塞的运动，气缸容积逐渐减少，空气被压缩，压力逐渐增大，这个过程称为压缩过程。

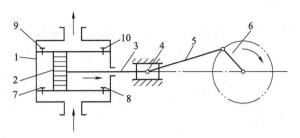

图9-4　活塞式空压机工作原理示意图

1—气缸　2—活塞　3—活塞杆　4—十字头
5—连杆　6—曲柄　7、8—吸气阀　9、10—排气阀

当气缸内的空气压力增大到排气压力时，排气阀打开，压缩空气经排气阀进入排气管，直到压缩空气被排出，这个过程称为排气过程。

当活塞再次向右运动时，残留于气缸余隙容积（即活塞位于气缸一端的极限位置时，活塞端面和气缸盖之间的容积、气缸与气阀连接通道之间容积）内的压缩空气容积逐渐膨胀增大，压力开始逐渐下降，当略低于吸气压力时，开始吸气，这个过程称为膨胀过程。气缸内空气的状态由吸气、压缩、排气、膨胀四个基本过程构成一个工作循环。曲轴旋转一周，活塞在气缸内往复运动一次完成一个工作循环。电动机带动曲轴继续转动，空压机就不断排出压缩空气。

（二）活塞式空压机的工作参数

1. 排气量的计算

空压机排气量指单位时间内空压机最末一级排出的气体体积量换算到吸气状态下的体积量。用符号 Q 表示，单位为 m^3/min。

（1）理论排气量　理论排气量 Q_1 是指单位时间内活塞所扫过的容积，故又称为行程容积。它由气缸的尺寸和曲轴的转速确定。

1）单作用空压机的理论排气量

$$Q_1 = nV_g = \frac{\pi}{4}D^2 an \tag{9-1}$$

2）双作用空压机的理论排气量

$$Q_1 = \frac{\pi}{4}(2D^2 - d^2)an \tag{9-2}$$

式中　V_g——气缸工作容积（m^3）；

D——气缸直径（m）；

d——活塞杆直径（m）；

a——活塞行程（m）；

n——空压机曲轴转速（r/min）。

对于多级压缩的空压机，上式中的结构参数应按第一级气缸的结构尺寸计算。

（2）实际排气量　实际排气量是指空压机按实际工作循环工作时的排气量。由于影响空压机排气量的主要因素有余隙容积，吸、排气阻力，吸气温度，漏气和空气湿度等，实际排气量比理论排气量要小，其大小为

$$Q_p = \lambda Q_1 \qquad (9\text{-}3)$$

式中　λ——排气系数，它等于实际排气量和理论排气量之比。国产动力用空压机的排气系数见表9-1。

表9-1　国产空压机的排气系数 λ

类型	排气量/(m^3/mm)	排气压力/1×10^{-5} Pa	级数	排气系数 λ
微型	<1	6.87	1	0.58~0.60
小型	1~3	6.87	2	0.60~0.70
V、W 型	3~12	6.87	2	0.76~0.85
L 型	10~100	6.87	2	0.72~0.82

2. 排气压力

空压机排气压力是指空压机出口的压力。用相对压力度量。用符号 P 表示，单位为 Pa。

3. 功率和效率的计算

空压机消耗的功，一部分直接用于压缩气体，另一部分用于克服机械摩擦。前者称为指示功，后者称为摩擦功，两者之和为主轴所需的总功，称为轴功。单位时间内消耗的功称为功率。

（1）理论功率 N_1　空压机按理论工作循环所需的功率，称为理论功率。理论功率 N_1（单位为 kW）可由下式求得

$$N_1 = \sum N_{1i} = \sum \frac{W_{Vi} Q_1}{10^3 \times 60} \qquad (9\text{-}4)$$

式中　W_{Vi}——第 i 级气缸按一定压缩过程（等温、绝热或多变过程）压缩 $1m^3$ 空气所消耗的循环功（J/m^3）。若为绝热压缩，W_{Vi} 按公式 $W = \dfrac{k}{k-1}(p_2 V_2 - p_1 V_1) = \dfrac{k}{k-1} p_1 V_1 \left[\left(\dfrac{p_2}{p_1} \right)^{\frac{k-1}{k}} - 1 \right]$ 计算；若为等温压缩，则按公式 $W = p_1 V_1 \lg \dfrac{p_2}{p_1} = 2.303 p_1 V_1 \lg \dfrac{p_2}{p_1}$ 计算，$V_1 = 1m^3$。

（2）指示功率 N_j　指空压机实际循环消耗的功率。用符号 N_j 表示，单位为 kW。

$$N_j = \sum \frac{n W_{ji}}{1000 \times 6} = \sum \frac{n A_{ji} m_p m_v}{1000 \times 6} \qquad (9\text{-}5)$$

式中　W_{ji}——第 i 级气缸在一个实际工作循环中所消耗的指示功，$W_{ji} = A_{ji} m_p m_v$；

　　　　A_{ji}——第 i 级的示功图面积（cm^2）；

　　　　m_p——示功图压力坐标的比例尺[（$N \cdot m^{-2}$）/cm]；

　　　　m_v——示功图容积坐标的比例尺（m^3/cm）；

　　　　n——空压机的曲轴转速（r/min）。

理论功率与指示功率之比，称为指示效率，即

$$\eta_j = \frac{N_1}{N_j} \qquad (9\text{-}6)$$

式中　η_j——指示功率，用它考虑吸气阻力、排气阻力、温度和漏气等因素引起的功率损

失。当 N_l 按等温压缩计算时, η_j 为 $0.72\sim0.8$; 当 N_l 按绝热压缩计算时, η_j 为 $0.9\sim0.94$。

(3) 轴功率 N 电动机输入给空压机主轴的实际功率, 用符号 N 表示, 单位为 kW。

$$N = \frac{N_j}{\eta_m} \tag{9-7}$$

式中 η_m——机械效率, 用它考虑运动部件各摩擦部分所引起的摩擦损失和曲轴带动附属机构所需的功率。对小型空压机, $\eta_m = 0.85\sim0.9$; 对大、中型空压机, $\eta_m = 0.9\sim0.95$。

理论功率与轴功率的比值, 称为空压机的工作效率或全效率, 即

$$\eta = \frac{N_l}{N} = \frac{N_l}{N_j}\frac{N_j}{N} = \eta_j\eta_m \tag{9-8}$$

空压机的全效率 η 是用来衡量空压机经济性的一个重要指标。依理论功率 N_l 按等温压缩计算还是按绝热压缩计算, 又分等温全效率和绝热全效率。

水冷型空压机的经济性常用等温全效率衡量, 而风冷型则用绝热全效率衡量。用等温全效率来初步估算空压机构轴功率是很方便的。

(4) 电动机功率 N_d 电动机与空压机之间若有传动装置, 则电动机的输出功率为

$$N_d = K\frac{N}{\eta_c} \tag{9-9}$$

式中 K——功率备用系数, $K = 1.10\sim1.15$;

η_c——传动效率。对于带轮传动, $\eta_c = 0.96\sim0.99$。

(5) 比功率 N_b 在一定的排气压力下, 单位排气量所消耗的功率, 称为比功率, 单位为 $kW \cdot min/m^3$。比功率为轴功率与排气量之比, 即

$$N_b = \frac{N}{Q_p} \tag{9-10}$$

比功率是评价工作条件相同的空压机的经济性指标。对于国产空压机, 排气量小于 $10m^3/min$ 时, $N_b = 5.8\sim6.3kW \cdot min/m^3$; 排气量大于 $10m^3/min$, 而小于 $100m^3/min$ 时, $N_b = 5.0\sim5.3kW \cdot min/m^3$。

(三) 型号含义

以 5L-40/8 和 L5.5-40/8 为例说明活塞式空压机的型号含义。

5——L 系列产品序号第 5 种产品;

L——气缸为直角式布置;

5.5——L 系列产品活塞力为 5.5t;

40——额定排气量为 $40m^3/min$;

8——额定排气压力为 8 个大气压, 即 $7.85\times10^5 Pa$。

低压活塞式空压机技术规格见表 9-2。

表 9-2 低压活塞式空压机技术规格表

技术规格	3L-10/8	L$_2$-10/8-1	4L-20/8	L$_{3.5}$-20/8 2I$_{3.5}$-20/8	5L-40/8 (SLG-40/8)	L$_{5.5}$-40/8	L$_8$-60/7	L$_8$-60/8	7L-100/8	L$_{12}$-100/8	2D$_{12}$-100/8
排气量/m^3·min^{-1}	10	10	21.5	20	40	40	60	60	100	100	100
进气压力/MPa	0.98	0.98	0.98	0.98	0.98	0.98	0.98	0.98	0.98	0.98	0.98
额定排气力/0.1MPa	7.84 (8)	7.84 (8)	7.84 (8)	7.84 (8)	7.84 (8)	7.84 (8)	7.84 (8)	7.84 (8)	7.84 (8)	7.84 (8)	7.84 (8)
转速/r·min^{-1}	480	980	400	975 (730)	428 (585)	600	428	428	375	428	500
行程/mm	200	120	240	120 (140)	240	180	240	220	320	280	240
气缸数×气缸直径 一级/mm×mm	1×130	1×275	1×420	1×380 (1×420)	1×580 (1×505)	1×560	1×690	1×710	1×840	1×820	1×820
二级/mm×mm	1×180	1×170	1×250	1×220 (1×250)	1×340 (1×295)	1×340	1×400	1×420	1×500	1×480	1×480
轴功率/kW	<60	<55	≤118	120	240	210	303	≤320	530	≤520	540
排气温度/℃	<160	<160	≤160			≤160		160	<160	≤160	<160
消耗量 润滑油/g·h^{-1}		<70	<105	105	150	<150	195	195	255	≤255	<255
消耗量 冷却水/t·h^{-1}		<2.4	4	4.8	≤9.6	9.6	△43.1	14.4	25	≤25	<24
外形尺寸（长×宽×高）/mm×mm×mm	*1898×875×1813	1550×942×1275	*2260×1550×1935	1840×850×1420		*2378×1500×2008	2485×1800×2400	2500×1830×2390	2950×1850×2890	2860×2070×2660	4480×2050×3090
净重/kg	*1700	1300	*2800	1800		3900	7500	6000	12000	10000	10000
电动机 型号	JR-115-6 (JR-92-6)	JO$_2$-91-6	JR127-8	JS-125-6 (JR127-6)	TDK118/26-14 (JRQ148-10)	TDK-99/27-10	TDK-116/34-14	TDK-118/30-14	TDK-173/20-16	TDK-143/20-14	TDK-143/25-12
额定功率/kW	75	55	130	130	250	250	350	350	550	560	550
额定转速/r·min^{-1}	975	980	730	975 (730)	428 (595)	600	428	428	375	428	500
额定电压/V	230/380	380	220/380	380 (230/380)	3000/6000	6000	6000	6000	6000	6000	6000

注：*号表示各制造厂数据不同。△号为冷却水总消耗量。

二、活塞式空压机的工作循环

(一) 一级活塞式空压机的理论工作循环

活塞式空压机是通过活塞在气缸中往复运动进行工作的。活塞在气缸中往复运动一次，气缸对空气即完成一个工作循环。

活塞式空压机在完成每一个工作循环时，气缸内气体的变化过程都是很复杂的。为了便于问题研究，简化次要因素的影响，从理论上提出几个假定条件，在假定条件下活塞式空压机完成的工作循环，称为理论工作循环。所谓理论工作循环是指：

1) 气缸没有余隙容积。气缸在排气终了时，即活塞移动到端点位置时，气缸内没有残留的气体。

2) 吸、排气通道及气阀没有阻力。吸气和排气过程没有压力损失。

3) 气缸与各壁面间不存在温差；进入气缸的空气与各壁面间没有热量交换，压缩过程中的压缩指数不变。

4) 气缸压缩容积绝对密封，没有气体泄漏。

活塞式空压机在工作时，其理论工作循环如图 9-5 所示，曲轴转一周，活塞在气缸中往复一次，完成吸气、压缩和排气三个基本过程。当活塞自左向右移动时，气体以压力 p_1 进入气缸，线 0-1 表示吸气过程；当活塞自右向左移动时，气体被压缩，线 1-2 表示压缩过程；当气体压力达到排气压力 p_2 后，气体被活塞推出气缸，线 3-2 表示排气过程。

图 9-5 又称为空压机理论工作循环示功图（p-V图）。值得注意的是，在空压机示功图上，其横坐标是气缸的容积 V，而不能用比体积 v。因为在吸气和

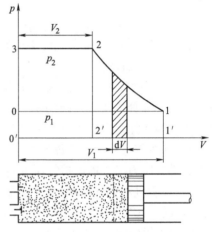

图 9-5　一级活塞式空压机
理论工作循环示功图

排气过程中，气体的容积是变化的，但压力和温度不变，比体积也不变化。即在吸气和排气两个过程中，气体的状态并未改变，不是真正的热力过程，因此用比体积作横坐标无法表示这两个过程。

空压机把空气从低压压缩至高压，需要消耗能量。空压机完成一个理论工作循环所消耗的理论循环总功 W 等于吸气过程的功 W_x、压缩过程功 W_y 和排气过程功 W_p 的总和。

在研究空压机工作循环时，通常规定：活塞对空气做功为正值；空气对活塞做功为负值。按此规定，压缩过程和排气过程的功为正，吸气过程的功为负。各功的大小分别为

1) 吸气功 $W_x = -p_1 V_1$，相当于图中 0-1 线下面所包围的面积 $011'0'$。

2) 压缩功 $W_y = -\int_{V_1}^{V_2} p dV = \int_{V_2}^{V_1} p dV$（因 dV 在压缩时为负值，为使其为正，故在积分号前加负号），相当于图中线 1-2 下面所包围的面积 $122'1'$。

3) 排气功 $W_p = p_2 V_2$，相当于图中线 3-2 下面所包围的面积 $230'2'$。

4) 理论循环总功 $W = W_x + W_y + W_p = -p_1 V_1 + \int_{V_2}^{V_1} p dV + p_2 V_2$，相当于吸气、压缩和排气

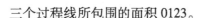

流体力学与流体机械

三个过程线所包围的面积 0123。

（二）一级活塞式空压机的实际工作循环

1. 实际工作循环图

空压机实际工作中的示功图（p-V 图）是用专门的示功仪（机械式和压电式）测绘出来的。图 9-6 所示为用示功仪测出的空压机实际工作循环示功图。该图反映出空压机在实际工作循环中，空气压力和容积变化情况。

从实际工作循环示功图可看出，实际工作循环和理论工作循环的区别及特点如下：

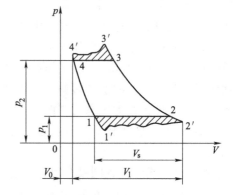

图 9-6　一级活塞式空压机实际工作循环示功图
p_1—吸入空气的压力　p_2—排气管内的空气压力
1-2 理论吸气线　2-3 理论压缩线　3-4 理论排气线
4-1 理论膨胀线　1′-2′实际吸气线
2′-3′实际压缩线　3′-4′实际排气线　4′-1′实际膨胀线

1）实际工作循环是由膨胀、吸气、压缩和排气四个过程构成，它比理论工作循环多一个膨胀过程。

2）吸气过程中，外界大气需要克服过滤器、吸气管道和吸气阀的阻力后，才能进入气缸，使吸气过程的压力低于理论吸气压力，吸气阀才能开启。所以实际进气压力要低于理论吸入空气的压力 p_1。

3）在排气过程中，压缩空气需要克服排气阀和排气管道的阻力后，才能打开排气阀。所以，排气压力高于理论排气压力 p_2。

4）在吸气和排气开始时，由于阀片和弹簧的惯性作用和振动，使实际吸气线（1′-2′）、实际排气线（3′-4′）的起点出现尖凸起点，吸、排气线呈波浪状。

5）示功图中所包围的面积，表示在一个工作循环中所消耗功的大小。活塞式空压机的实际示功图可在运转时用示功仪自动画出。

6）空压机实际上都存在余隙容积。这样在排气过程结束时，气缸余隙容积中总残留有一部分高压气体不能排出。因此，在吸气过程开始时，余隙容积中的压缩空气首先沿 4′-1′线膨胀，吸气阀不能及时开启，直到压力降到吸入空气的压力 p_1 以下后，吸气阀才能自动开启，这样实际工作循环有一个压缩气体的膨胀过程，使空压机的实际吸入容积 V_s 要小于气缸的理论容积 V_1。

2. 影响空压机实际工作循环的因素分析

1）余隙容积的影响。余隙容积是排气终了时，未排尽的剩余压气所占的容积。它由活塞处于外止点时，活塞外端面与气缸盖之间的容积和气缸与气阀连接通道的容积组成。

讨论余隙容积对空压机实际工作循环的影响时，可暂不考虑其他因素的影响，并假定实际吸气压力 p_1 等于理论吸气压力 p_x（即吸气管外大气压），实际排气压力 p_2 等于理论排气压力（即风包压力）。

如图 9-7 所示，由于余隙容积的存在，排气终止于点 4 时，仍有体积等于余隙容积 V_0 的压气存于缸中。当活塞由外止点向内止点移动时，因缸内余气的压力大于吸气管中空气的压力，所以吸气过程不是从活塞行程的起点 4 开始，而要待到气缸内的压力降为 p_1 时，即活塞行至点 1 时才开始吸气。这样，在活塞由点 4 至点 1 期间，就出现了余隙容积 V_0 的膨胀过程。正因如此，吸入气缸的空气体积不是 V_g 而是 V_x。显然，余隙容积的存在，减少了空压机的排气量。但是余隙容积的存在对压缩 $1m^3$ 空气的循环功没有影响，而且它的存在能够避免曲柄连杆机构受热膨胀时，活塞直接撞击气缸盖而引起事故。

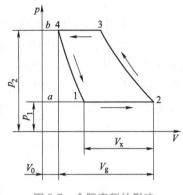

图 9-7　余隙容积的影响

2）吸、排气阻力的影响。在吸气过程中，外界大气需要克服过滤器、进气管道及吸气阀通道内的阻力后才能进入气缸内，所以实际吸气压力低于理论吸气压力；而在排气过程中，压气需克服排气阀通道、排气管道和排气管道上阀门等处的阻力后方才向风包排气，所以实际排气压力高于理论排气压力。

由于气阀阀片和弹簧的惯性作用，使得实际吸、排气线的起点出现尖峰；又由于吸、排气的周期性，气体流经吸、排气阀及通道时，所受阻力为脉动变化，因而实际吸、排气线呈波浪状。

3）吸气温度的影响。在吸气过程中，由于吸入气缸的空气与缸内残留压气相混合，高温的缸壁和活塞对空气加热，以及克服流动阻力而损失的能量转换为热能等原因，使得吸气终了的空气温度 T_1，高于理论吸气温度 T_x（相当于吸气管外的空气温度），从而降低了吸入空气的密度，减少了空压机以质量计算的排气量。吸气温度的升高，使得压缩质量为 $1kg$ 的空气所需的循环功增大。

4）漏气的影响。空压机的漏气主要发生在吸、排气阀，填料箱及气缸与活塞之间。气阀的漏气主要是由于阀片关闭不严和不及时引起的；其余地方的漏气，则大部分是由于机械磨损所致。漏气使空压机无用功耗增加，也使实际排气量减少。

5）空气湿度的影响。含有水蒸气的空气称为湿空气。自然界中的空气实质上都是湿空气，只是湿度大小不同而已。由湿空气性质知，在同温同压下，湿空气的密度小于干空气，且湿度越大，密度越小。这样，与吸入干空气相比，空压机吸入空气的湿度越大，以质量计的排气量就越小。而且，吸入空气中所含的水蒸气有一部分在冷却器、风包和管道中被冷却成凝结水而析出，既减少了空压机的实际排气量，又浪费了功耗。

综上所述，空压机实际工作循环主要受余隙容积，吸、排气阻力，吸气温度，漏气和空气湿度等因素的影响。除余隙容积外，其余因素都将使空压机的循环功增加，且所有因素都使排气量减少。另外，在空压机工作过程中，因气体与气缸壁面间始终存在着温差，使在压缩初期，气体从高温缸壁获得热量，成为吸热压缩；待空气被压缩到一定程度后又向缸壁放热，成为放热压缩，故在压缩过程中，多变指数 n 为变化值。这就是实际压缩线与绝热压缩线相交于一点的原因。

三、活塞式空压机的二级压缩

（一）采用二级压缩的原因

矿用空压机的排气压力一般为 7~8 个大气压，即（$6.87 \sim 7.85$）$\times 10^5 Pa$，通常采用二级压缩，其原因主要有以下两点。

1. 压缩比受气缸余隙容积的限制

如图 9-8 所示，由于余隙容积的存在，空压机随着排气压力的增高，气缸余隙容积内的气体膨胀所占的容积不断增大，吸气量将不断减少。当排气压力增大到某一数值时，气缸的吸气过程就完全被残留在余隙容积内压气的膨胀过程所代替，这时气缸就不能再吸气和排气了。因此，为保证有一定的排气量，压缩比不能过大，即终压力不宜过高。否则，空压机的工作效率就会过低。

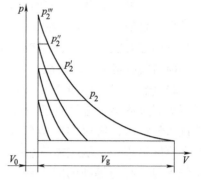

图 9-8 压缩比受气缸余隙容积的影响

2. 压缩比受气缸润滑油温的限制

为保证活塞在气缸内的快速往复运动和减少机械摩擦损失，就必须向缸内注油。但随着压缩比的增加，压缩终了时的排气温度也会增加，当排气温度超过润滑油的闪点温度（215~240℃）时，润滑油的蒸汽就有自燃、爆炸的危险。为避免重大事故的发生，《煤矿安全规程》规定：单缸空气压缩机的排气温度不得超过 190℃，双缸不得超过 160℃。以此为条件，可计算出空压机在散热条件不好的情况下，其压缩比（p_2/p_1）仅仅可达 4.96。所以当矿用空压机需要 7~8 个大气压时，必须采用二级压缩。

根据在理论工作循环中，绝热压缩终了时空气的温度为

$$T_2 = T_1 \left(\frac{p_2}{p_1}\right)^{\frac{k-1}{k}} = T_1 \varepsilon^{\frac{k-1}{k}}$$

于是

$$\varepsilon = \left(\frac{T_2}{T_1}\right)^{\frac{k}{k-1}} \tag{9-11}$$

取 $T_1 = (20+273)\text{K} = 293\text{K}$，$T_2 = (190+273)\text{K} = 463\text{K}$ 并代入上式，即得受油温限制的极限压缩比为

$$\varepsilon = \left(\frac{463}{293}\right)^{\frac{1.4}{1.4-1}} = 4.96$$

由此可见，要得到较高的终压力 p_2，并具有较高的排气量和较低的排气温度，只能采用两级或多级压缩。矿用空压机多用两级压缩。

（二）两级活塞式空压机的工作循环

两级压缩一般是在两个气缸中完成的。

两级压缩的工作原理与单级压缩的工作原理相同，只是在高低压气缸之间加一个中间冷却器，如图 9-9 所示。空气经低压吸气阀进入低压气缸 I 内，被压缩至中间压力 p_2，再经低压排气阀进入中间冷却器 2 进行冷却，同时分离出油和水。在中间冷却器内冷却后的低压空气，经高压吸气阀进入高压气缸 3 内继续压缩至额定排气压力后，经高压排气阀排出。

两级空压机的理论工作循环除遵循单级压缩时的假定条件外，还有如下假定：

1）各级压缩过程相同，即压缩指数 n 相等。

2）在中间冷却器内把空气冷却至低压气缸的吸气温度，即 $T_1 = T_2$。

3）压气在中间冷却器内按定压条件进行冷却。

图 9-10 所示为在上述假定条件下得出的两级空压机理论工作循环图。

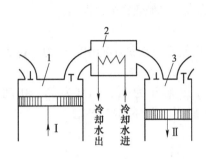

图 9-9　空压机两级压缩简图
1—低压气缸　2—中间冷却器　3—高压气缸

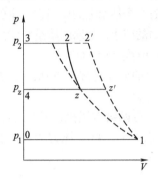

图 9-10　两级空压机理论工作循环图

（三）两级和多级压缩的优点

具有中间冷却器的两级压缩，与在同样条件下获得相同终压力的单级压缩相比，有以下优点。

1. 节省功耗

从图 9-10 可以看出，当压力由 p_1 直接压缩 p_2 时，其示功图面积为 $012'3$。而采用两级压缩时，第 I 级压缩到某一中间压力 p_z 后，排入中间冷却器进行冷却，故第 I 级的示功图面积为 $01z'4$。在中间冷却器内冷却至初始温度 T_1 时，气体体积也就由 V_z' 减小至 V_z，然后再进入第 II 级气缸压缩至终压力 p_2。图中 z 点表示第 II 级气缸的进气终止状态，它与点 1 在同一等温线上（图中虚线）。第 II 级气缸示功图面积为 $4z23$，两级压缩总功为（$01z'4 + 4z23$），它比单级压缩节省面积为 $zz'2'2$ 的功耗。

实现两级压缩之所以省功，主要是进行了中间冷却。从图 9-10 还可看出，若不进行中间冷却，从第 I 级气缸排出的压气体积，就不会由 V_z' 减小为 V_z，并仍以 V_z' 的体积进入第 II 级气缸，这样两级压缩与单级压缩的功耗相同。

2. 降低排气温度

由理论工作循环，多级压缩终了时空气的温度公式 $T_2 = T_1 \left(\dfrac{p_2}{p_1} \right)^{\frac{n-1}{n}} = T_1 \varepsilon^{\frac{n-1}{n}}$ 知，压气的终温不仅与初始温度成正比，而且和压缩比有关，即与 $\varepsilon^{\frac{n-1}{n}}$ 成正比。显然，在初始状态和终压相同的条件下，两级压缩比单级压缩的终温有明显下降。

3. 提高容积系数

随着压缩比的上升，余隙容积中压气膨胀所占的容积增大，使得气缸的进气条件恶化。采用两级压缩后，降低了每一级的压缩比，从而提高了气缸的容积系数，增大了空压机的排气量。

4. 降低活塞上的作用力

在转速、行程和气体初始状态及终压力相同的条件下，采用两级压缩时，低压缸活塞面积 A_1 虽与单级压缩时的活塞面积相等，但高压缸活塞面积 A_2 比 A_1 要小很多（一般 $A_2 \approx \dfrac{1}{2} A_1$）；又因每一级气缸的压缩比均小于单级压缩的压缩比，故两级压缩时，两个活塞所受到的总作用力小于单级压缩时一个活塞上的作用力。实验表明，两级压缩时的活塞力远小于单级压缩时的活塞力。由于活塞力的减小，活塞的质量和惯性也都减小，机械强度和机械效率得以提高。

（四）压缩比分配

压缩比的分配是按最省功的原则进行的。使空压机循环总功最小的中间压力，称为最有利的中间压力。

设有一台两级空压机，被压缩空气的初始压力为 p_1，容积为 V_1，温度为 T_1；中间压力为 p_z，容积为 V_z，终止压力为 p_2。由理论工作循环多级压缩循环总功公式

$$W = \frac{n}{n-1} p_1 V_1 \left[\left(\frac{p_2}{p_1} \right)^{\frac{n-1}{n}} - 1 \right]$$

可求出各级气缸所需的循环功。

1）低压缸所需循环功

$$W_1 = \frac{n}{n-1} p_1 V_1 \left[\left(\frac{p_z}{p_1} \right)^{\frac{n-1}{n}} - 1 \right]$$

2）高压缸所需循环功

$$W_2 = \frac{n}{n-1} p_z V_z \left[\left(\frac{p_2}{p_z} \right)^{\frac{n-1}{n}} - 1 \right]$$

3）两级空压机的总循环功为各级循环功之和，即

$$W = W_1 + W_2 = \frac{n}{n-1} p_1 V_1 \left[\left(\frac{p_z}{p_1} \right)^{\frac{n-1}{n}} - 1 \right] + \frac{n}{n-1} p_z V_z \left[\left(\frac{p_2}{p_z} \right)^{\frac{n-1}{n}} - 1 \right]$$

若中间冷却器冷却完善，空气进入高压缸时的温度与初始温度相同，即 $T_1 = T_2$，则有

$$p_1 V_1 = p_z V_z \tag{9-12}$$

$$W_1 = \frac{n}{n-1} p_1 V_1 \left[\left(\frac{p_z}{p_1} \right)^{\frac{n-1}{n}} + \left(\frac{p_2}{p_z} \right)^{\frac{n-1}{n}} - 2 \right]$$

为确定最有利的中间压力，取 W 对 p_z 的一阶导数，并令其为零，即

$$\frac{\mathrm{d}W}{\mathrm{d}p_z} = \frac{n-1}{n} p_1 V_1 \left[\frac{n-1}{n} p_1^{-\frac{n-1}{n}} p_z^{-\frac{1}{n}} - \frac{n-1}{n} p_2^{\frac{n-1}{n}} p_z^{-\frac{2n-1}{n}} \right] = 0$$

则有

$$p_1^{-\frac{n-1}{n}} p_z^{-\frac{1}{n}} = p_2^{\frac{n-1}{n}} p_z^{-\frac{2n-1}{n}}$$

$$p_z^{2\frac{n-1}{n}} = (p_1 p_2)^{\frac{n-1}{n}}$$

$$p_z^2 = p_1 p_2$$

或

$$\frac{p_z}{p_1} = \frac{p_2}{p_z}$$

即

$$\varepsilon_1 = \varepsilon_2$$

空压机的总压缩比 $\varepsilon = \dfrac{p_2}{p_1}$，则

$$\varepsilon = \frac{p_2}{p_1} = \frac{p_2}{p_z} \frac{p_z}{p_1} = \varepsilon_1 \varepsilon_2 = \varepsilon_1^2 = \varepsilon_2^2$$

即

$$\varepsilon_1 = \varepsilon_2 = \sqrt{\varepsilon} = \sqrt{\frac{p_2}{p_1}} \qquad (9\text{-}13)$$

该式说明，在两级压缩的空压机中，为获得最小的功耗，两级压缩比应相等，并等于总压缩比的平方根。

为保证空压机按最省功的原则进行压缩比的分配，两级气缸的面积和直径应满足如下关系。

在冷却器冷却完善的条件下，$p_1 V_1 = p_z V_z$，则

$$\sqrt{\varepsilon} = \varepsilon_1 = \frac{p_z}{p_1} = \frac{V_1}{V_z} = \frac{a_1 S_1}{a_2 S_2}$$

当两活塞的行程 a_1 和 a_2 相等时，即有

$$\sqrt{\varepsilon} = \frac{V_1}{V_z} = \frac{S_1}{S_2} = \frac{D_1^2}{D_2^2} \qquad (9\text{-}14)$$

式中 S_1、S_2——低、高压气缸的面积（m^2）；

D_1、D_2——低、高压气缸的直径（m）；

a_1、a_2——低、高压气缸中的活塞行程（m）。

式（9-14）表明，只要两气缸的面积比或直径平方比等于总压缩比的平方根，就一定能得到最合理的中间压力。

然而，在实际设计时压缩比的分配不仅要考虑最省功这一原则，还要根据排气量、温度等因素做适当调整。通常，为了增加排气量而又不使气缸尺寸过大，往往使第一级压缩比较第二级低 5%~10%，即

$$\varepsilon_1 = (0.9 \sim 0.95)\sqrt{\varepsilon} \qquad (9\text{-}15)$$

（五）两级活塞式空压机的实际工作循环

两级活塞式空压机的实际工作循环示功图与理论示功图是不同的。实际示功图如图 9-11 所示。由于各级冷却程度不同，各级压缩过程不一样，以及在中间冷却器中的空气温度不可能降低到理论要求的温度（实际上温度是逐级增加的），因此，实际上各级循环功也不相等。

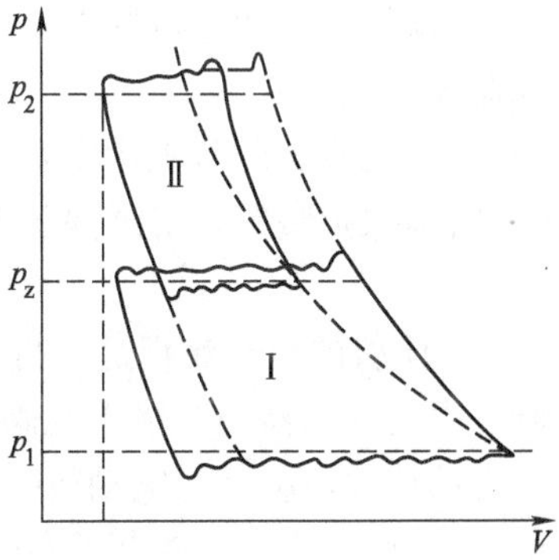

四、L 型空压机的结构及附属装置

（一）L 型空压机的组成部分

我国煤矿使用的活塞式空压机，以 L 型最为常见，如 4L-20/8、5L-40/8 型等。在此以 5L 型空压机

图 9-11 两级活塞式空压机
实际工作循环图

为例，讲解 L 型空压机的结构特点、主要部件和附属设备。

L 型空压机是两级、双缸、复动、水冷、固定式空压机。L 型空压机具有结构紧凑，气缸成 90° 布置，气阀、管路安装布置方便，动力平衡性能好等特点。L 型空压机主要由压缩机构、传动机构、润滑机构、冷却机构、调节机构和安全保护装置六部分组成。图 9-12、图 9-13 所示分别为 5L-40/8 型空压机的结构剖面图。

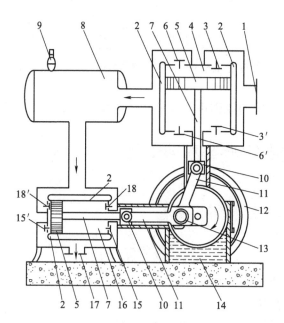

图 9-12 L 型空气压缩机示意图

1—吸入口　2—冷却水套　3、3′—低压缸吸气阀　4—低压缸　5—活塞　6、6′—低压缸排气阀

7—活塞杆　8—中间冷却器　9—安全阀　10—十字头　11—连杆　12—电动机　13—曲轴

14—润滑油　15、15′—高压缸排气阀　16—高压缸　17—排气口　18、18′—高压缸吸气阀

1）压缩机构。压缩机构由气缸、吸气阀、排气阀和活塞等部件组成。

2）传动机构。传动机构由三角带轮、曲轴、连杆、十字头和轴承等部件组成。

3）润滑机构。润滑机构由齿轮泵、注油器和过滤器等装置组成。

4）冷却机构。冷却机构由中间冷却器、气缸的冷却水套、冷却水管、后冷却器和润滑油冷却器等装置组成。

5）调节机构。调节机构主要由减压阀、压力调节器等部件组成。

6）安全保护装置。安全保护装置主要由安全阀、压力继电器、断水开关和释压阀等组成。

L 型空压机的压气流程是：自由空气→过滤器→减压阀→一级吸气阀→一级气缸→一级排气阀→中间冷却器→二级吸气阀→二级气缸→二级排气阀（后冷却器）→风包。

动力的传递流程是：电动机→三角带轮→曲轴→连杆→十字头→活塞杆→活塞。

（二）L 型空压机的主要部件结构

各种 L 型空压机的主要部件大同小异，现以 5L-40/8 型空压机为例，介绍其主要部件。

1. 机身

图 9-14 所示为机身剖视图。机身与曲轴箱连为一整体，以灰铸铁制成，外形呈直角"L"形。在垂直和水平颈部装有可拆的十字头滑道，两端的法兰盘用来与一、二级气缸组件连接。机身侧壁上开有轴承孔，用以安放曲轴的滚动轴承。机身底部兼作油池，储存润滑用的油液。为了控制油面，在机身侧壁上还装有安放测油尺的短管。

为便于拆装连杆和十字头等部件，在机身后和十字头滑道旁，分别开有三个长方形窗口和两个圆形孔，均用有机玻璃盖密封，机身用地脚螺栓固定在基础上。

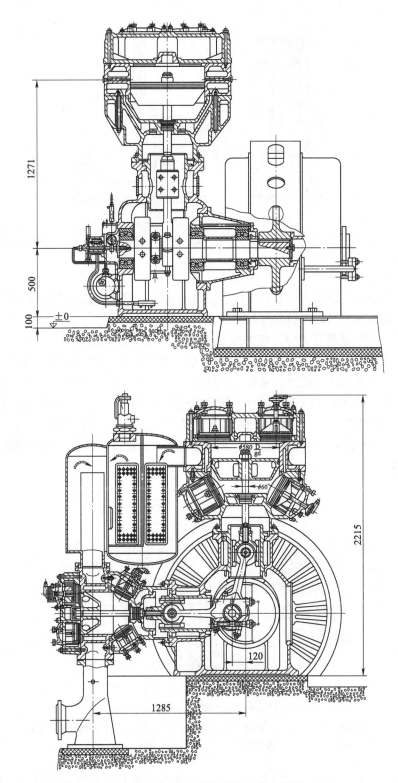

图 9-13　5L-40/8 型空压机结构剖面图

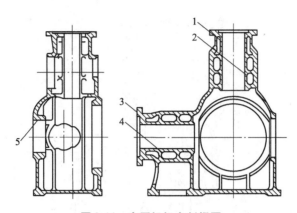

图 9-14　空压机机身剖视图

1—立列贴合面　2—立列十字头导轨　3—卧列贴合面　4—卧列十字头导轨　5—滚动轴承孔

2. 传动机构

传动机构由曲轴、连杆、十字头等组成。电动机通过传动装置带动曲轴做转动，通过连杆、十字头，使活塞在气缸内做往复运动。

（1）曲轴　曲轴是活塞式空压机的重要运动件，它接受电动机以转矩形式输入的动力，并把它转变为活塞的往复作用力以压缩空气做功。图 9-15 所示为 5L-40/8 型空压机的曲轴部件。曲轴是用球墨铸铁制成的，它有一个曲拐，其上并列装置两根连杆。曲轴两端的主轴颈上各装有一盘双列向心球面滚子轴承。轴的外伸端装有带轮，另一端插有传动齿轮泵的小轴，并经蜗轮蜗杆机构带动注油器。曲轴的两个曲臂上各装有一块平衡铁，以平衡旋转运动和往复运动时不平衡质量产生的惯性力。曲轴上钻有中心油孔，以使油泵排出的润滑油能通向各润滑部位。

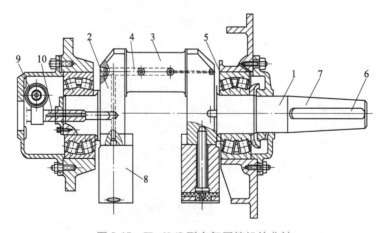

图 9-15　5L-40/8 型空气压缩机的曲轴

1—曲轴颈　2—曲臂　3—曲拐　4—曲轴中心油孔　5—双列向心球面滚子轴承
6—键槽　7—曲轴外伸端　8—平衡铁　9—蜗轮　10—传动小轴

（2）连杆　连杆是将作用在活塞上的推力传递给曲轴和将曲轴的旋转运动转换为活塞的往复运动的机件。如图 9-16 所示，连杆由大头、大头盖、杆体和小头等组成。杆体呈圆锥形，内有贯穿大小头的油孔。连杆材料为球墨铸铁。

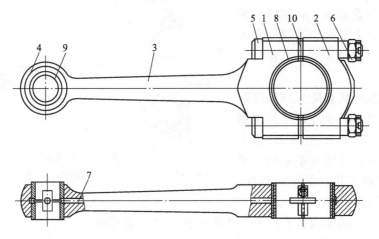

图 9-16　连杆的构造

1—大头　2—大头盖　3—杆体　4—小头　5—连杆螺栓　6—连杆螺母
7—杆体油孔　8—大头瓦　9—小头瓦　10—垫片

连杆大头分成两半，内装浇有巴氏合金衬层的大头瓦，其间有两组铜垫，借铜垫可调整大头瓦和曲拐的径向间隙。大头瓦的两半部用两个连接螺栓连接起来，安装于曲拐上。连杆小头内装有磷青铜轴瓦以减少摩擦，磨损后可以更换。连杆小头瓦内穿入十字头销与十字头相连，可从机身侧面圆形窗口拆卸。

（3）十字头　十字头部件如图 9-17 所示。它是连接活塞杆与连杆的运动机件，在十字头滑轨上做往复运动，具有导向作用。其材质为灰铸铁。

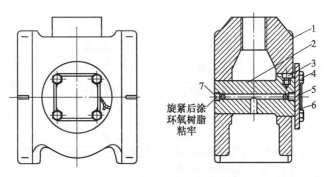

旋紧后涂
环氧树脂
粘牢

图 9-17　十字头部件

1—十字头体　2—十字头销　3—螺钉键　4—螺钉　5—盖　6—止动垫片　7—螺塞

十字头的一端用螺纹与活塞杆连接，借螺纹与活塞杆的拧入深度，可以调节气缸的余隙大小。两侧有装十字头销的锥形孔，十字头销用键固定在十字头上，并与连杆小头瓦相配合。十字头销和十字头摩擦面上分别有油孔和油槽，由连杆流来的润滑油经油孔和油槽润滑连杆小头瓦与十字头的摩擦面。

3. 活塞组件

活塞组件包括活塞、活塞环和活塞杆，如图 9-18 所示。

（1）活塞　活塞是活塞式空压机中压缩系统的主要部件，曲轴的旋转运动，经连杆、十字头、活塞杆变为活塞在气缸中的往复运动，从而对空气进行压缩做功。

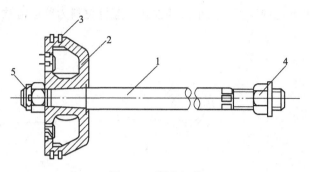

图 9-18　活塞组件

1—活塞杆　2—活塞　3—活塞环　4—螺母　5—冠形螺母

常见的活塞形状有筒形和圆盘形两种。5L 等有十字头的空压机均采用圆盘形活塞，如图 9-18 中的 2；为了减小质量，活塞往往铸成空心的，两个端面用加强筋连接，以增加刚度。活塞材质为灰铸铁。

（2）活塞环　活塞圆柱表面上有 2 个环槽，装有矩形断面的活塞环（又称涨圈），活塞环一般用铸铁材料制成开口，具有一定的弹力。在自由状态时，外径大于气缸内径。活塞环的开口形式有直切口、斜切口（斜角为 45°或 60°）和搭切口，如图 9-19 所示。

活塞环的作用是利用本身张紧力使环的外表面紧贴在气缸镜面上，以防止气体泄漏。为避免气体从切口处窜流，各活塞环的开口应互相错开，错开角度不小于 120°。由于活塞环和气缸壁之间有摩擦，故气缸壁内使用润滑油，一般用压缩机油，活塞环同时也起着布油和导热作用。无油润滑空压机活塞环采用自润滑的聚四氟乙烯。

（3）活塞杆　活塞杆一般用 45 钢锻造而成。杆身摩擦部分经表面硬化处理，具有良好的耐磨性，活塞杆的一端制成锥形体，插入活塞的锥形孔内，用螺母固结，并插有开口销以防松动，活塞杆的另一端与十字头用螺纹连接，调节好余隙容积后，用螺母锁紧。

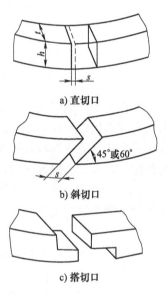

a) 直切口

b) 斜切口

c) 搭切口

图 9-19　活塞的切口形式

4. 气缸

气缸是组成活塞式空压机压缩容积的主要部分。活塞在缸内往复运动，使空气经过一系列热力变化成为压缩气体。图 9-20 所示为空压机的气缸部件，分内、外层，两层之间的空间为流通冷却水套。缸盖和缸座上各有 4 个气阀室，分别安装两个吸气阀和两个排气阀。阀盖、气缸体、缸座的水套、气路是对应相通的，但水套与气路之间互相隔开，各结合面用石棉胶垫密封。在缸座内侧有填料箱。

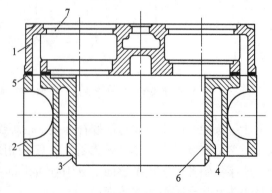

图 9-20　空压机的气缸部件

1—气缸盖　2—气缸体　3—气缸突肩　4—气缸装置面
5—橡胶石棉垫　6—气缸镜面　7—气缸盖阀室

5. 压缩机构

压缩机构由气缸、吸气阀、排气阀和活塞等部件组成。由过滤器过滤空气中的杂质和尘埃后，经吸气管、吸气阀进入低压气缸。将空气压缩到 2.83 大气压即 2.78×10^5 Pa，由排气阀排出，进入中间冷却器，将此气体压力保持不变，温度冷却到常温。高压气缸从中间冷却器吸气，再一次压缩达到 8 个大气压即 7.85×10^5 Pa，排入后冷却器进入风包储存，以备均匀稳定地供给风动工具。

L 形空压机的吸气阀和排气阀都采用环状阀。如图 9-21 所示，气阀由阀座、阀片、阀盖（升程限位器）、弹簧和螺栓组成。L 型空压机的气阀阀片，用弹簧压紧在阀座上，保持气阀的关闭状态。

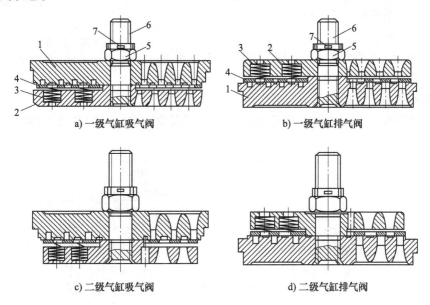

a) 一级气缸吸气阀　　　　　　　　　b) 一级气缸排气阀

c) 二级气缸吸气阀　　　　　　　　　d) 二级气缸排气阀

图 9-21　L 型空压机的气阀
1—阀座　2—升程限位器（阀盖）　3—弹簧　4—阀片　5—冠形螺母　6—螺栓　7—开口销

阀座是由一组直径不同的同心圆环所组成的，各环间用筋连成一体。

阀片是气阀完成开、闭运动的主要零件。它的开闭是由阀片两侧的压差和弹簧力等因素确定的，其开启高度由升程限位器上的凸台控制。当阀内气压低于阀外气压，且压差超过吸气阀的弹簧压力时，空气即进入气缸；当气阀内、外的压差低于弹簧压力时，发片即被弹簧压回阀座，停止吸气。排气阀的动作与上述相似，当气缸内的气压超过排气阀外的气压与弹簧压力之和时，即开始排气；排气完毕后，阀片也被压回阀座。气阀是空压机上的重要易损部件，要求阀片密封性好、动作灵敏、惯性小、耐磨、气流通过阀片周围气道时阻力小，不易变形，在制造时要选用性能优良的合金钢为材料，如 30CrMnSi、30CrMoSiA 等。

6. 填料装置

空压机工作时，活塞杆与气缸座之间要产生相对运动，因此必然留有一定的间隙。为了防止压缩空气从此间隙外泄，就应设置填料装置予以密封。对填料的基本要求是，密封性能好并且耐用。

L 形空压机采用金属填料密封，其结构如图 9-22 所示。它主要由密封圈 4（靠近气缸侧）、挡油圈 6（靠近机身侧）和隔环 2、垫圈 1 等组成。密封圈用灰铸铁制成，用 3 个带斜口的瓣组成整圈，在它的外缘沟槽内放有拉力弹簧，将其紧箍在活塞杆上起密封作用。当内圈磨损后，借助弹簧的力量，能自动向内箍紧，保证密封。在由垫圈 1 和隔环 2 组成的小室 3 内，放置了两个切口相互错开的密封圈。两级压缩的高压缸有两个小室，低压缸只有一个小室。挡油圈的结构形式和密封圈相似，只是内圆处开有斜槽，它可以把黏附在活塞杆上的机油刮下来，以免进入缸内。

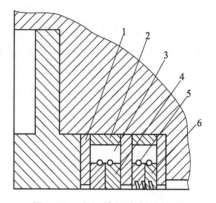

图 9-22　金属填料密封结构图

1—垫圈　2—隔环　3—小室
4—密封圈　5—弹簧　6—挡油圈

（三）润滑系统和冷却系统

1. 润滑系统

在空压机中，零件有相互位移的部位要注入润滑油进行润滑，以达到降低功率消耗、减少摩擦部位的磨损、延长零件寿命及降低摩擦表面温度等目的。

L 型空压机润滑机构分为传动机构润滑和气缸润滑两个独立的系统。润滑系统原理如图 9-23 所示。

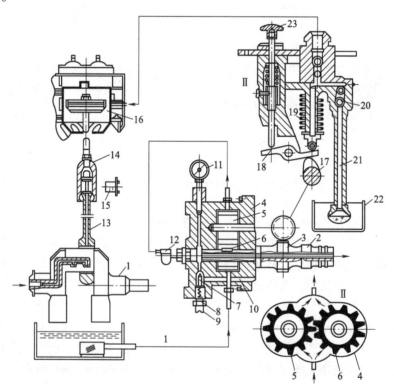

图 9-23　L 型空压机润滑系统原理图

1—曲轴　2—传动空心轴　3—蜗轮蜗杆　4—外壳　5—从动轮　6—主动轮　7—油压调节器　8—螺母
9—调节螺钉　10—回油管　11—压力表　12—过滤器　13—连杆　14—十字头　15—十字头销　16—气缸
17—凸轮　18—杠杆　19—柱塞阀　20—球阀　21—吸油管　22—油槽　23—顶杆

（1）传动机构润滑系统　该系统以机身底部曲轴箱作油池。采用 L-HH68 润滑油。齿轮泵提供压力为 $(1.5 \sim 2.5) \times 10^5 Pa$ 的润滑油对曲轴、连杆、十字头等机械传动部件进行润滑，减少运动件之间的摩擦。润滑油的流程是：

油池→粗过滤器→润滑油冷却器→齿轮泵→过滤器→曲轴中心油孔→曲轴和连杆大头瓦的配合面→连杆中心孔→连杆小头瓦和十字头销的配合面→十字头滑轨→油池。

（2）气缸润滑系统　该系统主要对气缸进行润滑，可以减少活塞和气缸镜面之间的摩擦阻力，减少磨损。气缸润滑油采用 HS-13 号或 HS-19 号压缩机油。L 型空压机采用单独的注油器向气缸内压注润滑油。气缸润滑油要适当，即不能中断，也不能过量，供油量必须按说明书调整。

2. 冷却系统

空压机站的冷却系统由冷却水管、气缸水套、中间冷却器和后冷却器等组成，其作用是降低功率消耗，降低压气温度、净化压缩空气、提高空压机的效率和安全性。

空压机的冷却具有重要的经济意义和安全意义。根据矿区水源和气温等条件，供水系统可采用循环式或非循环式，通常采用循环式供水系统。冷却方式一般又分开启式和密闭式两种。开启式在断水时容易发现，可以及时处理故障，运转比较安全，但较密闭式多设一台水泵。目前，开启式冷却方式应用较多。

图 9-24 所示是空压机冷却系统图。冷却水泵站给空压机冷却机构提供冷却水。它包括水泵、冷水池、热水池、冷却塔、管路等。空压机冷却机构有气缸的冷却水套，中间冷却器和后冷却器。冷却水套主要是吸收压缩过程中气缸壁放出的热量，降低气缸温度。中间冷却器主要任务是降低进入二级气缸的压气温度，分离压气中的油和水。

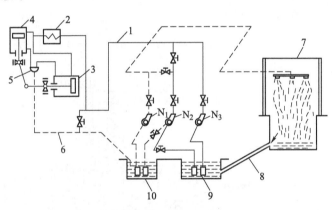

图 9-24　空压机冷却系统图

1—总进水管　2—中间冷却器　3—低压气缸

4—高压气缸　5—漏斗　6—回水管　7—冷却塔

8—水沟　9—冷水池　10—热水池

N_1—热水泵　N_2—备用泵　N_3—冷水泵

图 9-24 中实线表示冷水流动路线，虚线表示热水流动路线。空压机的冷却循环流程为：冷水池 9→冷水泵总进水管 1→中间冷却器 2→同时进入低、高压气缸 3、4 的水套→漏斗 5→回水管 6→热水池 10→热水泵 N_1→冷却塔 7→水沟 8→冷水池 9。

若在空压机与风包间设有后冷却器，则从低、高压气缸 3、4 的水套中出来的水，经水管送入后冷却器，然后再排至热水池 10 中。

如热水泵 N_1 或冷水泵 N_3 发生故障，备用水泵 N_2 即投入运行。

（四）空压机排气量的调节

为使空压机站的排气量与风动工具的实际耗气量基本适应，维持工作压力正常，保证风动工具的正常工作，就必须对空压机进行排气量的调节。调节机构主要由减荷阀和压力调节器组成。调节方法有：关闭吸气管法、压开吸气阀法和改变余隙容积调节法。

（1）关闭吸气管法　其调节原理是切断进气，使空压机的排气量为零。关闭吸气管法的调节机构主要由安装在空压机吸气管上的减压阀（图 9-25）和装在减压阀侧壁上的压力调节器（图 9-26）组成。

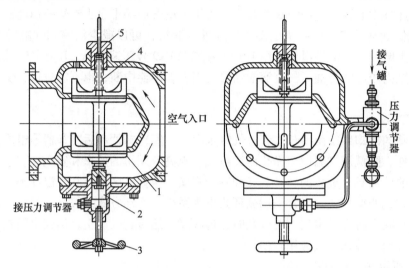

图 9-25　减压阀

1—蝶形阀　2—活塞缸　3—手轮　4—弹簧　5—调节螺母

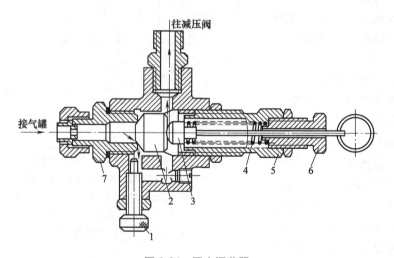

图 9-26　压力调节器

1—调节螺钉　2—阀　3—拉杆　4—弹簧　5—大调节螺管　6—小调节螺管　7—阀座

减压阀内装有蝶形阀，阀的一端为活塞，装在活塞缸内。压力调节器的一个通道与风包相通，另一通道与减压阀连接。正常工作时，压力调节器的弹簧通过拉杆将阀密闭在阀座上。

当风包内的压力超过压力调节器的动作压力时，压气就推开压力调节器内的阀，进入减压阀的活塞缸内，推动小活塞使蝶形阀上移，将减压阀关闭，从而使空压机停止吸气，进入空转。当风包内的压力下降到低于动作值时，在弹簧力的作用下，通过拉杆使压力调节器中的阀关闭，切断了压气通往减压阀的通路，使减压阀的活塞缸内的压力下降。这时蝶形阀在弹簧的作用下重新下移，使空压机恢复吸气，进入正常运转。

压力调节器的动作压力是通过转动大、小调节螺管来改变弹簧的压紧程度而实现调节的。调节螺钉可调节减压阀动作的灵敏度。

空压机起动前，应用手转动减压阀上的手轮，使蝶形阀与阀座密闭而关闭进气口，让空压机处于空载状态起动。起动完毕后，再转动手轮把阀打开，进入正常运转。

切断进气后，空压机为空转，此时的功率消耗为额定功率的 2%～3%，所以这种调节方法具有较好的经济性，且调节方法简单、调节级数少，所以广泛地应用于 5L-20/8 型等中、小型空压机。

（2）压开吸气阀法　其调节原理是强制性压开吸气阀，使空气自由地进入和排出气缸，排气量可接近于零。调节机构主要由压力调节器（图 9-26）和压开吸气阀装置（图 9-27）组成。压力调节器的一端与风包相接，另一通道与压开吸阀装置连通。

当风包内的压力超过规定值时，压气通过压力调节器至压开吸气阀装置的气阀上盖 6，推动小活塞 4，将压叉 2 压下，顶开吸气阀阀片，使空压机空转。当风包内的压力下降到低于规定值时，压力调节器关闭了压气通往压开吸气阀装置的通路，小活塞 4 上部的压气（即活塞腔 7 和气阀上盖 6 上的通道中的压气）通过压力调节器与大气沟通，压叉 2 借助于弹簧 3 的力而升起，阀片恢复到关闭位置，空压机又进入正常运转。

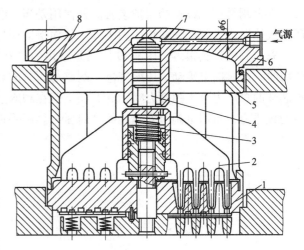

图 9-27　压开吸气阀装置
1—吸气阀　2—压叉　3—弹簧　4—小活塞　5—气阀压紧圈
6—气阀上盖　7—活塞腔　8—垫

对于两级空压机，一般都装有两个压力调节器，以实现排气量为 100%、50% 和 0 的三级调节。

压开吸气阀后，空压机处于空载运转状态。因为在调节过程中，仅需克服吸气阀通道阻力造成的功耗，故调节经济性较好。但阀片因承受额外负荷，容易变形使寿命缩短，密封性较差，常使用在部分厂家生产的 5L-40/8 型空压机以及 7L-100/8 型等大、中型空压机上。

（3）余隙容积调节法　其调节原理是借助于加大余隙容积，降低气缸的容积系数，使气缸吸入空气量减少，从而达到调节排气量的目的。

如图 9-28 所示，在空压机的气缸上设置 4 个补助容积相等的余隙缸 1。当风包内的压力超过规定数值时，由五位压力调节器（图中未画出）来的压气，经进气管 3 进入小气缸 4，使活塞 5 上移而打开阀 2，此时，其中一个余隙缸 1 与空压机气缸相通。排气时，有一部分压气进入余隙中；吸气时，这部分压气膨胀，占据了气缸的一部分空间，使一次吸气量减少，从而使空压机的排气量减少。如果风包内的气体压力继续升高，余下的三个余隙缸便依次与气缸相通。每连通一个余隙缸，排气量均减少 25%，故这种调节装置可实现排气量为 100%、75%、50%、25% 和 0 的五级调节。

这种调节方法既完善又经济，但调节机构复杂，制造难度较大，因此，多用在大型空压机上。

（五）安全保护装置

为防止空压机在运转中发生事故，实现安全运转，设有两级安全阀。一级安全阀安装在中间冷却器上，二级安全阀安装在风包上。当各级空气压力超过整定压力时，安全阀自动开启，把一部分压缩空气泄于大气，以降低容器内压力。在大、中型空压机上必须设置下列安全保护装置。

1. 安全阀

安全阀是压气设备的保护装置。其作用是当系统压力超过某一整定值时，安全阀动作把压缩气体泄于大气，使系统压力下降，从而保证压气设备的系统压力在整定值以下运行。

安全阀的种类很多，图 9-29 所示是常用的弹簧式安全阀。当系统压力大于弹簧 3 的预压力时，阀芯向上运动，压缩气体经阀座与阀芯的环形间隙排向大气；当系统压力下降，对阀芯 2 的总压力小于弹簧力时，阀芯向下落在阀座上，停止排气。因此调整螺钉，可调整弹簧的预压力，从而可调节安全阀的开启压力。用手把 6 可进行人工放气。

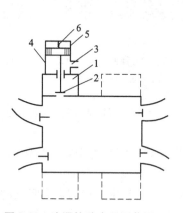

图 9-28　连通补助容积调节原理图
1—余隙缸　2—阀　3—进气管
4—小气缸　5—活塞　6—弹簧

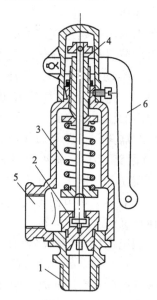

图 9-29　弹簧式安全阀
1—阀座　2—阀芯　3—弹簧
4—调整螺钉　5—排气口　6—手把

2. 释压阀

释压阀的作用是防止压气设备爆炸而装设的保护装置。当压缩空气温度或压力突然升高时，安全阀因流通面积小，不能迅速把压缩气体释放，而释压阀流通面积很大，可以迅速释压，对人身和设备起到保护作用。

释压阀的种类较多，图 9-30 所示为常用的一种活塞式释压阀，主要由气缸、活塞、保险螺杆和保护罩等部件组成。释压阀装在风包排气管正对气流方向上，如图 9-31 所示。当压气设备由于某种原因，压缩空气压力上升到（1.05±0.05）MPa 时，保险螺杆立即被拉断，活塞冲向右端，使管路内的高压气体迅速释放。

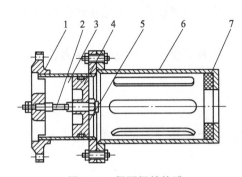

图 9-30　释压阀的构造

1—卡盘　2—保险螺杆　3—气缸　4—活塞
5—密封圈　6—保护罩　7—缓冲垫

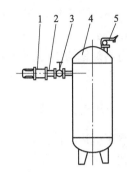

图 9-31　释压阀的安装位置

1—释压阀　2—工作管路　3—闸阀
4—风包　5—杠杆安全阀

3. 压力继电器

压力继电器的作用是保障空压机有充足的冷却水和润滑油，当冷却水水压或润滑油油压不足时，压力继电器动作，断开控制线路的接点，发出声、光信号或自动停机。

4. 温度保护装置

温度保护装置的作用是保障空压机的排气温度及润滑油的温度不致超过设定值。此类装置有带电接点的水银温度计或压力表式温度计，当温度超限时，电接点接通，发出报警信号或切断电源。

（六）活塞式空压机的附属装置

1. 过滤器

过滤器的作用是过滤空气、阻止空气中的灰尘和杂质进入气缸。过滤器安装在空压机的吸气管道上，空压机的吸气管道长度不超过 10m，吸气口向下布置，以防掉进杂物，设防雨设施，并处于清洁、干燥、通风良好的地方。

过滤器的主要结构由外壳（包括筒体及封头）、圆筒形滤芯组成，如图 9-32 所示。L型空压机多采用金属网过滤器。其滤网由多层波纹状的金属丝编成，滤网表面涂一层黏性油，（一般由 60% 的气缸油和 40% 的柴油混合而成），空气经过时，灰尘和杂质黏附在金属网上，使空气得以过滤。

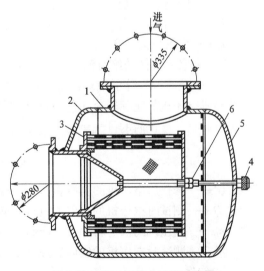

图 9-32　空压机的金属网过滤器

1—筒体　2、5—封头　3—金属网　4、6—螺母

2. 气罐

气罐又名风包。主要作用：缓和由于空

压机排气不均匀和不连续引起的压力脉动；储备一定量的压缩空气以维持供需之间的平衡；分离出压缩空气中的油和水。

气罐应单独使用一个基础安装在室外阴凉处，并装在空压机和压气管之间，与空压机的距离不大于 12m。空压机与气罐间不能装闸板阀，只装一个逆止阀，避免在闸阀关闭时，起动空压机引起事故。

气罐是用锅炉钢板焊接而成的密封容器。其上安装有安全阀、检查孔、压力表、放油水的连接管等。

五、空压机的性能测试

为提高空压机运转的经济性，应定期对空压机的工作参数——排气量、轴功率、工作效率等进行测试。

（一）空压机排气量的测定

目前我国空压机行业采用低压箱法来测量空压机的排气量、并颁发了相应的实验规范。低压箱测试装置主要是由风包、压力调节阀、低压箱、喷嘴、U 形管液柱式测压计和温度计等组成。测定排气量的范围为 $0.03 \sim 516 \mathrm{m^3/min}$，喷嘴前后压差为 $250 \sim 1000 \mathrm{mm}$ 水柱（相当于 $2500 \sim 10000 \mathrm{Pa}$）。

1. 排气量测定原理

排气量的测定，可根据实验规范中提出的公式计算，即

$$Q = 353497.8 \times 10^{-8} CD^2 T_0 \sqrt{\frac{H}{p_0 T_1}} \tag{9-16}$$

式中　Q——空压机的排气量（$\mathrm{m^3/min}$）；
　　　C——喷嘴系数；
　　　D——喷嘴直径（mm）；
　　　H——喷嘴前后压差（mm 水柱）；
　　　p_0——大气压力（Pa）；
　　　T_0——吸入气体的绝对温度（K）；
　　　T_1——喷嘴前气体的绝对温度（K）。

若测得空压机的实际转速 n 与原设计的额定转速 n_0 不符，应对式（9-16）计算出的排气量进行修正，修正后的排气量为

$$Q' = Q \frac{n_0}{n} \tag{9-17}$$

式中　Q'——修正后空压机的排气量（$\mathrm{m^3/min}$）；
　　　Q——测试时空压机的排气量（$\mathrm{m^3/min}$）；
　　　n_0——空压机的额定转速（r/min）；
　　　n——测试时空压机的实际转速（r/min）。

2. 排气量测定步骤及方法

1）先检查机械和电气部分是否正常，盘车观察是否有卡住现象。
2）关闭风包通往管路的闸阀，稍开通往低压箱的闸阀。
3）起动冷却水泵、向压气机内通入冷却水。

4）利用手动注油器，向气缸内及各润滑部分注油。

5）手动调节压力调节器，使空压机进入空转状态。

6）起动空压机。待空压机达到或接近额定转速时，手动使空压机进入工作状态。

7）调节压力调节器，将压力调到测试所需的压力值。

8）缓慢调节通往低压箱的闸阀，使空压机排入风包的压缩空气量，与低压箱通过喷嘴放出的空气量相等，即风包上压力表的读数稳定在测试所需的压力，这时停止调节闸阀。

9）先测出 p_0、T_0，做好记录。

10）同时测定喷嘴前后的压差 H 及喷嘴前气体的绝对温度 T_1，用转速表测定空压机转速 n'。

11）为了获得较准确的测试数据，可进行 2~3 次测试，以便比较修正。

12）最后一次测试完毕后，调节压力调节器，使空压机空载运行，断电，停机和关闭水泵。

3. 测定中应注意的事项

1）测定前，应正确选用仪表的量程范围，校验其精确度。

2）仪表连接处要牢固，不得漏气。

3）测量数据时应尽可能在同一时间内读取。

4）对运转中的空压机应随时注意冷却水是否中断，排气温度和压力是否超出规定值。声音是否正常，发现问题应立即停机检查。

（二）输气管网漏气量的测定

管网漏气量测定前，停止风动工具工作，使风包与输气管网断开，用低压箱测定排气量的方法，测出空压机的排气量 Q，然后打开阀门，测出风包与管网相通后通过低压箱的排气量 Q'，则管网漏气量 Q_L 为

$$Q_L = Q - Q' \tag{9-18}$$

式中　Q——空压机的排气量（m^3/min）；

　　　Q'——风包与相接管网后，通过低压箱的压气量（m^3/min）；

　　　Q_L——管网漏气量（m^3/min）。

（三）空压机轴功率的测定

目前，测定空压机轴功率的方法较多，矿山常用的方法是用测出的电动机输入侧功率，计算空压机的轴功率，即

$$N = N_d \eta_b \eta_c \tag{9-19}$$

式中　N_d——电动机输入侧的功率（kW）；

　　　η_b——电动机效率，一般可选取 0.90~0.94；

　　　η_c——传动效率，对带传动 $\eta_c = 0.95~0.98$，直连 $\eta_c = 1$。

 习题与思考题

1. 为何矿用空压机均采用两级压缩？比较一级压缩和两级压缩空压机的优缺点。

2. 某单级空压机吸入的自由空气量为 $20m^3/min$，温度为 20℃，压力 0.1MPa，若 $n = 1.25$，使其最终压力提高到 $p_2 = 0.4MPa$（表压），求最终温度、最终容积及消耗的理论功。

3. 某两级空压机，吸气温度为 20℃、吸气量为 $4m^3$，由初压 $p_1 = 0.1MPa$，压缩到终压 $0.8MPa$（表压），若 $n = 1.3$。试求最佳中间压力 p_z 和理论循环功。

4. 空压机由哪几部分机构组成？各机构又包括哪些部件？试述 5L 空压机的压气流程、动力传递流程、润滑系统和冷却系统。

5. 如何调节气缸的余隙容积？

6. 活塞环的作用是什么？为何各活塞环的切口位置要相互错开？

7. 对空压机气阀的要求是什么？为什么气阀是空压机中最易损坏的零件？

8. 过滤器和风包各有什么作用？它们应设置在何处？为什么？

9. 空压机排气量调节的目的是什么？常用的调节方法和装置有哪几种？各种调节方法有何优缺点？

项目三　螺杆式空气压缩机

螺杆式空压机相对于活塞式空压机有能耗低，出气品质高（含尘含油量低，出气温度低），排气压力稳定无脉动，运行故障率低、噪声低等显著优点。

一、螺杆式空气压缩机的工作原理和结构

1. 螺杆式空压机的分类

1）按螺杆数目分，有单螺杆式和双螺杆式。

2）按润滑方式分，有喷油式和无油式。

2. 螺杆式空压机的工作原理

螺杆式空压机属于容积型回转式，有单螺杆式（图 9-33a）和双螺杆式（图 9-33b）两种。螺杆式空压机主要由气缸内的阳转子和阴转子组成。阳转子、阴转子的旋转和转子间的相互啮合，使处于转子间的空气不断产生周期性的容积变化，沿着转子轴线

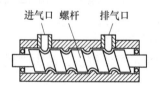

a) 单螺杆式　　　b) 双螺杆式

图 9-33　螺杆式空压机结构原理

的吸气侧至排气侧，随着转子旋转，每对相互啮合的齿相继完成相同的工作循环。

如图 9-34 所示，螺杆式空气压缩机工作循环包括吸气、密封、压缩和排气四个基本过程。

（1）进气　转子转动时，阴、阳转子的齿沟空间在转至进气端壁开口时，其空间最大，此时转子齿沟空间与进气口的相通；又因为排气时齿沟的气体被完全排出，排气完成时，齿沟处于真空状态，当齿沟转至进气口时，外界气体即被吸入，沿轴向进入阴阳转子的齿沟内。当气体充满了整个齿沟时，转子进气侧端面转离机壳进气口，在齿沟的气体即被封闭，这个过程称为进气过程。

（2）密封　齿间容积随螺杆转动离开进气口，吸入的气体被密封。

（3）压缩　阴、阳转子在吸气结束时，其阴、阳转子齿尖会与机壳封闭，此时气体在齿沟内不再外流。阴、阳转子继续转动，其啮合面逐渐向排气端移动；啮合面与排气口之间的齿沟空间渐渐变小，齿沟内的气体被压缩，压力提高，这个过程称为压缩过程。

（4）排气　当转子的啮合端面转到与机壳排气口相通时，被压缩的气体开始排

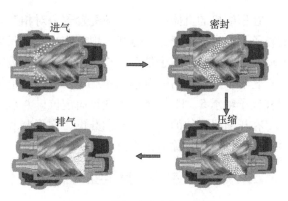

图 9-34　螺杆式空压机工作原理

出，直至齿尖与齿沟的啮合面移至排气端面，此时阴阳转子的啮合面与机壳排气口的齿沟空间为 0，这个过程称为排气过程。

由上述过程可知：气体的压缩依靠容积的变化来实现，而容积的变化又是借助压缩机的一对转子在机壳内做回转运动来达到的。由于阴、阳转子的齿沿轴线有多对啮合，所以，螺杆式空气压缩机能连续吸气、不断排出压缩气体。

3. 螺杆式空气压缩机的结构

螺杆式空气压缩机的结构如图 9-35 所示。它主要由阳转子 7、阴转子 8、机壳 6、进气腔 22、排气腔 23 等组成。

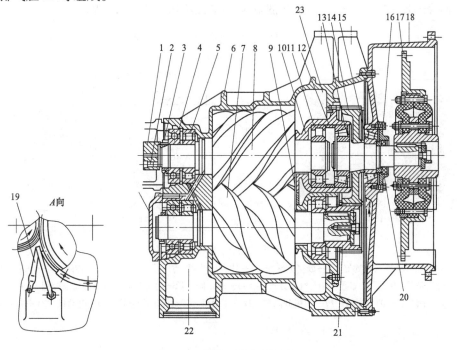

图 9-35　螺杆压缩机的结构

1—油泵联轴节　2—堵塞　3—圆螺母　4—推力轴承　5、11—滚子轴承　6—机壳　7—阳转子
8—阴转子　9—阳转子端盖　10—阴转子端盖　12—隔圈　13、15—圆锥滚子轴承　14—大齿轮
16—接筒轴封盖　17—齿轮　18—接筒　19—喷溅管　20—油封　21—小齿轮　22—进气腔　23—排气腔

在压缩机的机体中，平行地配置着一对相互啮合的螺旋形转子。通常把节圆外具有凸齿的转子，称为阳转子或阳螺杆。把节圆内具有凹齿的转子，称为阴转子或阴螺杆。阳转子与原动机连接，由阳转子带动阴转子转动，实现吸气、压缩和排气过程。

转子轴两端最后一对轴承4、13实现轴向定位，并承受压缩机中的轴向力。转子两端的圆柱滚子轴承5、11使转子实现径向定位，并承受压缩机中的径向力。

在压缩机机体的两端，分别开设一定形状和大小的孔口。一个供吸气用，称为进气口；另一个供排气用，称为排气口。

二、螺杆式空气压缩机组的结构和工作方式

1. 整机组成

以风冷式喷油螺杆空压机组为例，空压机组主要由主机和辅机两大部分组成。整机组成结构如图9-36所示。主机包括螺杆压缩机主机和主电动机；辅机包括进排气系统、喷油及油气分离系统、冷却系统、控制系统和电气系统等。

2. 工作流程

螺杆式空压机系统工作总流程如图9-37所示。空气流程和润滑油流程如下：

（1）空气流程 如图9-37所示，空气的流动过程：空气→空气过滤器2→减压阀1→压缩机18→油气分离罐16→最小压力阀5→后冷却器9→气水分离器10（分离出来的水经过自动疏水阀11放掉）→空压机排气球阀供给系统工作。

（2）润滑油流程 润滑油的流动过程：润滑油与空气压缩后→油分离罐16→分离温控阀13→油冷却器12（或旁通）→油过滤器14→喷油给压缩机18润滑。

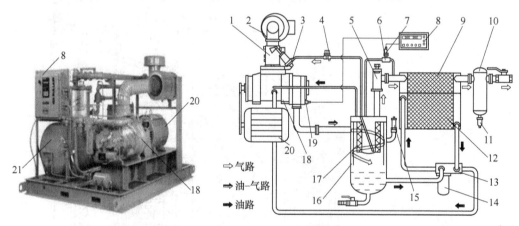

图9-36 螺杆式空压机整机组成（风冷）

1—减压阀 2—空气过滤器 3—放空电磁阀 4—比例调节阀 5—最小压力阀 6—梭阀 7—压力送变器
8—微电脑控制器 9—后冷却器 10—气水分离器 11—疏水阀 12—油冷却器 13—分离温控阀 14—油过滤器
15—安全阀 16—油分离罐 17—油精分离器 18—压缩机 19—温度变送器 20—电动机 21—分离气罐

三、螺杆式空气压缩机的特点

1. 优点

1）可靠性高。螺杆式压缩机零部件少，结构紧凑，体积小，没有易损件，因而它运转可靠，寿命长，大修间隔期可达4~8万h。

2）操作维护方便。操作人员不必经过专业培训，可实现无人值守运转。

3）动力平衡性好，噪声小，螺杆式空压机没有不平衡惯性力，机器可平稳地高速工作，可实现无基础运转。

4）适应性强。螺杆压缩机具有强制输气的特点，排气量几乎不受排气压力的影响，在使用范围内能保证较高的效率。

5）多相混输。螺杆压缩机的

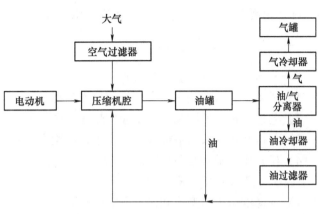

图 9-37　螺杆式空气压缩机工作流程

转子齿面实际上留有间隙，因而能耐液体冲击，可压送含液气体、含粉尘气体、易聚合气体等。

螺杆式空气压缩机因体积小、性能良好、操作方便，目前我国煤矿已经普遍使用螺杆式空气压缩机。

2. 缺点

1）造价高。螺杆压缩机的转子齿面是一空间曲面，需利用特制的刀具，在价格昂贵的专用设备上进行加工。另外，对螺杆式空压机气缸的加工精度也有较高的要求。

2）不适合高压场合。由于受到转子刚度和轴承使用寿命等方面的限制，螺杆式空气压缩机只适用于中、低压范围。

3）不能制成微型机。螺杆式空气压缩机依靠间隙密封气体。一般螺杆式空气压缩机只有排气量大于 $0.2m^3/min$ 的机型，才具有优越的性能。

 习题与思考题

1. 说明螺杆式空压机的工作原理及其结构。
2. 对照螺杆式空压机的整机组成，叙述其工作流程。
3. 螺杆式空压机的主要优、缺点有哪些。

项目四　空气压缩机的选型计算

学习目标

　　了解矿山压气设备选型的基本要求、选型计算的主要任务；掌握活塞式空压机选型的主要步骤、空压机型号和台数的确定方法。

空压机选型的基本要求是，矿山压气设备应保证在整个服务期限内，能供给用气量最

多、输送距离最远的风动工具以足够数量和压力的压缩空气，同时保证经济合理。

一、选型设计的资料和任务

（一）选型设计必须具备的资料
1）风动工具的台数、型号、使用地点和距离。
2）巷道开拓系统图和地面工业广场布置图。
3）井口及各开采水平标高，最远采区的距离。
4）矿井年产量和服务年限。

（二）选型设计的主要任务
1）选择空压机的型式和确定所需的台数。
2）选择电动机、电控设备和附属装置。
3）确定压气管道。
4）提出主要技术经济指标。
5）绘制空压机站的布置图和管路布置图。

由于我国的空压机是成套产品，因此，空压机一经选定，则电动机、电控设备和附属装置也就随机配套供应了。所以，本节只介绍空压机的选择计算方法和步骤。

二、选型设计方法和步骤

（一）确定供气量

空压机站必需的排气量与风动工具的耗气量有关。由于在风动工具日久磨损后，耗气量将有所增加，同时风动工具一般都是间歇性工作，因此，在确定风动工具的总耗气量时，必须考虑到各种风动工具的间歇工作使总耗气量减少以及沿途泄漏使总耗气量增加等因素。

$$Q = \alpha_1 \alpha_2 \alpha_3 \sum n_i q_i k_i \tag{9-20}$$

式中　α_1——沿管路全长的漏风系数。它与管路的连接方法、接头数量、衬垫种类、管道直径和管内压力大小有关。在设计时，一般依管路的长度进行估算。α_1 的值可按表9-3选取；

　　α_2——机械磨损使压气消耗量增加的系数，$\alpha_2 = 1.1 \sim 1.5$；

　　α_3——海拔高度修正系数，其值见表9-4；

　　n_i——同型号风动工具的同时使用台数；

　　q_i——每台风动工具的耗气量（m^3/min）；

　　k_i——同型号风动工具的同时使用系数，其值见表9-5。

表9-3　沿管路全长的漏风系数

管路全长/km	<1	1~2	>3
α_1	1.1	1.15	1.2

表9-4　海拔高度修正系数

海拔高度/m	500	600	700	800	900	1000	1100	1200	1300	1400	1500
α_3	1.05	1.06	1.07	1.08	1.09	1.10	1.11	1.12	1.13	1.14	1.15

表 9-5　风动工具的同时使用系数

同型号风动工具的同时使用台数 n_i	≤10	11~30	31~60	>60
k_i	1.00~0.85	0.84~0.75	0.74~0.65	0.65

(二) 空压机供气压力

空压机的出口压力，除了应保证工作地点的压力比风动工具的工作压力大 0.981×10^5Pa 外，还需计算管路的最大压力损失 $\sum\Delta p_i$。因此，空压机必需的出口压力为

$$p = p_g + \sum\Delta p_i + 0.981\times10^5 Pa \tag{9-21}$$

式中　　p——空压机的出口压力（Pa）；

p_g——风动工具的工作压力（Pa）；

$\sum\Delta p_i$——压气管路中最远一趟管路的压力损失之和，可按每公里管路损失 $(0.3 \sim 0.6)\times10^5Pa$ 进行估算；

0.981×10^5Pa——考虑到橡胶软管、旧管和上、下山斜巷的影响而增加的压力值。

(三) 选择空压机的型号和台数

空压机站一般设于地面，站内空压机的台数一般不超过 5 台。在低沼气矿井中，送气距离较远时，也可在井下主要运输巷道附近新鲜风流通过的地方设置空压机站，每台空压机送气能力一般不大于 $20m^3/min$，数量一般不超过 3 台，空压机和风包必须分别装设在两个硐室内。

为便于维修和管理，应尽可能选用同一型号、同一厂家的产品。备用空压机一般为一台，备用风量为总供风量的 $20\%\sim50\%$。如果选用不同型号的空压机，其备用量应按最大一台检修时，其余各台的总供气量仍能满足所需耗气量的原则来确定。

根据计算的空压机站必需的排气量 Q 和出口压力 p，从空压机技术规格表 9-2 中选择空压机。在决定选用何种型号及相应台数时，应进行技术经济比较。

(四) 压气管路直径的计算

根据管路布置和各用气点的耗气量，确定出通过每一段管路的流量 Q_i（单位为 m^3/min）后再按下式计算各段管路的直径 d_i'。

$$d_i' = 20\sqrt{Q_i} \tag{9-22}$$

式中　d_i'——第 i 段管路的直径（mm）；

Q_i——通过第 i 段管路的压气量（m^3/min）。

压气管路一般选用钢管，所以在求得 d_i 后，可由相应钢管手册中选取标准管径。

(五) 确定空压机的出口压力

按式（9-22）计算并初步确定了管径后，还要计算压气管网中各趟管路的压力损失 $\sum p_i$，从中找出 $\sum r_{max}$ 代入式（9-21）中，以最后确定空压机的出口压力 p。通常，输送距离最远，用气又最多的一路，其压力损失也最大。

各段管路的压力损失可按下式计算：

$$\Delta p_i = \frac{L_i'}{d_i^5}\times Q_i^{1.85}10^{-6} \tag{9-23}$$

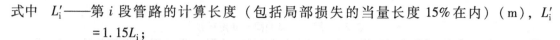

式中　L_i'——第 i 段管路的计算长度（包括局部损失的当量长度 15% 在内）（m），L_i' = $1.15L_i$；

　　　L_i——第 i 段管路的实际长度（m）；

　　　d_i——第 i 段管路的标准管径（m）；

　　　Q_i——通过第 i 段管路的压气量（m^3/min）。

若最后确定的 p 大于空压机的工作压力，则应适当增大管径，减少管路附件和泄漏，尽量使管路按最捷路线布置。

（六）耗电量的计算

1）空压机的全年耗电量可按下式计算。

$$W_y = k_f \frac{zNtb}{\eta_c \eta_d \eta_w} + 0.2(1 - k_f) \frac{zNtb}{\eta_c \eta_d \eta_w} = (0.8k_f + 0.2) \frac{zNtb}{\eta_c \eta_d \eta_w} \tag{9-24}$$

式中　k_f——空压机的负荷系数，它等于空压机的实际排气量与额定排气量之比，一般 k_f = 0.75~0.85；

　　　0.2——空压机的空载功率系数；

　　　z——同时工作的空压机台数；

　　　t——空压机站一昼夜工作小时数，三班工作制取 $t = 12h$；

　　　b——年内空压机站工作天数；

　　　η_c——传动效率，三角带传动时 $\eta_c = 0.95$，直接传动时 $\eta_c = 1$；

　　　η_d——电动机效率，可查电动机手册或取 $\eta_d = 0.85~0.91$；

　　　η_w——电网效率，$\eta_w = 0.95~0.98$；

　　　N——空压机的轴功率（kW），可按式（9-7）进行计算。其中，压缩 $1m^3$ 空气所消耗的全功率按绝热压缩考虑，若为一级压缩，按公式 $W = \frac{k}{k-1} p_1 V_1 \left[\left(\frac{p_2}{p_1} \right)^{\frac{n-1}{n}} - 1 \right]$ 计算。若为二级压缩，将式（9-12）中的 n 换成 k 即可。

2）吨煤压气耗电量的计算。

$$W_{dm} = \frac{W}{A} \tag{9-25}$$

式中　A——矿井年产量（t）。

 习题与思考题

1. 矿山空气压缩设备选型设计的主要任务及选择原则有哪些？

2. 空压机站必需的排气量与哪些因素有关？

3. 确定空压机型号和台数的原则是什么？

4. 说明空压机选型设计的主要步骤。

5. 某矿年产量为 80 万 t，矿井海拔高度为 600m，压气管路系统如图 9-38 所示，在采区 Ⅰ、Ⅰ′、Ⅱ、Ⅱ′处各配备 YT—26G 型风钻 2 台，03-11 型风钻 2 台，7655 型风钻 1 台，试选择空压机。

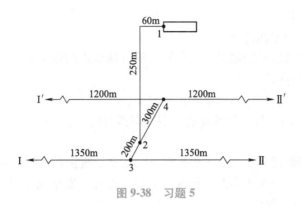

图 9-38　习题 5

项目五　空气压缩机的操作、维护与故障处理

学习目标

掌握活塞式、螺杆式空压机开、停机的操作步骤和要求；掌握空压机一般维护方法和规定，能够分析判断和处理空压机运行中出现的常见故障。

一、L 型活塞式空压机的操作、维护与故障处理

（一）开机操作

1. 开车前的准备

1）进行外部检查，特别要注意各部螺栓的紧固情况。

2）人工盘车 2~3 转，检查运动部分有无卡阻现象。

3）开动冷却水泵向冷却系统供水，并在漏斗处检查冷却水量是否充足。

4）检查润滑油量是否充足，并在开车前转动注油器手轮，向气缸内注润滑油。

5）关闭减压阀，把空压机调至空载起动位置，以减少电动机的起动负荷。

2. 起动

1）起动电动机，并注意电动机的转向是否正确。

2）待电动机运转正常后，逐渐打开减压阀，使空压机投入正常运转。

3. 停车

1）逐渐关闭减压阀，使空压机进入空载运转（紧急停车时可不进行此步骤）。

2）切断电源，使机器停止运转。

3）关闭冷却水的进水阀门，使冷却水泵停止运转。在冬季应将各级水套、中间冷却器和后冷却器内的存水全部放净，以免冻裂机器。

4）放出末级排气管的压气。

5）停机十天以上时，应向各摩擦面注入充足的润滑油。

4. 运转中注意事项

1）注意各部声响和振动情况。

2）注意检查注油器油室的油量是否足够，机身油池内的油面是否在油标尺规定的范围内，各部供油情况是否良好。

3）注意检测电气仪表的读数和电动机的温度。

4）空压机每工作 2h，将中间冷却器、后冷却器内的油水排放一次；每班将风包内的油水排放一次。

5）注意检查各部温度和压力表的读数使其达到空压机正常工作的要求范围。

6）当发现润滑油、冷却水中断，排气压力突然上升，安全阀失灵，声音不正常和出现异常情况时，应立即停车处理。

（二）使用与维护

为了使空压机正常工作和延长使用寿命，必须严格遵守操作规程。每班要做出详细的运转日志，发现故障要及时处理。对定检项目要定期检修。下面是空压机工作一定时间后的一般维护和检修内容。

1. 工作 50h

1）检查机身内油池的油面。

2）清洗润滑系统过滤器的滤芯。

2. 工作 300～500h

1）清洗吸、排气阀，检查阀片和阀座的密封性。

2）检查和清洗空气过滤器。

3）检查安全阀，修复阀上轻微伤痕，检查安全阀弹簧是否回缩。

3. 工作 2000h

1）清洗油池、油路、油泵，更换新油。

2）清洗注油器系统，检查油路各止回阀的严密性。

3）吹洗油、气管路，校正压力表，检查安全阀的灵敏度。

4）检查填料箱磨损情况，检查并清洗活塞、活塞环。

5）拆洗压力调节器并校正。

6）检查连杆大、小头瓦和十字头各摩擦面磨损情况。

4. 工作 4000～5000h

1）拆洗曲轴及轴承并检查其精度、表面粗糙度，根据情况进行修复。

2）清洗排气管、冷却器进行水实验。

3）检查十字头与机身的间隙和表面粗糙度，根据情况进行修复。

5. 工作 8000h

1）拆开气缸，清除油垢焦渣并清洗。

2）用苛性苏打水溶液清洗气缸水套内水垢和冷却器水管中的水垢。

3）组装气缸后进行试验，试验按工作压力的 1.5 倍计算。

4）其余检查同前各项。

（三）常见故障分析及排除方法

活塞式空气压缩机在运转中可能发生的常见故障与排除方法见表 9-6。

表9-6 活塞式空气压缩机的常见故障、原因及处理方法

序号	故障特征	主要原因	处理方法
1	空压机发生不正常声响	1. 气缸的余隙太小 2. 活塞杆与活塞螺母松动 3. 气缸有异物 4. 活塞端面螺堵松扣、顶在气缸盖上 5. 活塞杆与十字头连接不牢，活塞撞击气缸盖 6. 气阀松动或损坏 7. 活塞环松动	1. 调整余隙大小 2. 拆下螺母并重新拧紧 3. 立即停机，取出异物 4. 拧紧螺堵，必要时进行修理或更换 5. 调整活塞端面死点间隙，拧紧螺母 6. 上紧气阀部件或更换 7. 更换活塞
2	气缸过热，排气温度过高	1. 冷却水中断或供水量不足 2. 冷却水进水管路堵塞 3. 水套、中间冷却器内水垢太厚 4. 气缸润滑油中断	1. 停机检查，增大供水量 2. 检查疏通 3. 清除水垢 4. 检查和调整供油系统，保证适量供油
3	填料箱漏气	1. 密封圈内径磨损严重 2. 活塞杆磨损 3. 油管堵塞或供油不足 4. 密封元件间垫有脏物	1. 检修或更换密封圈 2. 进行修磨或更换 3. 清洗疏通油管，增加供油量 4. 检查清洗
4	排气量不够	1. 转速不够 2. 空气过滤器堵塞 3. 气阀不严密 4. 活塞环或活塞杆磨损、气体内泄 5. 填料箱、安全阀不严密，气体外泄 6. 余隙容积过大 7. 气缸盖与气缸体结合不严	1. 查找原因，提高转速 2. 清洗空气过滤器 3. 检查修理气阀 4. 检查修理或更换 5. 检查修理 6. 调整余隙 7. 刮研气缸盖与气缸体结合面或换气缸垫
5	齿轮泵压力不够或不上油	1. 油池内油量不够 2. 过滤器、滤油盒堵塞 3. 油管不严密或堵塞 4. 油泵盖板不严 5. 齿轮啮合间隙磨损过大 6. 齿轮与泵体磨损间隙过大 7. 油压调节阀调得不合适，或调节弹簧太软 8. 润滑油质量不符合规定；黏度过小 9. 油压表失灵	1. 添加润滑油 2. 进行清洗 3. 检查紧固，清洗疏通 4. 检查紧固 5. 更换齿轮 6. 更换齿轮泵 7. 重新调整，更换弹簧 8. 更换润滑油 9. 更换
6	各级压力分配失调	1. 当二级达到额定压力时，一级排气压力低于0.2MPa，一级吸、排气阀损坏漏气 2. 一级排气压力高于0.23MPa，二级吸、排气阀损坏漏气	1. 研磨一级吸、排气阀座、阀盖、阀片或更换阀片与弹簧 2. 研磨二级吸、排气阀阀座、阀盖、阀片或更换阀片与弹簧

二、螺杆式空压机的操作、维护与故障处理

(一) 起动操作

1. 首次起动前检查

1) 检查油气分离器中润滑油的容量，正常运行后，确定油位计中油面在上限和下限中

间之上为最佳。

2）电气接线、接地线已完成，且符合安全标准。

3）供气管路疏通，所有螺栓、接头是否拧紧。

4）检查电动机电源、电压和仪表盘指示是否正确，确保空压机空载起动。

5）若交货很久才试车，应从进气口内加入 0.5L 左右的润滑油，并用手转动数转或者电动几下，以防止起动时空压机内失油烧毁。请特别注意，不要让异物掉入机体内，以免损坏空压机。

6）按照工艺管线要求操作阀门，空压机排气阀门出于开启位置。

7）准备起动时，检查操作人员是否处于安全位置。

8）关闭手动排污阀。

2. 首次起动

1）先接通电源，观察面板上是否有异常显示以及观察相序是否正确，若有异常显示应先排除异常情况再通电。如果有逆相保护，则主机反转不能起动。为安全起见再检查旋转方向是否正确，如正确则能明显感觉到在空气过滤器进口处有股吸力，否则相序错误，应切断电源，将三条电线中任意两条调换即可，电动机严禁反转。

2）按"起动"键，起动运转，空压机就可以按设定模式运行。此时应观察显示面板是否正常、压力温度是否正常、是否有异常声音、是否有漏油情况。如有立即停机检查。

3）按"停机"键，经卸载延时后，机组才会停车。不立即停车是正常现象。

4）只有出现特殊异常情况时，才可以人工按下"紧急停车"按钮，如需重新起动要在 2min 之后。

3. 正常操作

1）开机前的准备工作：检查油气分离器中油位，略微打开油气分离器下方的泄油阀，排除其内可能存在的冷凝水，确定无冷凝水后拧紧此阀，打开空压机供气口的阀门。

2）开机：合上电源开关，按一下面板上"ON（1）"键，空压机开始运转。

3）停机：按一下仪表盘上"OFF（0）"键，空压机开始卸载一段时间即自动停止。确定不用空压机时，应切断电源，关闭空压机供气口的阀门。

在空压机因空载运行超过设定时间时，会自动停机，此时，绝对不允许进行检查或维修工作，因为空压机随时会恢复运行。带单独通风机的机组，其通风机的运行停止是自动控制的，切不可接触风扇，以免造成人身伤害。机械检查前必须先切断电源。断电后，空压机的运转会突然停止，这时要记住切断供电电源，以免突然供电烧毁电控部分。

（二）日常保养

1. 螺杆空压机的保养周期与内容

螺杆式空压机的保养周期与内容见表9-7。

表9-7　螺杆式空压机的保养周期与内容

保养周期	运行时间/h	保养内容
每　日	8	检查起动前及运转期间油位，显示面板上的显示状态、压力设定、储油桶排水、温度、噪声等
每　周	80	检查泄漏情况和清洁机组。新机运行一周应该检查胶带的松紧程度

（续）

保养周期	运行时间/h	保养内容
每三个月	500	检查空气过滤器的真空指数器并清洁，新机更换油过滤器，换油
每　年	1000	手动检查安全阀，清洗冷却器及检查温控器，电气系统除尘
	2000	更换空气滤芯，更换油过滤器，换油，检查胶带的松紧情况，并做相应调整；如超出调整范围，应及时更换，检查运动部件紧固螺栓的松紧情况；清洗冷却器
	3000	检查温控阀工作是否正常，当油气分离器压差指示灯亮时，或油压力比气压高时需检查，油气分离器必须更换，如环境较差时其时间会缩短；清洗冷却器；给电动机轴承添加润滑脂
	5000	更换空气滤芯，更换油过滤器，换油，当油气分离器压差指示灯亮时，或油压力比气压高时需检查，油气分离器必须更换；清洗冷却器
	10000	更换尼龙管、胶带、油位计、电磁阀、O形密封圈
	20000	更换轴承、轴封、隔声海绵、橡胶管（根据具体情况酌情处理）

注：以上保养周期以先达到的时间为准。

2. 润滑油的规范及使用

润滑油对喷油螺杆空压机的性能具有决定性的影响，如使用不当或错误，都将导致空压机的严重损坏，所以应遵照以下条例：

1）油品应符合要求，使用螺杆空压机专用油。切勿把不同厂家、不同型号的润滑油混合使用，切忌使用假油、再生油。每台机组的出厂资料中已注明所加润滑油的牌号。

2）油液的抗氧化、抗泡沫、抗腐蚀及抗磨性要好，分水性强，黏度适当，闪点高、凝点低。

3）不要让润滑油超过油品的使用寿命，否则油品质下降，其闪点也将随着降低，易形成油品自燃，烧毁机组。

4）遵守换油周期。为了根据实际情况确定换油周期，建议在前两年的时间内按3~6个月的时间间隔，定期抽取油的样品对有关润滑油的主要指标：黏度、酸值、水分、灰分、闪点、机械杂质等进行分析，以确定润滑油实际所需换油周期，不致浪费。

5）空压机在使用两年之后，最好用润滑油做一次油"系统清洗"，方法是连续两次换油，第一次运行6h后再进行第二次。

换油时必须一起更换油过滤器。

3. 换油步骤

1）先使空压机运行，待油温上升后，再按"OFF（0）"键停机。

2）待排气压力降为零后，关闭空压机供气口处的截止阀，缓慢打开储油桶下方的泄油阀，放掉废油，并将主机顺旋转方向盘动，从加油口加入少许新油，以彻底清洗干净。

3）泄掉油冷却器、油管路系统中所有的润滑油。

4）拧紧油气分离器下方的泄油阀，从加油口注入新油。由于油冷却器和油管路系统中均已无油，新油应多加点。

5）开机，检查油位，如油位不够，应停机后，再适当加入润滑油。

4. 螺杆空压机的使用维护

1）空压机存放场所应干燥，通风良好，温度适宜。

2）存放超过 3 个月时应改变转子的位置，使轴承改变接触点，否则因油脂流失会导致轴承生锈。

3）管路和线路整齐、正规、清洁舒畅、绝缘良好。

4）安全装置（如安全阀、保险装置、自动或保护装置）可靠保管，防爆防雷和接地装置应符合安全要求。

5）设备与工作场地整齐、整洁、无油渍，标牌齐全；管路、线路连接可靠。

（三）螺杆空压机常见故障分析与排除方法

螺杆空压机常见故障分析与排除方法见表 9-8。

表 9-8　螺杆式空压机常见故障分析与排除方法

序号	故障特征	主要原因	处理方法
1	空压机不能起动	1. 熔丝烧毁 2. 欠相或起动按钮接触不良 3. 排气压力设定错误 4. 电动机过载保护跳闸或损坏 5. 交流接触器故障 6. 故障停机后未复位，等待 2min 7. 主机故障	1. 检查，更换 2. 检查，更换 3. 重新设定 4. 电气检修或等待电动机冷却 5. 检查，处理，更换 6. 按下紧急停机按钮，复位 7. 检查主机，应能盘动主机
2	空压机不能建立压力	1. 最小压力阀漏气 2. 进气阀卡在关闭位置，小孔堵塞 3. 电磁阀失灵 4. 空气过滤器滤芯严重堵塞	1. 检查，调整 2. 检查，更换 3. 检查电磁阀或电路 4. 清洁或更换空气过滤器滤芯
3	无法空载或空载时仍保持压力或安全阀动作	1. 进气阀动作不良 2. 电磁阀失效 3. 油气分离器滤芯堵塞 4. 安全阀调整值变化或有故障	1. 检修进气控制阀 2. 检修或更换 3. 更换 4. 重新调整或更换
4	排气量和排气压力低于正常值	1. 空气过滤器滤芯堵塞 2. 系统中存在漏油、漏气 3. 用气量超过空压机排气量 4. 进气阀动作不良 5. 电磁阀失灵或泄漏	1. 清洁或更换空气过滤器滤芯 2. 检查，排除 3. 检查设备连接情况 4. 检修进气控制阀 5. 检修或更换
5	排气压力超压停机	压力变送器失灵或有异常干扰信号	排除或更换
6	排气温度过高或超温保护	1. 油位太低 2. 环境温度太高 3. 油冷却器表面太脏 4. 风扇或风扇电动机故障 5. 油过滤器阻塞 6. 温控阀故障 7. 温度显示控制故障	1. 加油 2. 增强环境通风，降低环境温度 3. 清洁油冷却器 4. 检修，更换风扇 5. 更换油过滤器 6. 检修，更换温控阀 7. 显示面板全新复位

（续）

序号	故障特征	主要原因	处理方法
7	停机时主机进气口冒油	1. 因紧急停机，无卸载过程 2. 进气控制阀失灵 3. 电磁阀失灵 4. 最小压力阀故障，不止回	1. 避免紧急停机 2. 检修进气控制阀 3. 检修或更换 4. 检修或更换
8	排气中含油量大，空气压缩机耗油大	1. 油位过高 2. 回油管或回油喷嘴堵塞 3. 油气分离滤芯损坏 4. 最小压力阀弹簧松弛 5. 机组油管路或油封漏油	1. 放出部分油，降低油位 2. 拆卸，清洗 3. 更换滤芯 4. 调整或更换新弹簧 5. 检查泄漏部位，排除泄漏
9	满载或空载运行转换频繁	1. PLC 故障 2. 空气配管泄漏 3. 工作压力与卸载压力的压差太小 4. 最小压力阀密封不良 5. 耗气量不稳定	1. 检查 PLC 输入输出指示灯是否正常（根据电气原理图） 2. 检查修理 3. 重新调整压差 4. 检查或重新处理密封面 5. 增加气罐的容量
10	过载保护	1. 低电压 2. 排气压力偏高 3. 主机故障 4. 主电动机轴承磨损 5. 主电动机热保护器故障	1. 改造电路 2. 重新调整压力控制 3. 检修主机 4. 检修，更换 5. 检查电动机热敏电阻
11	机组有异响	1. 主电动机轴承磨损 2. 风扇电动机轴承磨损 3. 主机轴承磨损 4. 风扇与挡风罩碰撞 5. 输送带松动	1. 检修，更换 2. 检修，更换 3. 检修，更换 4. 调整间隙 5. 调整
12	主机部分漏油	1. 机械密封圈老化 2. 出油气座处 O 形密封圈老化 3. 排气端压盖 O 形密封圈老化 4. 主机喷油口法兰接头密封不良	1. 更换 2. 更换 3. 更换 4. 更换密封件
13	油气管路部分漏油	1. 排气管及接头 O 形密封圈老化 2. 接头松动	1. 更换 2. 拧紧
14	油气分离器部分漏油	1. 法兰盖与桶身平面密封不严 2. 油位器 O 形密封圈老化	1. 更换石棉垫片 2. 更换
15	其他部分漏油	1. 油气控制阀密封面漏油 2. 油过滤器密封面漏油	1. 清理后涂胶重新安装 2. 更换或清理后重新安装

参 考 文 献

[1] 刘胜利. 矿山机械 [M]. 北京：煤炭工业出版社，2014.

[2] 张景松. 流体机械 [M]. 徐州：中国矿业大学出版社，2010.

[3] 张景松. 流体力学 [M]. 徐州：中国矿业大学出版社，2010.

[4] 万英盛. 煤矿固定机械 [M]. 北京：煤炭工业出版社，2011.

[5] 李耀中，洪霄. 高等职业院校项目化课程设计选编 [M]. 北京：化学工业出版社，2010.